U0165982

数控技术及应用

主　编　连碧华
副主编　陆晨芳　李　俊
参　编　林红艳　封金徽
审　核　范世祥

ZHEJIANG UNIVERSITY PRESS
浙江大学出版社

图书在版编目(CIP)数据

数控技术及应用/ 连碧华主编.—杭州：浙江大学出版社，2016.1(2024.7 重印)

ISBN 978-7-308-15408-6

Ⅰ.①数… Ⅱ.①连… Ⅲ.①数控机床—教材 Ⅳ.①TG659

中国版本图书馆 CIP 数据核字（2015）第 301905 号

数控技术及应用

连碧华　主编

责任编辑	吴昌雷
责任校对	王元新
封面设计	林智广告
出版发行	浙江大学出版社
	（杭州市天目山路 148 号　邮政编码 310007）
	（网址：http://www.zjupress.com）
排　　版	杭州林智广告有限公司
印　　刷	广东虎彩云印刷有限公司绍兴分公司
开　　本	787mm×1092mm　1/16
印　　张	20.5
字　　数	499
版 印 次	2016 年 1 月第 1 版　2024 年 7 月第 7 次印刷
书　　号	ISBN 978-7-308-15408-6
定　　价	59.00 元

前　言

数控机床是集机械、电子、计算机、自动控制、液压等众多技术于一体的现代化制造设备,是机电一体化技术的典型代表。数控技术是机械加工自动化的基础,是数控机床的核心技术,其水平高低体现了一个国家的综合国力。随着信息技术、微电子技术、自动化技术和检测技术的发展,数控技术包含的内容很多,作为高职高专的教材,要体现高职教育的特色,就得取舍其内容,使学生和读者掌握其关键的技术和内容。

本教材共分为两大模块,模块一为数控机床模块,着重叙述了数控机床的结构组成、计算机数控装置的软硬件、数控装置的插补原理、数控机床的伺服系统及数控技术的基本概念、数控机床的检测装置、数控机床的机械结构、数控技术的发展等。模块二为编程模块,分为数控车削工艺编程和数控铣削工艺编程,均采用项目教学的方式组织内容,以零件的工艺分析和程序设计为核心,讲解服务于项目实施的应知知识和应会知识,并给出了相应的技术文件。编程上以国内广泛应用的 FANUC 数控系统为对象进行指令的解说;按照"够用、必须"原则,通过具体的零件工艺、编程分析案例使学生做到有例可循,从而提高学习者运用知识的能力及实践技能的熟练程度。

本教材建议学时为 48～64 学时,可根据自身具体情况进行调整,教学方法建议采用理实一体化教学,以 64 学时为例,各模块参考学时见学时分配表。

学时分配表

模块		项目及内容	学时
数控机床		项目一　数控技术绪论	2
		项目二　数控机床认知	12
编程	数控车削工艺编程	项目一　简单轴类零件数控车削工艺编程	8
		项目二　综合轴类零件数控车削工艺编程	10
		项目三　复杂轴类零件数控车削工艺编程	4
	数控铣削加工工艺编程	项目一　槽零件数控铣削工艺编程	6
		项目二　轮廓零件数控铣削工艺编程	12
		项目三　孔系零件数控铣削工艺编程	10
课时总计			64

　　本教材由南京机电职业技术学院连碧华任主编并负责统稿,其中数控机床模块由陆晨芳编写,数控车削工艺编程模块项目一、项目二由李俊编写、项目三由连碧华编写,数控铣削工艺编程模块由连碧华编写。林红艳、封金徽参与本书的程序校验工作。由于编者水平和经验有限,书中难免有欠妥和错误之处,恳请读者批评指正。

CONTENTS 目 录

模块一 数控机床结构

模块二 数控车削工艺编程

模块三　数控铣削工艺编程

模块一 数控机床结构

项目一　数控技术绪论

学习目标

数控技术是现代机械制造的重要基础知识之一,数控机床是现代制造业中应用最广泛的一类机床。数字控制,简称数控(Numerical Control,NC),是利用数字化的信号对机床的运动及其加工过程进行控制的一种方法。用数控技术实施加工控制的机床,或者说装备了数控系统的机床称为数控(NC)机床。通过本项目的学习,使大家对数控技术有一个全面的认知、对先进制造技术有一个基本的了解。其具体目标为:

(1)了解数控技术的发展历程。

(2)掌握数控机床的组成和工作过程。

(3)掌握数控机床的分类。

(4)理解数控加工的特点。

(5)了解目前的先进制造技术。

任务一　认识数控技术

任务引入

如图1-1-1所示为数控车床和典型轴套类零件示意图,如图1-1-2所示为加工中心和典型盘盖类零件示意图。数控车床的基本运动形式:主轴带动工件做旋转运动、刀架带动刀具做直线运动,以此实现零件的切削,此类机床适用于加工轴套类零件。加工中心的基本运动形式:主轴带动刀具做旋转运动、工作台带动工件做直线或回转运动,以此实现零件的切削,此类机床适用于加工盘盖类及箱体类零件。

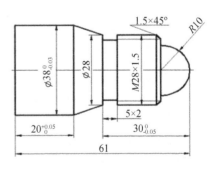

图1-1-1　数控车床和典型轴套类零件

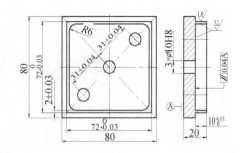

图 1-1-2　加工中心和典型盘盖类零件

任务分析

在掌握机械制图、互换性与技术测量、机械设计基础、机械制造基础等机械加工相关知识基础之上,当大家拿到如图 1-1-1、图 1-1-2 所示的图纸时,已经会画出这类图,会对该图纸进行结构分析、尺寸分析、形位公差分析、粗糙度分析、材料和热处理分析等。接下来,自然就会想到:如何把这个零件加工出来? 由此引出目前主流的机械加工方法——数控加工技术。本书主要为大家解决数控技术的两大问题:

(1) 数控机床为什么可以加工出零件? 这就是书中的机床结构和原理部分。

(2) 如何使用数控机床加工出零件? 这就是书中的零件编程部分。

相关知识

一、数控技术的产生和发展

(一) 数控技术的产生

随着科学技术的不断发展,机械制造对产品的质量和生产率提出了越来越高的要求。机械加工工艺过程的自动化是实现上述要求最主要的方法之一。它不仅提高产品的质量、提高生产效率、降低生产成本,还能够大大改善操作者的劳动条件。大批量的自动化生产广泛采用自动机床、组合机床、专用机床以及专用自动生产线,实行多刀、多工位、多面同时加工,以达到高效率和高自动化。但这些都属于刚性自动化,在面对小批量生产时并不适用,因为小批量生产需要经常变换产品的种类,这就要求加工具有柔性。而从某种程度上说,数控机床的出现正是很好地满足了这一要求。

1948 年,美国帕森斯公司接受美国空军的委托,研制一种计算装置,用以实现日益复杂的飞机零部件的自动加工,于是该公司提出应用计算机控制机床加工的设想,并与麻省理工学院合作进行研制,1952 年试制成功第一台三坐标立式数控铣床,利用脉冲乘法器原理的试验性数控系统,并把它装在一台立式铣床上。当时用的电子元件是电子管。

(二) 数控技术的发展历程

自从 1952 年研制出第一台试验性数控机床以来,数控机床大致经历了以下四个阶段:

1. 1952—1969 年：研究开发阶段

典型应用：数控车床、铣床、钻床；

工艺方法：简单工艺；

数控功能：NC 控制、3 轴以下；

驱动特点：步进、液压电机。

2. 1970—1981 年：推广应用阶段

典型应用：加工中心、电加工、锻压；

工艺方法：多种工艺方法；

数控功能：CNC 控制、刀具自动交换、五轴联动、较好的人机界面；

驱动特点：直流伺服电机。

3. 1982—1989 年：系统化阶段

典型应用：柔性制造单元（FMC）、柔性制造系统（FMS）；

工艺方法：完整的加工过程；

数控功能：多台机床和辅助设备协同、多坐标控制、高精度、高速度、友好的人机界面；

驱动特点：交流伺服电机。

4. 1990 年至今：性能集成化阶段

典型应用：计算机集成制造系统（CIMS）、无人化工厂；

工艺方法：复合设计加工；

数控功能：多过程、多任务调度、模板化和复合化；

驱动特点：数字智能化直线驱动。

我国从 1958 年开始研究数控技术，一直到 20 世纪 60 年代中期都处于研制、开发时期。当时，一些高等院校、科研单位研制试验样机也是从电子管开始的。1965 年国内开始研制晶体管数控系统。从 20 世纪 70 年代开始，数控技术在车、铣、钻、镗、磨、齿轮加工等领域全面展开，数控加工中心在上海、北京研制成功。在这一时期，数控线切割机床由于结构简单、使用方便、价格低廉，在模具加工中得到了推广。20 世纪 80 年代，我国从日本发那科公司引进了 3、5、7 等系列的数控系统和交流伺服电机、交流主轴电机技术，以及从美国、德国引进一些新技术。这使我国的数控机床在性能和质量上产生了一个质的飞跃。1985 年，我国数控机床品种有了新的发展。

（三）数控技术的发展趋势

从 20 世纪中叶数控技术出现以来，数控机床给机械制造业带来了革命性的变化。数控加工具有加工柔性好，加工精度高，生产率高，减轻操作者劳动强度、改善劳动条件，有利于生产管理的现代化以及经济效益的提高等特点。数控机床是一种高度机电一体化的产品，适用于加工多品种小批量零件，如结构较复杂、精度要求较高的零件、需要频繁改型的零件、价格昂贵不允许报废的关键零件、要求精密复制的零件，以及需要缩短生产周期的急需零件。数控机床的特点及其应用范围使其成为国民经济和国防建设发展的重要装备，加速推进数控机床的发展是解决机床制造业持续发展的一个关键。随着制造业对数控机床的大量需求以及计算机技术和现代制造技术的飞速进步，数控机床的应用范围还在不断扩大，并且不断发展以更适应生产加工的需要。

1. 性能发展方向

(1) 柔性化：包含数控系统本身的柔性、群控系统的柔性。数控系统采用模块化设计，功能覆盖面大，可裁剪性强，便于满足不同用户的需求。同一群控系统能依据不同生产流程的要求，使物料流和信息流自动进行动态调整，从而最大限度地发挥群控系统的效能。

(2) 高速高精高效化：速度、精度和效率是机械制造技术的关键性能指标。由于采用了高速 CPU 芯片、RISC 芯片、多 CPU 控制系统以及带高分辨率绝对式检测元件的交流数字伺服系统，同时采取了改善机床动态、静态特性等有效措施，机床的高速高精高效化已大大提高。

数控机床的运算速度主要体现在主轴转速、进给速度等方面。

① 主轴转速：机床采用电主轴(内装式主轴电机)，主轴最高转速达 200000r/min；

② 进给速度：在分辨率为 $0.01\mu m$ 时，最大进给速度达到 240m/min；

③ 运算速度：微处理器的迅速发展为数控系统向高速、高精度方向发展提供了保障，CPU 已发展到 32 位以及 64 位的数控系统，频率提高到几百上千兆赫；

④ 换刀速度：目前国外先进加工中心的刀具交换时间普遍已在 1s 左右，高的已达 0.5s。德国 Chiron 公司将刀库设计成篮子样式，以主轴为轴心，刀具在圆周布置，其刀到刀的换刀时间仅 0.9s。

数控机床对精度的要求已经不再局限于静态的几何精度，机床的运动精度、热变形以及对振动的监测和补偿越来越获得重视。

① 提高 CNC 系统控制精度：采用高速插补技术，以微小程序段实现连续进给，使 CNC 控制单位精细化。并采用高分辨率位置检测装置，提高位置检测精度(日本已开发装有 106 脉冲/转的内藏位置检测器的交流伺服电机，其位置检测精度可达到 $0.01\mu m$/脉冲)，位置伺服系统采用前馈控制与非线性控制等方法。

② 采用误差补偿技术：采用反向间隙补偿、丝杆螺距误差补偿和刀具误差补偿等技术，对设备的热变形误差和空间误差进行综合补偿。研究结果表明，综合误差补偿技术的应用可将加工误差减少 60%～80%。

③ 采用网格检查来提高加工中心的运动轨迹精度，并通过仿真预测机床的加工精度，以保证机床的定位精度和重复定位精度，使其性能长期稳定，能够在不同运行条件下完成多种加工任务，并保证零件的加工质量。

(3) 工艺复合性和多轴化：以减少工序、辅助时间为主要目的的复合加工，正朝着多轴、多系列控制功能方向发展。数控机床的工艺复合化是指工件在一台机床上一次装夹后，通过自动换刀、旋转主轴头或转台等各种措施，完成多工序、多表面的复合加工。

复合机床的含义是指在一台机床上实现或尽可能完成从毛坯至成品的多种要素加工。根据其结构特点可分为工艺复合型和工序复合型两类。工艺复合型机床如镗铣钻复合，加工中心，车铣复合，车削中心、铣镗钻车复合，复合加工中心等；工序复合型机床如多面多轴联动加工的复合机床和双主轴车削中心等。采用复合机床进行加工，减少了工件装卸、更换和调整刀具的辅助时间以及中间过程中产生的误差，提高了零件加工精度，缩短了产品制造周期，提高了生产效率和制造商的市场反应能力，相对于传统的工序分散的生产方法具有明显的优势。加工过程的复合化也导致了机床向模块化、多轴化发展。德国 Index 公司最新推出的车削加工中心是模块化结构,该加工中心能够完成车削、铣削、钻削、滚齿、磨削、激光热处理等多种工序,可完成复杂零件的全部加工。随着现代机械加工要求的不断提高,多轴联动数控机床越来越受到各大企业的欢迎。

(4) 实时智能化:在数控技术领域,实时智能控制的研究和应用正沿着几个主要分支发展:自适应控制、模糊控制、神经网络控制、专家控制、学习控制、前馈控制等。例如,在数控系统中配备编程专家系统、故障诊断专家系统、参数自动设定和刀具自动管理及补偿等自适应调节系统,在高速加工时的综合运动控制中引入提前预测和预算功能、动态前馈功能,在压力、温度、位置、速度控制等方面采用模糊控制,使数控系统的控制性能大大提高,从而达到最佳控制的目的。

随着人工智能技术的发展,为了满足制造业生产柔性化、制造自动化的发展需求,数控机床的智能化程度在不断提高,具体体现在以下几个方面:

① 加工过程自适应控制技术:通过监测加工过程中的切削力、主轴和进给电机的功率、电流、电压等信息,利用传统的或现代的算法进行识别,以辨识出刀具的受力、磨损、破损状态及机床加工的稳定性状态,并根据这些状态实时调整加工参数(主轴转速、进给速度)和加工指令,使设备处于最佳运行状态,以提高加工精度、降低加工表面粗糙度并提高设备运行的安全性;

② 加工参数的智能优化与选择:将工艺专家或技师的经验、零件加工的一般与特殊规律,用现代智能方法,构造基于专家系统或基于模型的"加工参数的智能优化与选择器",利用它获得优化的加工参数,从而达到提高编程效率和加工工艺水平、缩短生产准备时间的目的;

③ 智能故障自诊断与自修复技术:根据已有的故障信息,应用现代智能方法实现故障的快速准确定位;

④ 智能故障回放和故障仿真技术:能够完整记录各种信息,对数控机床发生的各种错误和事故进行回放和仿真,以确定错误引起的原因,找出解决问题的办法,积累生产经验;

⑤ 智能化交流伺服驱动装置:能自动识别负载,并自动调整参数的智能化伺服系统,包括智能主轴交流驱动装置和智能化进给伺服装置。这种驱动装置能自动识别电机及负载的转动惯量,并自动对控制系统参数进行优化和调整,使驱动系统获得最佳运行;

⑥ 智能 4M 数控系统:在制造过程中,加工、检测一体化是实现快速制造、快速检测和快速响应的有效途径,将测量(Measurement)、建模(Modeling)、加工(Manufacturing)、机器操作(Manipulator)四者(即 4M)融合在一个系统中,实现信息共享,促进测量、建模、加工、装夹、操作的一体化。

2. 功能发展方向

(1) 用户界面图形化:用户界面是数控系统与使用者之间的对话接口。图形用户界面极大地方便了非专业用户的使用,人们可以通过窗口和菜单进行操作,便于蓝图编程和快速编程、三维彩色立体动态图形显示、图形模拟、图形动态跟踪和仿真、不同方向的视图和局部显示比例缩放功能的实现。

(2) 科学计算可视化:科学计算可视化可用于高效处理数据和解释数据,使信息交流不再局限于用文字和语言表达,而可以直接使用图形、图像、动画等可视信息。可视化技术与虚拟环境技术相结合,进一步拓宽了应用领域,如无图纸设计、虚拟样机技术等,这对缩短产品设计周期、提高产品质量、降低产品成本具有重要意义。在数控技术领域,可视化技术可用于 CAD/CAM,如自动编程设计、参数自动设定、刀具补偿和刀具管理数据的动态处理和显示以及加工过程的可视化仿真演示等。

(3)插补和补偿方式多样化:多种插补方式如直线插补、圆弧插补、圆柱插补、空间椭圆曲面插补、螺纹插补、极坐标插补、样条插补(A、B、C 样条)、多项式插补等。多种补偿功能如间隙补偿、垂直度补偿、象限误差补偿、螺距和测量系统误差补偿、与速度相关的前馈补偿、温度补偿以及相反点计算的刀具半径补偿等。

(4)内装高性能 PLC:数控系统内装高性能 PLC 控制模块,可直接用梯形图或高级语言编程,具有直观的在线调试和在线帮助功能。编程工具中包含用于车床铣床的标准 PLC 用户程序实例,用户可在标准 PLC 用户程序基础上进行编辑修改,从而方便地编写自己的应用程序。

(5)多媒体技术应用:多媒体技术集计算机、声像和通信技术于一体,使计算机具有综合处理声音、文字、图像和视频信息的能力。在数控技术领域,应用多媒体技术可以做到信息处理综合化、智能化,在实时监控系统和生产现场设备的故障诊断、生产过程参数监测等方面有着重大的应用价值。

3. 体系结构的发展

(1)网络化:机床联网可进行远程控制和无人化操作。通过机床联网,可在任何一台机床上对其他机床进行编程、设定、操作、运行,不同机床的画面可同时显示在每一台机床屏幕上。

(2)集成化:采用高度集成化 CPU、RISC 芯片和大规模可编程集成电路 FPGA、EPLD、CPLD 以及专用集成电路 ASIC 芯片,可提高数控系统的集成度和软硬件运行速度。应用 FPD 平板显示技术,可提高显示器性能。通过提高集成电路密度、减少互连长度和数量来降低产品价格,改进性能,减小组件尺寸,提高系统的可靠性。

(3)模块化:硬件模块化易于实现数控系统的集成化和标准化。根据不同的功能需求,将基本模块,如 CPU、存储器、位置伺服、PLC、输入输出接口、通讯等模块,做成标准的系列化产品,通过积木方式进行功能裁剪和模块数量的增减,构成不同档次的数控系统。

(4)通用型开放式闭环控制模式:采用通用计算机组成总线式、模块化、开放式、嵌入式体系结构,便于裁剪、扩展和升级,可组成不同档次、不同类型、不同集成程度的数控系统。闭环控制模式是针对传统的数控系统仅有的专用型单机封闭式开环控制模式提出的。由于制造过程是一个具有多变量控制和加工工艺综合作用的复杂过程,包含诸如加工尺寸、形状、振动、噪声、温度和热变形等各种变化因素,因此,要实现加工过程的多目标优化,必须采用多变量的闭环控制,在实时加工过程中动态调整加工过程变量。加工过程中采用开放式通用型实时动态全闭环控制模式,易于将计算机实时智能技术、网络技术、多媒体技术、CAD/CAM、伺服控制、自适应控制、动态数据管理及动态刀具补偿、动态仿真等高新技术融于一体,构成严密的制造过程闭环控制体系,从而实现集成化、智能化、网络化。

① 向未来技术开放:由于软硬件接口都遵循公认的标准协议,只需少量的重新设计和调整,新一代的通用软硬件资源就可能被现有系统所采纳、吸收和兼容,这就意味着系统的

开发费用将大大降低而系统性能与可靠性将不断改善并处于长生命周期；

②　向用户特殊要求开放：更新产品、扩充功能、提供硬软件产品的各种组合以满足特殊应用要求；

③　数控标准的建立：国际上正在研究和制订一种新的 CNC 系统标准 ISO14649（STEP－NC），以提供一种不依赖于具体系统的中性机制，能够描述产品整个生命周期内的统一数据模型，从而实现整个制造过程乃至各个工业领域产品信息的标准化。标准化的编程语言，既方便用户使用，又降低了和操作效率直接有关的劳动消耗。

二、数控机床的组成和工作过程

（一）数控机床的组成

数控机床（Numerical Control Machine Tools）是用数字代码形式的信息（程序指令），控制刀具按给定的工作程序、运动速度和轨迹进行自动加工的机床，是数字控制工作机床的总称。如图 1-1-3 所示，数控机床一般由输入/输出设备、数控装置（也称作数控系统）、伺服系统、检测反馈装置和机床本体几部分组成：

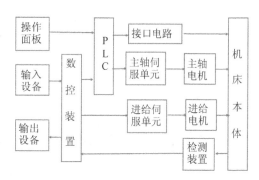

图 1-1-3　数控机床的组成框图

1. 输入/输出设备

主要用于零件数控程序的编辑、存储、打印和显示等。一般的输入/输出设备除了人机对话编程键盘和显示器外，还包括 U 盘、CF 卡和通信接口等。高级的数控系统还使用自动编程机或 CAD/CAM 系统。

2. 数控装置

是数控机床的核心。它接受来自输入设备的程序和数据，根据输入信息的要求，经过系统软件或逻辑电路进行编译、运算和逻辑处理后，输出各种信号和指令。数控装置通常是指一台专用计算机或通用计算机、输入/输出接口板以及机床可编程逻辑控制器 PLC（内装型或独立型）等所组成的控制系统。PLC 的主要作用是实现对机床辅助功能 M、主轴转速功能 S 和刀具功能 T 的控制。

3. 伺服系统

由伺服驱动电路和伺服驱动装置组成，并与机床的执行部件和机械传动部件组成数控机床的传动系统，包括主轴伺服系统和进给伺服系统。它接受数控装置发出的速度和位移指令，控制执行部件的进给速度、方向和位移。

4. 检测反馈装置

用于检测机床的速度和位移，并将信息反馈给数控装置，构成闭环控制系统。没有检测反馈装置的系统称为开环控制系统。常用的测量元件有脉冲编码器、旋转变压器、感应同步器、光栅和磁尺等。

5. 机床本体

是数控机床的主体，是用于完成各种切削加工的机械部分。包括床身、立柱、主轴、进给

机构等机械部件,还有冷却、润滑、转位、夹紧、排屑、照明等辅助装置。对于加工中心,还有存放刀具的刀库,交换刀具的机械手等部件。

(二) 数控机床的工作过程

数控机床通过各种输入方式,接受加工程序的数据信息,经过数控装置译码,再进行计算机的处理、运算,然后将各个坐标轴的分量送到各控制轴的驱动电路,经过转换、放大去驱动伺服电动机,带动各控制轴运动,并进行实时反馈控制,使各个坐标能精确地走到所要求的位置。机床运动部件的运动轨迹取决于所输入的加工程序。

1. 数控加工程序的编制

在零件加工前,首先根据被加工零件图样所规定的零件形状、尺寸、材料及技术要求等,确定零件的工艺过程、工艺参数、几何参数以及切削用量等,然后根据数控机床编程手册规定的代码和程序格式编写零件加工程序单。对于较简单的零件,通常采用手工编程。对于形状复杂的零件,则采用自动编程。

2. 输入

即把零件程序、控制参数和补偿数据输入到数控装置中去。输入的方法因输入设备而异,有键盘输入、存储器输入以及通信方式输入等。

3. 译码

数控装置接受的程序是由程序段组成的,程序段中包含零件轮廓信息(如直线还是圆弧、线段的起点和终点等)、加工进给速度(F 代码)等加工工艺信息和其他辅助信息(M、S、T代码等)。计算机不能直接识别它们,译码程序就像一个翻译,按照一定的语法规则将上述信息解释成计算机能够识别的数据形式,并按一定的数据格式存放在指定的内存专用区域。在译码过程中还要对程序段进行语法检查。

4. 刀具补偿

零件加工程序通常是按零件轮廓轨迹编制的。刀具补偿的作用是把零件轮廓轨迹转换成刀具中心轨迹,从而加工出所要求的零件。

5. 插补

数控装置根据输入的零件轮廓数据,通过计算,把零件轮廓描述出来,边计算边根据计算结果向各坐标轴发出运动指令,使机床在相应的坐标方向上移动一个单位位移量,将工件加工成所需的轮廓形状。所以说,插补就是在已知曲线的起点、终点之间进行"数据点的密化"。

6. 位置控制和机床加工

在每个采样周期内,将插补计算出的指令位置与实际反馈位置相比较,用其差值去控制伺服电动机,伺服电机使机床的运动部件带动刀具相对于工件按规定的轨迹和速度进行加工。

三、数控机床的分类

(一) 按加工工艺方法分类

1. 金属切削类

利用刀具与工件之间的相对运动切削加工。与传统的车、铣、钻、磨、齿轮加工相对应的数控机床有数控车床、数控铣床、数控钻床、数控磨床、数控齿轮加工机床等。尽管这些数控机床在加工工艺方法上存在很大差别,具体的控制方式也各有不同,但机床的动作和运动都是靠数字化信息控制的,具有较高的生产率和自动化程度。

2. 金属成型类

也称作板材加工类,主要包含数控压力机、数控剪板机和数控折弯机等,通过模具对材料进行冲压、剪切和折弯等完成工件的加工。

3. 特种加工类

利用机、电、光、声、化学、磁等能源来加工的非传统加工方法。除了切削加工类数控机床以外,数控技术也大量应用于数控电火花切割机床、数控电火花成型机床、数控等离子弧切割机床、数控火焰切割机床以及数控激光加工机床等。

(二)按数控机床的运动轨迹分类

1. 点位控制数控机床

如图 1-1-4(a)所示,控制机床运动部件从一点准确地移动到另一点,在移动过程中不进行加工,因此对两点间的移动速度和运动轨迹没有严格要求。可以先沿一个坐标轴移动完毕,再沿另一个坐标轴移动,也可以多个坐标轴同时移动。但为了提高加工效率,一般要求运动时间最短。为了保证定位精度,常要求运动部件的移动速度是"先快后慢",即先以快速移动接近目标点,再以低速趋近并准确定位。这类数控机床主要有数控钻床、数控镗床、数控冲床等。

2. 直线控制数控机床

如图 1-1-4(b)所示,控制机床运动部件以适当的进给速度,沿着平行于坐标轴的方向或与坐标轴成 45°夹角的斜线方向进行直线移动和切削加工。进给速度根据切削条件可在一定范围内变化,轨迹不能为任意斜率的直线。这类数控机床主要有简易数控车床、数控镗床等。

3. 轮廓控制数控机床

如图 1-1-4(c)所示,能够同时对两个或两个以上运动坐标的位移及速度进行连续相关的控制,使合成的平面或空间的运动轨迹能满足零件轮廓的要求。它不仅能控制机床移动部件的起点与终点坐标,而且能控制整个加工轮廓中每一点的速度和位移,将工件加工成所要求的轮廓形状。常用的数控车床、数控铣床、数控磨床就是典型的轮廓控制机床。轮廓控制系统的结构要比点位/直线控制系统更为复杂,在加工过程中需要不断进行插补运算,然后进行相应的速度与位移控制。

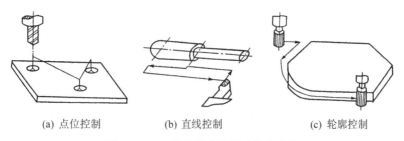

(a) 点位控制   (b) 直线控制   (c) 轮廓控制

图 1-1-4 数控机床按运动轨迹分类

（三）按伺服系统的控制原理分类

1. 开环控制数控机床

如图1-1-5所示，这类机床没有检测反馈装置，伺服驱动部件通常为反应式步进电机或混合式伺服步进电机。数控系统每发出一个进给指令，经驱动电路功率放大后，驱动步进电机旋转一个角度，再经过齿轮减速装置带动丝杠旋转，通过丝杠螺母机构转换为移动部件的直线位移。移动部件的移动速度与位移量是由输入脉冲频率与脉冲数所决定的。此类数控机床的信息流是单向的，即进给脉冲发出去后，实际位移值不再反馈回来，所以称为开环控制数控机床。这种伺服系统控制简单、易于操作、工作稳定、调试维修方便、价格比较低廉，但精度和速度的提高受到限制。所以一般仅用于可以不考虑外界影响，或惯性小，或精度要求不高的经济型数控机床。

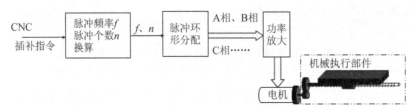

图1-1-5　开环控制的数控机床

2. 全闭环控制数控机床

如图1-1-6所示，这类机床带有检测反馈装置，以直流或交流电动机作为执行元件。速度检测装置安装在电机轴上，位置检测装置安装在机床移动部件上，由信号正向通路和反馈通路构成闭合回路，又称反馈控制系统。这种机床对移动部件的实际位移量进行自动检测，并将其与数控装置计算出的指令值进行比较，用差值进行控制，驱动移动部件朝着减小误差的方向运动。这种伺服系统定位精度高，但系统复杂、调试和维修困难、价格较贵，主要用于高精度或大型数控机床。

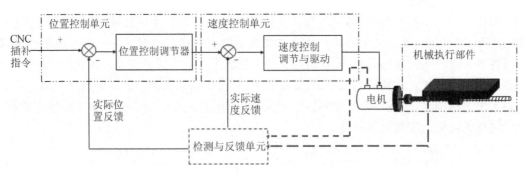

图1-1-6　全闭环控制的数控机床

3. 半闭环控制数控机床

如图1-1-7所示，半闭环伺服系统的工作原理和全闭环伺服系统相似，也带有检测反馈装置。只是位置检测装置不是安装在机床移动部件上，而是安装在伺服电动机轴端或丝杠轴端，通过旋转角位移的测量间接计算出机床移动部件的实际位移，并将其与数控装置计算出的指令值进行比较，用差值进行控制。这种伺服系统所能达到的精度、速度和动态特性都优于开环伺服系统,同时其复杂性和成本低于全闭环伺服系统,因此在实际生产中被广泛采用。

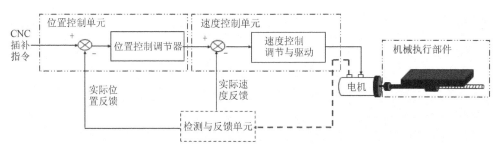

图 1-1-7　半闭环控制的数控机床

4.混合控制数控机床

将以上三类数控机床的特点结合起来,就形成了混合控制数控机床。混合控制数控机床特别适用于大型或重型数控机床,因为大型或重型数控机床需要较高的进给速度与相当高的精度,其传动链惯量与力矩大,如果只采用全闭环控制,机床传动链和工作台全部置于控制闭环中,闭环调试比较复杂。混合控制系统又分为两种形式:

(1)开环补偿型:它的基本控制选用步进电动机的开环伺服机构,另外附加一个校正电路,用装在工作台的直线位移测量元件的反馈信号校正机械系统的误差。

(2)半闭环补偿型:它是用半闭环伺服系统取得高精度控制,再用装在工作台上的直线位移测量元件实现全闭环修正,以获得高速度与高精度的统一。

(四) 按数控机床可联动的坐标轴数分类

1.两坐标联动数控机床

如图 1-1-8(a)所示,数控机床可以控制两个轴或三个轴的运动,但只能同时控制两个坐标轴联动,主要用于加工具有各种曲线轮廓的回转体类零件。

2.两轴半坐标联动数控机床

如图 1-1-8(b)所示,数控机床本身有三个坐标轴,能作三个方向的运动,但控制装置只能同时控制两个坐标轴,第三个坐标轴只能作等距周期移动,主要用于加工不太复杂的空间曲面零件。

3.三坐标联动数控机床

如图 1-1-8(c)所示,数控机床能同时控制三个坐标轴联动,主要用于加工空间曲面零件。

4.多坐标联动数控机床

如图 1-1-8(d)所示,数控机床能同时控制四个或以上坐标轴联动,多坐标机床的结构复杂、精度要求高、程序编制复杂,主要应用于加工形状复杂的零件。

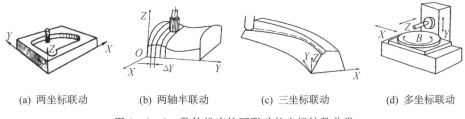

(a) 两坐标联动　　(b) 两轴半联动　　(c) 三坐标联动　　(d) 多坐标联动

图 1-1-8　数控机床按可联动的坐标轴数分类

（五）按数控系统的功能水平分类

数控系统按其配置和功能，可分为高级型、普及型和经济型三个档次。其参考评价指标包括：CPU 性能、分辨率、进给速度、联动轴数、伺服水平、通信功能和人机对话界面等。

1. 高级型数控系统

该档次的数控系统采用 32 位或更高性能的 CPU，联动轴数在 5 轴以上，分辨率≤0.1μm，进给速度≥24m/min（分辨率为 1μm 时）或≥10m/min（分辨率为 0.1μm 时），采用数字化交流伺服驱动，具有 MAP 高性能通信接口，具备联网功能，有三维动态图形显示功能。这类系统功能齐全、价格昂贵。例如五面加工中心、车削中心、柔性制造单元和柔性制造系统等。

2. 普及型数控系统

该档次的数控系统采用 16 位或更高性能的 CPU，联动轴数在 5 轴以下，分辨率在 1μm 以内，进给速度≤24m/min，可采用交、直流伺服驱动，具有 RS232 或 DNC 通信接口，有 CRT 字符显示和平面线性图形显示功能。这类系统品种繁多，几乎覆盖了各种机床类别，且其价格适中。

3. 经济型数控系统

该档次的数控系统采用 8 位 CPU 或单片机控制，联动轴数在 3 轴以下，分辨率为 0.01mm，进给速度在 6～8m/min，采用步进电动机驱动，具有简单的 RS232 通信接口，用数码管或简单的 CRT 字符显示。这类系统性能简单、精度中等、价格也比较低廉。例如数控车床、数控铣床、数控钻床等。

四、数控机床的性能指标

（一）精度指标

精度是数控机床的重要技术指标之一。主要指加工精度、定位精度、重复定位精度等。

1. 分辨率与脉冲当量

分辨率是指可以分辨的最小位移间隔。对测量系统而言，分辨率是可以测量的最小位移。对控制系统而言，分辨率是可以控制的最小位移增量，即数控装置每发出一个脉冲信号，反映到机床移动部件上的移动量，也称为脉冲当量。脉冲当量是设计数控机床的原始数据之一，其数值的大小决定数控机床的加工精度和表面质量。脉冲当量越小，数控机床的加工精度和表面质量越高。

2. 定位精度与重复定位精度

定位精度是指数控机床工作台等移动部件实际运动位置与指令位置的一致程度，两者之间的差值即为定位误差。定位误差包括伺服系统、检测系统、导轨等的几何误差，将直接影响零件加工的位置精度。重复定位精度是指在同一台数控机床上，应用相同程序相同代码加工一批零件，所得到的连续结果的一致程度。重复定位精度受伺服系统特性、进给系统间隙、摩擦特性等因素的影响，它影响一批零件加工的一致性。

3. 分度精度

分度精度是指分度工作台在分度时，实际回转角度与指令回转角度的差值。分度精度既影响零件加工部位在空间的角度位置，也影响孔系加工的同轴度等。

（二）加工性能指标

1. 最高主轴转速和最大加速度

最高主轴转速是指主轴所能达到的最高转速，它是影响零件表面加工质量，生产效率以及刀具寿命的主要因素之一。最大加速度是反映主轴速度提高能力的性能指标，也是加工效率的重要指标。

2. 最快位移速度和最高进给速度

最快位移速度是指进给轴在非加工状态下的最高移动速度。最高进给速度是指进给轴在加工状态下的最高移动速度。这两个物理量也是影响零件表面加工质量，生产效率以及刀具寿命的主要因素。

3. 坐标行程

数控机床坐标轴的行程大小构成数控机床的空间加工范围，决定了加工零件的大小。坐标行程是直接体现机床加工能力的指标参数。

（三）可控轴数与联动轴数

数控机床的可控轴数是指数控装置能够控制的坐标轴数目，联动轴数是指数控装置控制的坐标轴同时达到空间某一点的坐标数目。这两个量和数控装置的运算处理能力、运算速度及内存容量等有关。

五、数控加工的特点

与其他加工设备相比，数控机床具有如下显著特点：

（一）加工精度高，产品质量稳定

由于数控机床按照预定的程序进行自动加工，不受人为因素的影响，其加工精度由机床来保证，还可以利用软件来校正和补偿误差，因此能获得较高的加工精度及重复精度。

（二）具有较高的生产效率

数控机床的生产效率较普通机床的生产效率高 2～3 倍。尤其是某些复杂零件的加工，生产效率可提高十几倍甚至几十倍。这是因为数控机床加工能合理选用切削用量，机加工时间短。又由于其定位精度高，停机检测次数少，加工准备时间也因采用通用夹具而缩短。

（三）加工零件的适应性强，灵活性好

数控机床能完成很多普通机床难以胜任的复杂型面的零件加工。这是由于数控机床具有多坐标轴联动功能，并可按零件加工的要求改变加工程序。

（四）可以改善生产条件，减轻劳动强度

数控机床主要是自动加工，能自动换刀、开关切削液、自动变速等，其大部分操作不需要人工参与，从而改善了劳动条件。由于操作失误减少，也降低了废品、次品率。

（五）便于联网，实现现代化管理及大规模自动化生产

在数控机床上加工，能准确计算零件加工时间，加强了零件的计时性，便于实现生产计划调度，简化和减少了检验、工装夹具准备、半成品调度等管理工作。数控机床具有的通信接口，可实现计算机之间的联网，组成工业局域网络，采用制造自动化协议规范，可实现生产过程的计算机管理与控制。

基于上述数控机床的特点，对于小批量产品的生产，由于生产过程中产品品种变换频

繁、批量小、加工方法的区别大,宜采用数控机床。在机械加工业中,当零件不太复杂、生产批量较小时,宜采用通用机床;当生产批量较大时,宜采用专用机床;而当零件复杂程度较高时,宜采用数控机床。

任务实施

工作任务单

姓名		班级		组别		日期	
任务名称	认识数控技术						
工作任务	学习数控技术和数控机床						
任务描述	在教师的指导下,了解数控技术的产生、发展和特点,掌握数控机床的组成、工作过程和分类						
任务要求	1. 了解数控技术的产生、发展和特点; 2. 掌握数控机床的组成、工作过程和分类。						
提交成果	数控机床结构框图及工作过程、数控机床的各种分类						
考核评价	序号	考核内容		配分	评分标准		得分	
	1	安全意识		10	遵守规章、制度			
	2	数控机床组成		40	结构框图及工作流程			
	3	数控机床分类		40	各种分类示意图			
	4	团队协作		10	与他人合作有效			
指导教师				总分			

任务二 了解先进制造技术

任务引入

如图 1-1-9 所示为现代部分使用先进制造技术的设备,其中图(a)为工件固定、刀具移动式并联机床,图(b)为刀具固定、工件移动式并联机床,图(c)为柔性制造系统结构框图,图(d)为快速成型设备之 3D 打印机。

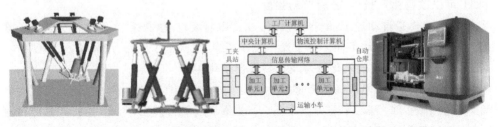

(a)刀具移动式并联机床 (b)工件移动式并联机床   (c) FMS 系统   (d)快速成型设备

图 1-1-9 先进制造技术

任务分析

先进制造技术(Advanced Manufacturing Technology,AMT)是指集机械工程技术、电子技术、自动化技术、信息技术等多种技术为一体所产生的技术、设备和系统的总称。主要包括:计算机辅助设计、计算机辅助制造、集成制造系统等。AMT 是制造业企业取得竞争优势的必要条件之一,但并非充分条件,其优势还有赖于能充分发挥技术威力的组织管理,有赖于技术、管理和人力资源的有机协调和融合。

先进制造技术是制造技术的最新发展阶段,是由传统的制造技术发展而来,保持了过去制造技术中的有效要素,但随着高新技术的渗入和制造环境的变化,已经产生了质的变化。先进制造技术是制造技术与现代高新技术结合而产生的一个完整的技术群,是一类具有明确范畴的新的技术领域,是面向 21 世纪的技术。

先进制造技术是面向工业应用的技术,应能适合于在工业企业推广并可取得很好的经济效益。先进制造技术的发展往往是针对某一具体的制造业(如汽车工业、电子工业)的需求而发展起来的,适用的先进制造技术有明显的需求导向的特征。先进制造技术不是以追求技术的高新度为目的,而是注重产生最好的实践效果,以提高企业的竞争力和促进国家经济增长和综合实力为目标。

先进制造技术是面向全球竞争的技术之一。目前每一个国家都处于全球化市场中,一个国家的先进制造技术是支持该国制造业在全球范围市场的竞争力。因此,先进制造技术的主体应具有世界水平。但是,每个国家的国情也将影响到从现有的制造技术水平向先进制造技术的过渡战略和措施。我国正在以前所未有的速度进入全球化的国际市场,开发和应用适合国情的先进制造技术势在必行。

相关知识

一、并联机床

为了提高数控机床对生产环境和各种产品的适应性,满足快速多变的市场需求,近年来全球机床制造业都在积极探索和研究新型的制造设备和制造模式,并涌现出了多种新颖的设计理念。其中,在数控机床方面的突破性进展当属 20 世纪 90 年代中期问世的并联机床。

并联机床(Parallel Machine Tools),又称并联结构机床(Parallel Structured Machine Tools)、虚拟轴机床(Virtual Axis Machine Tools),也曾被称为六条腿机床、六足虫(Hexapods)。并联机床是基于空间并联机构 Stewart 平台原理开发的,是近年才出现的一种新概念机床,它是并联机器人机构与机床结合的产物,是空间机构学、机械制造、数控技术、计算机软硬件技术和 CAD/CAM 技术高度结合的高科技产品。

整体而言,传统的串联机构机床,是属于数学简单而机构复杂的机床。而相对的,并联机构机床则机构简单而数学复杂,整个平台的运动牵涉到相当庞大的数学运算,因此虚拟轴并联机床是一种知识密集型机构。这种新型机床完全打破了传统机床结构的概念,抛弃了固定导轨的刀具导向方式,采用了多杆并联机构驱动,大大提高了机床的刚度,使

加工精度和加工质量都有较大的改进。另外,由于其进给速度的提高,从而使高速、超高速加工更容易实现。由于这种机床具有高刚度、高承载能力、高速度、高精度以及重量轻、机械结构简单、标准化程度高等优点,在许多领域都得到了成功的应用,因此受到学术界的广泛关注。

相对于串联式机床来说,并联式工作平台具有如下特点:

(1) 结构简单、价格低:机床机械零部件数目较串联构造平台大幅减少,主要由滚珠丝杠、虎克铰、球铰、伺服电机等通用组件组成。这些通用组件可由专门厂家生产,因而本机床的制造和库存成本比相同功能的传统机床低得多,容易组装和搬运。

(2) 结构刚度高:由于采用了封闭性的结构,使其具有高刚性和高速化的优点。其结构负荷流线短,而负荷分解的拉、压力由六只连杆同时承受。其刚度重量比高于传统的数控机床。

(3) 加工速度高,惯性低:如果结构所承受的力会改变方向(介于张力与压力之间),两力构件将会是最节省材料的结构,而它的移动件重量减至最低且同时由六个驱动器驱动,因此机器很容易高速化,且拥有低惯性。

(4) 加工精度高:由于其为多轴并联机构组成,六个可伸缩杆杆长都单独对刀具的位置和姿态起作用,因而不存在传统机床(即串联机床)的几何误差累积和放大的现象,甚至还有平均化效果。其拥有热对称性结构设计,因此热变形较小。故它具有高精度的优点。

(5) 多功能灵活性强:由于该机床机构简单控制方便,较容易根据加工对象将其设计成专用机床,同时也可以将之开发成通用机床,用以实现铣削、镗削、磨削等加工,还可以配备必要的测量工具把它组成测量机,以实现机床的多功能。

(6) 使用寿命长:由于受力结构合理,运动部件磨损小,且没有导轨,不存在铁屑或冷却液进入导轨内部而导致其划伤、磨损或锈蚀现象,故使用寿命长。

(7) Stewart 平台适合于模块化生产:对于不同的机器加工范围,只需改变连杆长度和接点位置,维护也容易,无需进行机件的再制和调整,只需将新的机构参数输入。

(8) 变换坐标系方便:由于没有实体坐标系,机床坐标系与工件坐标系的转换全部靠软件完成,非常方便。Stewart 平台应用于机床与机器人时,可以降低静态误差(因为高刚性),以及动态误差(因为低惯量)。而 Stewart 平台的劣势在于其工作空间较小,且其在工作空间上有着奇异点的限制。

二、自动化制造技术

近年来,随着微电子技术和计算机技术的迅速发展,它的成果正在不断地渗透到机械制造的各个领域中,先后出现了计算机直接数控系统(DNC)、柔性制造系统(FMS)、计算机集成制造系统(CIMS)等高级自动化制造技术。这些技术的一个共同特点是都以数控机床作为其基本系统。这些先进制造技术代表了制造业的发展方向和未来。

(一) 计算机直接数控系统(DNC)

计算机直接数控系统就是使用一台通用计算机直接控制和管理一群数控机床进行零件

加工或装配的系统,也称计算机群控系统。

DNC 系统具有计算机集中处理和分级控制的能力,具有现场自动编程和对零件程序进行编辑和修改的能力,使编程与控制相结合,而且零件程序存储容量大。现代的 DNC 系统还具有生产管理、作业调度、工况显示、监控和刀具寿命管理能力。

(二) 柔性制造系统(FMS)

柔性制造技术的发展,已经形成了在自动化程度和规模上不同的多种层次和级别的柔性制造系统。带有自动换刀装置的数控加工中心是柔性制造的硬件基础,是制造系统的基本级别。其后出现的柔性制造单元(FMC)是较高一级的柔性制造技术,它一般由加工中心机床与自动更换工件的随行托盘或工业机器人以及自动检测与监控装置所组成。在多台加工中心机床或柔性制造单位的基础上,增加刀具和工件在加工设备与仓储之间的流通传输和存储以及必要的工件清洗和尺寸检查设备,并由高一级的计算机对整个系统进行控制和管理,这样就构成了柔性制造系统(FMS),它可以实现多品种零件的全部机械加工或部件装配。

(三) 计算机集成制造系统(CIMS)

一般来说,CIMS 的定义应包含以下要素:

(1) 系统发展的基础是一系列现代高技术及其综合;

(2) 系统包括制造工厂全部生产、经营活动,并将其纳入多模式、多层次分布的自动化系统;

(3) 系统是通过新的管理模式、工艺理论和计算机网络对上述系统所进行的有机集成;

(4) 系统是人、技术和经营三方面的集成,是一个人机系统;

(5) 系统的目标是获得多品种、中小批量离散生产过程的高效益和高柔性,以达到动态总体最优,实现脑力劳动自动化和机器智能化。

因此可以认为:CIMS 是在柔性制造技术、计算机技术、信息技术、自动化技术和现代管理科学的基础上,将制造工厂的全部生产、经营活动所需的各种分布式的自动化子系统,通过新的生产管理模式、工艺理念和计算机网络有机地集成起来,以获得适应于多品种、中小批量生产的高效益、高柔性和高质量的智能制造系统。

三、快速成型

快速成型,英文是 Rapid Prototyping,是当代先进制造技术的一种。快速成型技术是计算机辅助设计及制造技术、逆向工程技术、分层制造技术(SFF)、材料去除成型技术(MPR)、材料增加成型技术(MAP)以及它们的集成。通俗一点说,快速成型就是利用在三维造型软件中已经设计好的数字三维模型,通过快速成型设备(快速成型机),制造实体的三维模型的技术。快速成型技术有以下特点:

(1) 制造原型所用的材料不限,各种金属和非金属材料均可使用。

(2) 原型的复制性、互换性高。

(3) 制造工艺与制造原型的几何形状无关,在加工复杂曲面时更显优越。

(4) 加工周期短,成本低,成本与产品复杂程度无关。一般与传统加工模型的工艺相

比,快速成型在制造费用上可以降低80%,加工周期可以节约70%以上。

(5) 高度技术集成,可实现设计制造一体化。

目前主流的快速成型技术有以下几种:

(一) 立体光刻技术(SL/SLA)

SL/SLA 的工作原理是以液态光敏树脂(例如一种特殊的环氧树脂)为造型材料,采用紫外激光器为能源:一种是氦福激光器(波长 325nm,功率 15～50MW),另一种是氦离子激光器(波长 351～365nm,功率 100～500MW),激光束光斑大小为 0.05～3mm。由 CAD 设计出三维模型后将模型进行水平切片,分成为成千上万个薄层,生成分层工艺信息,按计算机所确定的轨迹,控制激光束的扫描轨迹,使被扫描区域内的液态光敏树脂固化,形成一层薄固体截面后,升降机构带动工作台下降一层高度,其上覆盖另一层液态光敏树脂,接着进行第二层激光扫描固化,新固化的一层牢固地粘在前一层上,就这样逐层叠加直到完成整个模型的制作。一般每个薄层的厚度 0.07～0.4mm,模型从树脂中取出后,进行最终硬化处理加以打光、电镀、喷漆或着色等即可。

SL/SLA 技术的缺点在于材料成本和设备维护成本十分高昂。因为紫外激光器的使用寿命只能维持在 1 年左右,同时作为成型材料的光敏树脂也需要每年更换,仅此两项便需要每年 50 万元人民币以上的维护成本。此外。SL/SLA 快速成型设备结构复杂,零件众多,日常的维护保养也十分不易。但是,由于 SL/SLA 技术的成形精度非常高,可以制造十分细小的模型或表面特征,这一项优势使得 SL/SLA 技术仍然具有十分广阔的应用前景。

(二) 选区激光粉末烧结技术(SLS)

SLS 的成型方法是:在层面制造与逐层堆积的过程中,用激光束有选择地将可熔化黏结的金属粉末或非金属粉末(如石蜡、塑料、陶瓷、树脂沙、尼龙等)一层层地扫描加热,使其达到烧结温度并烧结成形;当一层烧结完后,工作台降下一层的高度,铺上一层的粉末,再进行第二层的扫描,新烧结的一层牢固地黏结在前一层上,如此重复,最后烧结出与 CAD 模型对应的三维实体。SLS 突出的优点在于它是以粉末作为成型材料,所使用的成型材料十分广泛,从理论上来说,任何被激光加热后能够在粉粒间形成原子间连接的粉末材料都可以作为 SLS 的成型材料。

(三) 分层实体制造技术(LOM)

LOM 工艺采用薄片材料,如纸、塑料薄膜等。片材表面事先涂覆上一层热熔胶。加工时,热压辊热压片材,使之与下面已成型的工件粘接。用 CO_2 激光器在刚粘接的新层上切割出零件截面轮廓和工件外框,并在截面轮廓与外框之间多余的区域内切割出上下对齐的网格。激光切割完成后,工作台带动已成型的工件下降,与带状片材分离。供料机构转动收料轴和供料轴,带动料带移动,使新层移到加工区域。工作台上升到加工平面,热压辊热压,工件的层数增加一层,高度增加一个料厚。再在新层上切割截面轮廓。如此反复直至零件的所有截面粘接、切割完。最后去除切碎的多余部分,得到分层制造的实体零件。

LOM 工艺只需在片材上切割出零件截面的轮廓,而不用扫描整个截面。因此成型厚壁零件的速度较快,易于制造大型零件。工艺过程中不存在材料相变,因此不易引起翘曲变形。工件外框与截面轮廓之间的多余材料在加工中起到了支撑作用,所以 LOM 工艺无需加支撑。缺点是材料浪费严重、表面质量差。

(a) SLA 产品　　　　　　　(b) SLS 产品　　　　　　(c) LOM 产品

(d) 3DP 三维打印产品　　　　　　　(e) FDM 产品

图 1 - 1 - 10　快速成型产品

(四) 3DP 三维打印

3DP 三维打印用于制造铸造用的陶瓷壳体和型芯。3DP 工艺与 SLS 工艺类似,采用粉末材料成型,如陶瓷粉末、金属粉末。所不同的是材料粉末不是通过烧结连接起来的,而是通过喷头用黏结剂(如硅胶)将零件的截面"印刷"在材料粉末上面。

(五) 熔融沉积成型技术(FDM)

与上述工艺不同,FDM 不采用激光,成型材料为丝状的高分子聚合物。在开始成型之前,丝状材料需要先在液化管中被加热到略高于其软化点的温度以将其熔化。成型时,加热喷头在计算机的控制下,根据截面轮廓信息作 $X - Y$ 平面运动和高度 Z 方向的运动,丝材(如塑料丝、石蜡质丝等)由供丝机构送至喷头,在喷头中加热、熔化,然后选择性地涂覆在工作台上,快速冷却后形成一层截面轮廓,层层叠加最终成为快速原型。用此法可以制作精密铸造用蜡模、铸造用母模等。

FDM 是近期发展的快速成型技术,其优点在于安全性高、设备稳定性高、成型精度高而且运行成本低。因为含有特殊配方的 ABS 工程塑料本身的物理和化学性质,使得 FDM 技术制作的模型具有很好的强度和韧度,可以经受锻造、钻孔、打磨等高强度的测试。加之 ABS 材料成本相对低廉,设备设计简洁、维护方便等优势,使得 FDM 技术后来居上,成为目前应用最广泛的快速成型技术。

任务实施

工作任务单

姓名		班级		组别		日期	
任务名称	了解先进制造技术						
工作任务	学习目前常用的先进制造技术						
任务描述	在教师的指导下,了解目前常用的先进制造技术						
任务要求	学习常用的几种先进制造技术并记录各自的特点						
提交成果	常用的先进制造技术及各自的特点						
考核评价	序号	考核内容	配分	评分标准		得分	
	1	安全意识	10	遵守规章、制度			
	2	先进制造技术	80	技术列举及特征描述			
	3	团队协作	10	与他人合作有效			
指导教师				总分			

▷▷▷ 自我评价 ◁◁◁

一、填空题

1. 数控机床一般由输入输出设备、_____、_____、_____和机床本体等部分组成。

2. 数控系统通常由_____、_____、_____等部分组成。其中PLC可分为_____和_____两类。

3. 数控机床伺服系统是指以机床移动部件的_____和_____作为控制量的自动控制系统。按其用途和功能可分为_____和_____。

4. 数控机床按加工工艺方法分类可分为_____、_____、_____,按数控系统的功能水平分类可分为_____、_____、_____。

5. 在机械加工业中,当零件不太复杂、生产批量较小时,宜采用_____;当生产批量较大时,宜采用_____;而当零件复杂程度较高时,宜采用_____。

二、选择题

1. 数字控制是用( )信号进行控制的一种方法。
A. 模拟化   B. 数字化   C. 一般化   D. 特殊化

2. 按数控机床可联动的坐标轴数分类,可把数控机床分为( )。按数控机床的运动轨迹分类,可把数控机床分为( )。
A. 两坐标、三坐标、多坐标   B. 开环、半闭环、全闭环

C. 经济型、普及型、高档型   D. 点位、直线、轮廓

3. 数控系统中 PLC 主要用于实现机床的(　　)。

A. 位置控制   B. 开关量控制   C. 速度控制   D. 连续量控制

4. 检测反馈装置的作用是为了(　　)。

A. 提高机床的安全性   B. 提高机床的使用寿命

C. 提高机床的精度   D. 提高机床的灵活性

5. 数控机床适用于生产(　　)。

A. 大型零件   B. 大批零件   C. 小批零件   D. 高精度零件

三、简答题

1. 简述数控机床的工作过程。

2. 数控机床按伺服系统的控制原理分类可分为哪三类？各有何特点？

3. 简述数控加工的特点。

4. 简述并联机床的工作特点。

5. 计算机集成制造系统(CIMS)应包含哪些要素？

6. 简述目前主流的快速成形技术。

项目二 数控机床认知

学习目标

数控机床是计算机数字控制机床(Computer Numerical Control Machine Tools)的简称,是利用程序指令控制刀具按给定的运动速度和轨迹进行自动加工的机床,是数控加工的载体。通过本项目的学习,大家将对数控机床有一个全面的认知。根据数控机床的功能模块,本项目共分为四个任务:数控系统、主传动系统、进给传动系统以及机床本体,通过各个任务的学习,使大家掌握机床各部分的工作过程。其具体目标为:

(1)掌握数控机床的基本组成。

(2)理解数控系统的功能和软硬件结构。

(3)掌握数控系统对加工程序的插补算法。

(4)掌握主传动系统的组成和工作过程。

(5)掌握进给传动系统的组成和工作过程。

(6)掌握数控机床上常用的电机。

(7)掌握数控机床上常用的检测反馈装置。

(8)理解数控机床的基础部件和辅助装置。

任务一 数控系统认知

任务引入

如图 1-2-1 所示为 FANUC 数控系统示意图。其中图 1-2-1(a)为数控系统控制面板示意图,由图可看出,包括卡插槽、显示器、键盘和功能软键等。图 1-2-1(b)为 FANUC

(a) 数控系统控制面板示意图

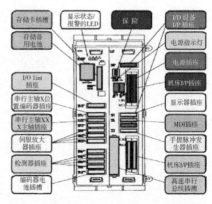

(b) 0i 系列数控系统控制单元构成及连接图

图 1-2-1 FANUC 数控系统

0i 系列数控系统控制单元构成及连接图,由图可知,数控系统本质上就是一台工业控制计算机。

任务分析

数控系统是数字控制系统(Numerical Control System)的简称,是数控机床的核心组成部分。它根据输入的程序和数据,经过系统软件或逻辑电路进行编译、运算和逻辑处理后,输出各种信号和指令,控制机床动作。目前常用的数控系统主要有日本的 FANUC、德国的 SIEMENS 和 HEIDENHAIN、西班牙的 FAGOR、国产的广州数控和华中数控等。

相关知识

一、数控系统的功能

目前的数控系统普遍采用了微处理器结构,通过软件可以实现很多功能。数控系统有多个厂家多种系列,性能各异。根据数控机床的类型、用途、档次的不同,数控系统的功能会有所区别,但通常都包括基本功能和选择功能。基本功能是数控系统必备的核心功能,选择功能是供用户根据机床的特点和用途进行选择的功能,下面对其进行介绍。

(一)基本功能

1. 控制功能

数控系统能控制的轴数和能同时联动的轴数是其主要性能之一。控制轴有直线轴和回转轴,有基本轴和附加轴。通过轴的联动可以完成轮廓轨迹的加工。一般数控车床需要两轴控制、两轴联动,数控铣床需要三轴控制、三轴联动,加工中心需要多轴控制、三轴联动或多轴联动。控制轴数越多,联动轴数越多,要求数控系统的功能就越强,同时数控系统也就越复杂。

2. 准备功能

准备功能也称 G 指令代码,用来指定机床的运动方式,包括基本移动、平面选择、坐标设定、刀具补偿、固定循环等指令,为数控系统的插补运算做好准备。准备功能指令由字母"G"和其后的 2 位数字组成,在程序段中一般位于坐标字指令的前面。

3. 进给功能

进给功能也称 F 指令代码,根据加工工艺要求,数控系统用 F 代码直接指定数控机床加工的进给速度。

(1)切削进给速度:以每分钟进给的毫米数指定刀具的进给速度,如 100mm/min。对于回转轴,表示每分钟进给的角度。

(2)同步进给速度:以主轴每转进给的毫米数指定刀具的进给速度,如 0.02mm/r。只有主轴上装有编码器的数控机床才能指定同步进给速度。

(3)快速移动速度:无切削任务时刀具的移动速度。

(4)进给倍率:操作面板上设置了进给倍率开关,倍率可以在 0~200% 之间变化,每档间隔 10%。使用倍率开关不用修改程序就可以改变进给速度,并可以在试切零件时随时改变进给速度或在发生意外时随时停止进给。

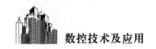

4．主轴功能

主轴功能也称 S 指令代码，用于指定主轴的转速。

（1）主轴转速的编码方式：一般用代码 S 后加数字表示，单位可以为 r/min 或 mm/min。

（2）恒定线速度：使主轴旋转时线速度恒定，可以保证车床加工不同质量的端面和不同直径的外圆时具有相同的切削速度。

（3）主轴准停：使主轴在径向的某一位置准确停止。有自动换刀功能的机床必须选取有这一功能的数控系统。

5．辅助功能

辅助功能也称 M 指令代码，由代码 M 后加 2 位数字构成，用来指定主轴的启动、停止和转向，切削液的开和关，刀库的启动和停止等，一般都是开关量的控制。各种型号的数控系统具有的辅助功能会有差别，有些还可以自定义。

6．刀具功能

刀具功能也称 T 指令代码，用来选择所需的刀具。以代码 T 为首，后面跟两位或四位数字，代表刀具的编号和补偿号。

7．插补功能

插补功能用于对零件轮廓加工的控制，一般有直线插补、圆弧插补功能，特殊的还有其他二次曲线和样条曲线的插补功能。

（二）选择功能

1．自动编程功能

为了进一步提高数控机床的编程效率，对于数控加工程序的编制，特别是较为复杂零件的程序都要通过计算机辅助编程，尤其是利用图形进行自动编程。因此，现代数控系统一般要求具有人机交互图形编程功能。有这种功能的数控系统可以根据零件图纸直接编制程序，即编程人员只需送入图样上标注的几何尺寸就能自动地计算出全部交点、切点和圆心坐标，生成加工程序。有的数控系统可根据引导图和显示说明进行对话式编程，并具有自动工序选择、刀具和切削条件的自动选择等智能功能。有的数控系统还备有用户宏程序功能。这些功能都有助于机械工人能够很快进行程序编制工作。

2．加工模拟功能

数控系统在不启动机床的情况下，可在显示器上进行各种加工过程的图形模拟，特别有利于对难以观察的内部加工以及被切削液等挡住部分的检查，编程者可以利用图形模拟功能检查及优化所编数控加工程序，减少机床的准备时间。模拟时可以检查在加工运动中和换刀过程中是否会出现碰撞干涉现象，并检查工件的轮廓和尺寸是否正确。同时可以识别不必要的加工运动，将其去除或修改为快速运动。但模拟时一般不能对数控加工程序进行工艺分析（如判断切削量是否合适），这些只能通过实际切削来分析。

3．监视诊断功能

为了防止故障的发生或在发生故障后可以迅速查明故障的类型和部位，以减少停机时间，数控系统中设置了各种监视诊断程序，对软硬件、加工过程进行检查处理。诊断程序一般可以包含在系统程序中，在系统运行过程中进行检查和诊断，也可以作为服务性程序，在系统运行前或故障停机后进行诊断,查找故障的部位。有的数控系统可以进行远程通信诊断。

4．补偿校正功能

补偿校正功能是通过输入到数控系统存储器中的补偿量,根据编程轨迹重新计算刀具的运动轨迹和坐标尺寸,从而加工出符合要求的工件。主要有以下种类:

(1)刀具的尺寸补偿:如刀具长度补偿、刀具半径补偿和刀尖圆弧半径补偿。这些功能可以补偿刀具磨损以及对刀时对准正确位置,简化编程。

(2)丝杠的误差补偿:如螺距误差补偿、反向间隙补偿和热变形补偿。在实际加工中进行补偿,可提高数控机床的加工精度。

5．用户界面功能

用户界面是数控系统与其使用者之间的界面,是数控系统提供给用户调试和使用机床的辅助手段。数控系统可以配置单色或彩色LCD,通过软件和硬件接口实现字符和图形的显示。通常可以显示程序、参数、各种补偿量、坐标位置、故障信息、人机对话编程菜单、零件图形及刀具实际移动轨迹的坐标等。用户界面的友好性是一个数控系统质量和开放性的标志。

6．通信功能

为了适应柔性制造系统(FMS)和计算机集成制造系统(CIMS)的需求,数控系统通常具有通信接口,有的还备有DNC接口,还有的数控系统可以通过制造自动化协议(MAP)接入工厂的通信网络。

二、数控系统的软硬件结构

数控系统由硬件和软件组成,两者缺一不可,下面对其进行介绍。

(一)数控系统的硬件结构

数控系统按体系结构可分为专用体系结构和开放式体系结构,按功能可分为经济型数控系统和高级型数控系统。专用体系结构的数控系统又分为单微处理器结构和多微处理器结构。经济型数控系统一般采用单微处理器结构,高级型数控系统通常采用多微处理器结构或开放式体系结构。高级型数控系统使数控机床向高精度、高速度、高智能化方向发展。开放式体系结构可扩充、可重构,能快速适应市场需求变化,具有敏捷性。

单微处理器结构的数控系统以一个中央处理器(CPU)为核心,CPU通过总线与存储器和各种接口相连接,采取集中控制、分时处理的工作方式,完成数控加工各个任务。其硬件结构框图如图1-2-2所示,既具有一般计算机的基本结构,又具有数控机床所特有的功能模块与接口单元,具体包括微处理器(CPU)、存储器、I/O接口、总线、MDI接口、显示器接口、PLC接口、主轴控制接口、位置控制接口、通信接口等。

1．一般计算机的基本结构

(1)微处理器:由控制器和运算器组成,是微处理机的核心。

控制器任务:从存储器取出指令并解释;向数控系统各部件发出执行操作的控制信号;接收执行部件反馈的信号;处理控制信号与反馈信号并发出操作命令。

运算器任务:零件加工程序的译码计算、刀补计算、插补计算、速度控制计算、位置控制

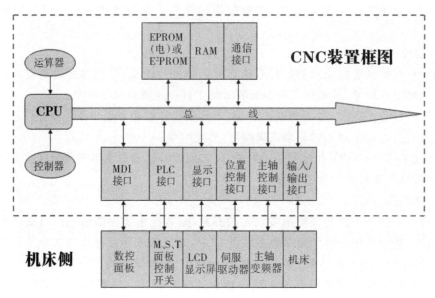

图 1-2-2　单微处理器结构的数控系统硬件结构

计算、其他数据计算和逻辑运算等。

（2）存储器：分只读存储器（ROM）和随机存储器（RAM）。

ROM：存放系统程序。

RAM：存放中间运算结果，显示数据及运算中的状态、标志信息等。

（3）I/O 接口：数控装置与机床及机床电器设备之间的接口有三种类型：

电源及保护电路（电源及基础电器保护电路等）；

与驱动控制器和测量装置之间的连接电路（主轴、进给、反馈）；

开/关信号和代码连接电路（机床各限位开关、参考点开关、面板开关等输入信号，电磁阀、电磁铁及辅助装置等输出信号）。

（4）总线：连接各功能部件的纽带。

将微处理器、存储器和输入/输出接口等相对独立的装置或功能部件联系起来，并传送信息。包括：数据总线、地址总线和控制总线。

2. 数控机床所特有的功能模块与接口单元

（1）MDI 接口：数控系统与控制面板之间的接口。

（2）显示器接口：数控系统与显示器之间的接口。

（3）PLC 接口：数控系统与机床 PLC 之间的接口。

（4）主轴控制接口：数控系统与主轴变频器和主轴编码器之间的接口。

（5）位置控制接口：数控系统与伺服驱动器之间的接口。

（6）通信接口：数控系统与外界通信的 RS-232、Ethernet 等接口。

（二）数控系统的软件结构

数控系统的软件是一种用于零件加工的、实时控制的、特殊的（或称专用的）计算机软件，由管理软件和控制软件两部分组成。管理软件包括零件加工程序的输入/输出程序、自诊断程序、通讯程序等，控制软件包括译码程序、刀补计算程序、速度控制程序、插补运算程序、位置控制程序等。软件结构框图如图1-2-3所示。

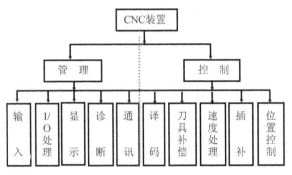

图1-2-3 数控系统软件结构

数控系统是一个专用的实时多任务计算机控制系统,它的控制软件采用了计算机软件中的许多先进技术。其中多任务并行处理和实时中断处理两项技术的运用是软件结构的特点。

1. 多任务并行处理

如前所示,数控系统的软件由管理软件和控制软件组成。在实际的数控加工中,控制软件与管理软件经常同时运行。如:插补计算的同时在屏幕上显示坐标位置。此外,为了保证加工过程的连续性(即刀具在各程序段不停刀),译码、刀具补偿、速度处理必须与插补计算同时进行,而插补计算又必须与位置控制同时进行。图1-2-4表示了软件任务之间的并行处理关系,这就需要计算机在同一时刻或同一时间间隔内完成两种或两种以上性质相同或不同的工作,即并行处理。运用并行处理技术可以有效提高运算速度。

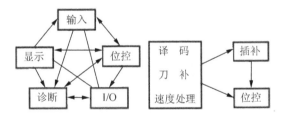

图1-2-4 软件任务之间的并行处理关系

2. 实时中断处理

数控系统的多任务性和实时性决定了中断成为整个系统中必不可少的组成部分。所谓中断,是指当出现需要时,CPU暂时停止当前任务程序的执行转而执行处理新情况的程序和执行过程。数控系统的中断管理主要靠硬件完成。

三、数控系统对程序的预处理

数控装置通过插补算法控制刀具相对于工件做出符合零件轮廓轨迹的相对运动,而插补所需信息(如曲线的种类、起点终点坐标、进给速度等)则是通过预处理得到的。预处理包括零件程序的输入、译码、诊断、刀具补偿计算、坐标系转换等。

（一）数控加工程序的输入和存储

在启动数控机床正式加工之前,应将编写好的数控加工程序输入给数控系统。数控加工程序输入的途径有多种形式,下面介绍常用的几种方法。

1. 键盘方式输入

在现代数控机床上,一般都配有键盘,供数控机床操作者输入数控加工程序(一般为部分或简单的数控加工程序)和控制信息(例如控制参数、补偿数据等),这种输入方式称为手动数据输入(MDI)方式。键盘输入各种信息是通过中断方式来实现的,由键盘手动输入一个字符到 MDI 键盘接口后,键盘中断服务程序就向主控制器发出中断请求,由中断服务程序将 MDI 键盘接口上的字符送入 MDI 缓冲器,再送入零件程序存储器,如图 1-2-5 所示。

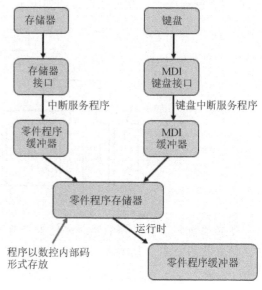

图 1-2-5　数控加工程序输入流程

2. 存储器方式输入

数控系统也可以通过存储器来获取数控加工程序,这种方式称为存储器方式输入。数控加工程序可存放在外部存储器中,例如 CF 卡或 U 盘,称为外存储器方式。也可存放在内部存储器中,即数控系统内部的存储器,称为内存储器方式。外存储器输入各种信息同样是通过中断方式来实现的,从外部存储器接口送来字符后,中断服务程序就向主控制器发出中断请求,由中断服务程序将存储器接口上的字符送入零件程序缓冲器,再存入零件程序存储器,如图 1-2-5 所示。在内存储器方式中,数控加工程序缓冲器和数控加工程序存储器在本质上都是数控系统内部存储器的一部分,只是这两者的规模和作用有些不同而已。

3. 通信方式输入

现代数控系统一般都配置了标准通信接口,使得数控机床能够方便地与微型计算机相连,进行点对点的通信,从而实现数控加工程序、工艺参数的传送。

数控加工程序在输入后可以采取直接存储的方式,即按先后顺序以 ISO 代码或 EIA 代码直接存放。也可以将输入的代码按先后次序转换成具有一定规律的数控内部代码(简称内码)后存放。常用数字、字母、功能键的 ISO 代码、EIA 代码、内码如表 1-2-1 所示。当采用直接存储方式时,由于 ISO 代码和 EIA 代码都具有排列规律不明显的特点,所以后续的译码速度会受到限制,转换成内码后存储,可使译码速度加快。

在译码时,又将零件程序从程序存储器中调至缓冲器中,供译码处理程序使用。缓冲器容量较小,存储器容量较大。

表 1 - 2 - 1　常用的 ISO 代码、EIA 代码、内码

字符	EIA 码	ISO 码	内部代码	字符	EIA 码	ISO 码	内部代码
0	20H	30H	00H	X	37H	D8H	12H
1	01H	B1H	01H	Y	38H	59H	13H
2	02H	B2H	02H	Z	29H	5AH	14H
3	13H	33H	03H	I	79H	C9H	15H
4	04H	B4H	04H	J	51H	CAH	16H
5	15H	35H	05H	K	52H	4BH	17H
6	16H	36H	06H	F	76H	C6H	18H
7	07H	B7H	07H	M	54H	4DH	19H
8	08H	B8H	08H	CR/LF	80H	0AH	20H
9	19H	39H	09H	—	40H	2DH	21H
N	45H	4EH	10H	DEL	7FH	FFH	22H
G	67H	47H	11H	%/ER	0BH	A5H	23H

（二）数控加工程序的译码和诊断

译码程序又称翻译程序,它以一个程序段为单位,把程序段的各种工件轮廓信息(起点、终点、直线或圆弧等)、加工速度F 和辅助信息(M、S、T)按照一定的语法规则解释、翻译成计算机能够识别的数据形式,并以系统规定的数据格式存放在译码结果缓冲器中。

数控加工程序要实现对机床运动轴的控制,必须先从存储器中取出程序段放入零件程序缓冲器中,如取出的程序段如图 1 - 2 - 6 左边所示。而数控系统能处理的程序是按图 1 - 2 - 6 右边格式存放的程序,所以必须进行程序的译码。译码的过程是:首先取出一个字符,判断其是字母码、数字码还是功能码,然后作相应的处理。若是字母码,则将其后续的数字码送到对应的译码结果缓冲器单元中。若是功能码,则应进一步判断其功能后再处理。接下来再取下一个字符,过程同上。

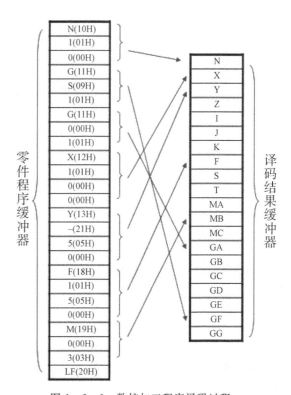

图 1 - 2 - 6　数控加工程序译码过程

可见,译码过程主要包括代码的识别和功能码的翻译两大部分。代码识别是通过软件

将数控加工程序缓冲器中的内码读出,并判断该数据的属性。经过代码识别确定了各功能代码的特征标志后,随后的工作就是对各功能码进行相应的处理。

在译码过程中,要完成对程序段的语法和逻辑错误检查,只允许合法的程序段进入后续处理。所谓语法错误,是指程序段格式或程序字格式不规范的错误。所谓逻辑错误,则是指整个数控加工程序或一个程序段中功能代码互相排斥、互相矛盾的错误。诊断程序对检测出的错误作相应的标记,并报警提示。

(三)刀具补偿处理

数控机床在加工过程中,是通过控制刀具中心或刀架参考点来实现加工轨迹的。但刀具实际参与切削的部分是刀刃边缘或刀尖,它们与刀具中心或刀架参考点之间存在偏差。因此,需要通过数控系统计算偏差量,将控制对象由刀具中心或刀架参考点变换到刀刃边缘或刀尖上,以满足加工需要。这种变换过程称为刀具补偿。

在零件加工过程中,若采用刀具补偿功能,可以大大简化数控加工程序的编写工作,提高程序的利用率,主要表现在以下两个方面:

(1)由于刀具磨损、更换等原因引起的刀具相关尺寸的变化不必重新编写程序,只需修改相应的刀补参数即可。

(2)被加工零件在同一机床上经历粗加工、半精加工、精加工多道工序时,不必编写三次加工程序,可将各工序预留的加工余量加入刀补参数即可。

刀具补偿一般分为刀具长度补偿和刀具半径补偿。对于不同的机床和刀具,其补偿形式也不尽相同。如图1-2-7所示,对于铣刀而言,主要是刀具半径补偿;对于钻头而言.只有刀具长度补偿;但对于外圆车刀而言,却需要两坐标长度补偿和刀具半径补偿。补偿中使用的刀具参数主要有刀具半径、刀具长度、刀具中心的偏移量等,这些参数应预先存入刀具参数表中,不同的刀具补偿号对应着不同的参数。编程员在进行程序编制时,通过调用不同的刀具补偿号来满足不同的刀补要求。

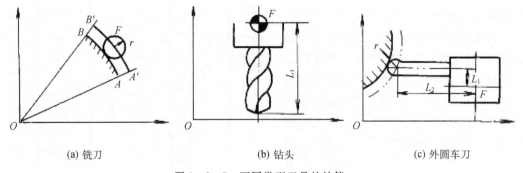

(a) 铣刀　　　　　　　　　　(b) 钻头　　　　　　　　　　(c) 外圆车刀

图1-2-7　不同类型刀具的补偿

(四)其他预处理

在运行插补算法之前,除了进行译码、刀补计算之外,还需要其他一些必要的预处理,如速度处理、坐标系变换、不同编程方式的处理、某些辅助功能的实现等。

速度处理:将F代码指定的合成速度分解成各个进给轴的分速度。

坐标系变换:机床坐标系和工件坐标系的变换。

编程方式的处理：绝对编程和增量编程的选择。

数控系统对程序的预处理是在插补的空闲时间内完成的，即当前程序段在插补运行过程中，必须将下一段的数据预处理全部完成，以保证加工的连续性。数控预处理的精度，特别是刀具半径补偿计算的精度直接影响后续的插补运算。因此精度和实时性是设计数据预处理软件时必须重视的问题。

四、数控系统的插补算法

根据零件图编写出数控加工程序后，通过输入接口将其传送到数控系统内部存储器中，然后经过控制软件的译码和预处理，就开始进行插补运算处理。

在数控机床加工过程中，刀具不能严格地按照加工曲线运动，只能用折线轨迹去逼近所要加工的曲线轮廓。为了实现轮廓控制，就必须实时计算出满足零件形状和进给速度要求的、介于起点和终点之间的若干个中间点的坐标。所以插补就是根据零件轮廓尺寸，结合精度和工艺等方面的要求，在已知轨迹转接点之间插入若干中间点的过程。换句话说，就是"数据点的密化过程"。

插补是整个数控系统软件中极其重要的功能模块之一，其计算时间直接影响到数控系统的速度，其计算精度又直接影响数控系统的精度，所以数控系统控制软件的核心是插补。随着科技的迅速发展，插补算法也在不断完善和更新。目前为止，常用的插补算法有两类：脉冲增量法和数据采样法。

脉冲增量法：通过向各个进给轴分配脉冲，控制机床坐标轴相互协调运动。这类算法的特点是每次插补的结果仅产生一个单位的行程增量，以单位脉冲的形式输出给各个进给轴。每个单位脉冲对应的坐标轴位移量称之为脉冲当量，用 δ 或 BLU 表示。脉冲当量决定了数控机床的加工精度。对于普通数控机床，一般取 $\delta=0.01$ mm。较为精密的数控机床可取 $\delta=0.005$ mm、$\delta=0.0025$ mm 或 $\delta=0.001$ mm 等。插补误差不得大于一个脉冲当量。这类插补方法控制精度和进给速度较低，因此主要运用于以步进电机为驱动装置的开环控制系统中。属于这类插补的具体算法有逐点比较法、数字积分法、比较积分法等。

数据采样法：根据数控加工程序编写的进给速度，先将零件轮廓曲线按插补周期分割为一系列首尾相连的微小直线段，这些直线段长度都相等。然后在每一段微小直线上再作"数据点的密化"工作。这类算法的结果不再是单个脉冲，而是位置增量的数字量。其控制精度和进给速度较高，适用于以交流伺服电机作为执行元件的闭环或半闭环数控系统中。

本任务只讲解脉冲增量法中的逐点比较法，其他插补算法可以参阅有关书籍。逐点比较法的基本原理是：数控装置在控制刀具按要求轨迹移动过程中，不断比较刀具与给定轮廓的误差，由此误差决定下一步刀具的移动方向，使刀具向减少误差的方向移动，且只有一个方向的移动。周而复始，直至终点。

利用逐点比较法进行插补，每进给一步都要经过 4 个工作节拍，如图 1-2-8 所示。

偏差判别：判别刀具当前位置相对于理论轮廓（轨迹）的偏差情况。

坐标进给：根据偏差判别结果，控制刀具向减少偏差的方向进给一步。

偏差计算：计算坐标进给后新的动点相对于给定轮廓的偏差情况，作为下一步判别依据。

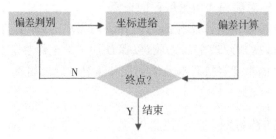

图 1-2-8 逐点比较法的工作节拍

终点判别：判别刀具是否到达轮廓终点，插补过程每走一步就要进行一次终点判别。

常见零件轮廓的形状有直线、圆弧、抛物线、自由曲线等，其中直线和圆弧是构成被加工零件轮廓的基本线形，所以绝大多数数控系统都具有直线和圆弧插补功能。对于非直线、非圆弧组成的轨迹，也可以用一小段直线或圆弧来拟合。下面对第 I 象限的直线和圆弧插补进行重点介绍。

（一）逐点比较法第 I 象限直线插补

1. 基本原理

设第 I 象限直线 OA，起点为坐标原点 $O(0,0)$，终点为 $A(X_e, Y_e)$，另有一个动点坐标为 $N(X_i, Y_i)$，如图 1-2-9 所示。为方便后面的推导和讲解，各个坐标值均是以脉冲当量为单位的整数，在下面的圆弧插补中也是这样约定的。

当动点 N 落在直线 OA 上方时，则直线 ON 的斜率大于直线 OA 的斜率。

$$\frac{Y_i}{X_i} > \frac{Y_e}{X_e}, 即 X_e Y_i - X_i Y_e > 0 \qquad (1-2-1)$$

当动点 N 正好落在直线 OA 上面时，则直线 ON 的斜率等于直线 OA 的斜率。

$$\frac{Y_i}{X_i} = \frac{Y_e}{X_e}, 即 X_e Y_i - X_i Y_e = 0 \qquad (1-2-2)$$

当动点 N 落在直线 OA 下方时，则直线 ON 的斜率小于直线 OA 的斜率。

$$\frac{Y_i}{X_i} < \frac{Y_e}{X_e}, 即 X_e Y_i - X_i Y_e < 0 \qquad (1-2-3)$$

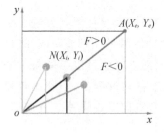
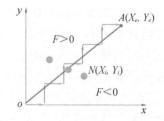

图 1-2-9　第 I 象限动点与直线之间的位置关系　　图 1-2-10　第 I 象限直线插补轨迹

由上述分析可以看出，表达式 $(X_e Y_i - X_i Y_e)$ 的符号就能反映动点 N 相对于直线 OA 的偏离情况。为此，取偏差判别函数

$$F_i = X_e Y_i - X_i Y_e \qquad (1-2-4)$$

所以可以概括出如下关系：

当 $F_i > 0$ 时,动点 $N(X_i, Y_i)$ 落在直线 OA 上方区域。

当 $F_i = 0$ 时,动点 $N(X_i, Y_i)$ 正好落在直线 OA 上面。

当 $F_i < 0$ 时,动点 $N(X_i, Y_i)$ 落在直线 OA 下方区域。

假设要加工如图 1-2-10 所示的直线轮廓 OA,动点 $N(X_i, Y_i)$ 为刀具对应的切削位置。显然,当刀具落在直线 OA 的上方区域(即 $F_i > 0$)时,为了减少动点相对于直线轮廓的偏差,要求刀具向 $+\triangle X$ 方向进给一步;当刀具正好落在直线 OA 上面(即 $F_i = 0$),且刀具尚未到达直线轮廓的终点时,理论上既可以要求刀具向 $+\triangle X$ 方向进给一步,也可以要求刀具向 $+\triangle Y$ 方向进给一步。但一般情况下都约定当 $F_i = 0$ 时刀具向 $+\triangle X$ 方向进给一步,使 $F_i > 0$ 和 $F_i = 0$ 的两种情况统一起来;当刀具落在直线 OA 的下方区域(即 $F_i < 0$)时,为了减少动点相对于直线轮廓的偏差,要求刀具向 $+\triangle Y$ 方向进给一步。

由式(1-2-4)可以看出,在计算 F 时,总是要作乘法和减法运算,这会增加运算时间。为了简化计算,通常采用递推算式来求取 F 值。即每进给一步后,新加工点的偏差值总是通过上一点的偏差值递推计算出来。

现假设第 i 次插补后动点坐标为 $N(X_i, Y_i)$,偏差函数为 $F_i = X_e Y_i - X_i Y_e$。

若 $F_i \geqslant 0$,刀具应向 $+\triangle X$ 方向进给一步,新的动点坐标值 $X_{i+1} = X_i + 1$,$Y_{i+1} = Y_i$。

则新的偏差函数为 $F_{i+1} = X_e Y_{i+1} - X_{i+1} Y_e = X_e Y_i - (X_i + 1) Y_e$

$$X_i Y_i - X_i Y_e - Y_e = F_i - Y_e \qquad (1-2-5)$$

若 $F_i < 0$,刀具应向 $+\triangle Y$ 方向进给一步,新的动点坐标值 $X_{i+1} = X_i$,$Y_{i+1} = Y_i + 1$。

则新的偏差函数为 $F_{i+1} = X_e Y_{i+1} - X_{i+1} Y_e = X_e(Y_i + 1) - X_i Y_e$

$$X_e Y_i + X_e - X_i Y_e = F_i + X_e \qquad (1-2-6)$$

由式(1-2-5)和式(1-2-6)可以看出,采用递推公式计算偏差函数 F,算法简单,易于实现。

综上所述,第 Ⅰ 象限直线插补的偏差计算函数与进给方向有以下关系:

当 $F_i \geqslant 0$,刀具应向 $+\triangle X$ 方向进给一步,新的偏差计算函数 $F_{i+1} = F_i - Y_e$;

当 $F_i < 0$,刀具应向 $+\triangle Y$ 方向进给一步,新的偏差计算函数 $F_{i+1} = F_i + X_e$。

在插补计算过程中,还有一项工作需要同步进行,即终点判别,以确定刀具是否到达直线终点。如果到了终点,就停止插补计算,否则继续作循环插补处理。常用的终点判别方法为总步长法。在插补计算之前,先设置一个总步长计数器,求出被插补直线轮廓在各个坐标轴方向上应走的总步数,加在一起存入计算器中,即 $\sum = |X_e| + |Y_e|$。每插补计算一次,无论向哪个坐标轴进给一步,计数器进行减 1 计算,直到计数器为零为止。

2. 插补实例

例 1-2-1：设欲加工的第 Ⅰ 象限直线 QA 如图 1-2-11 所示,直线的起点在原点 $(0,0)$,终点在 $(5,3)$。试用逐点比较法对该直线进行插补,并画出插补轨迹图,单位为 1 个脉冲当量。

解：$X_e = 5$,$Y_e = 3$,总步长 $\sum = 5 + 3 = 8$。设自 $(0,0)$ 点开始,则 $F_0 = 0$。

插补过程按四个节拍重复进行,见表 2-2。插补轨迹图见图 1-2-12。

表1-2-2 逐点比较法直线插补运算过程

序号	偏差判别	进给	偏差计算	终点判别
1	$F_0 = 0$	$+\triangle X$	$F_1 = F_0 - Y_e = -3$	$\sum = 8 - 1 = 7 \neq 0$
2	$F_1 - 3 < 0$	$+\triangle Y$	$F_2 = F_1 + X_e = 2$	$\sum = 7 - 1 = 5 \neq 0$
3	$F_2 = 2 > 0$	$+\triangle X$	$F_3 = F_2 - Y_e = -1$	$\sum = 6 - 1 = 6 \neq 0$
4	$F_3 = -1 < 0$	$+\triangle Y$	$F_4 = F_3 + X_e = 4$	$\sum = 5 - 1 = 4 \neq 0$
5	$F_4 = 4 > 0$	$+\triangle X$	$F_5 = F_4 - Y_e = 1$	$\sum = 4 - 1 = 3 \neq 0$
6	$F_5 = 1 > 0$	$+\triangle X$	$F_6 = F_5 - Y_e = -2$	$\sum = 3 - 1 = 2 \neq 0$
7	$F_6 = -2 < 0$	$+\triangle Y$	$F_7 = F_0 + X_e = 3$	$\sum = 2 - 1 = 1 \neq 0$
8	$F_7 = 3 > 0$	$+\triangle X$	$F_8 = F_0 - Y_e = 0$	$\sum = 1 - 1 = 0$

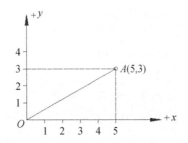

图1-2-11 逐点比较法直线插补实例

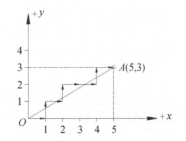

图1-2-12 逐点比较法直线插补轨迹

(二)逐点比较法第Ⅰ象限逆圆插补

1. 基本原理

设第Ⅰ象限逆圆 SE，起点为 $S(X_s, Y_s)$，终点为 $E(X_e, Y_e)$，圆心在 $(0,0)$，半径为 R，动点坐标为 $N(X_i, Y_i)$，如图 1-2-13所示。各个坐标值均是以脉冲当量为单位的整数。

当动点 N 落在圆弧 SE 外侧时，则直线 ON 的长度大于圆弧半径 R。

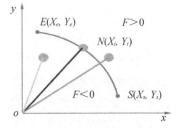

图1-2-13 第Ⅰ象限动点与圆弧之间的位置关系

$$X_i^1 + Y_i^2 > R^2，即 \ X_i^2 + Y_i^2 - R^2 > 0 \qquad (1-2-7)$$

当动点 N 正好落在圆弧 SE 上面时，则直线 ON 的长度等于圆弧半径 R。

$$X_i^2 + Y_i^2 = R^2，即 \ X_i^2 + Y_i^2 - R^2 = 0 \qquad (1-2-8)$$

当动点 N 落在圆弧 SE 内侧时，则直线 ON 的长度小于圆弧半径 R。

$$X_i^2 + Y_i^2 < R^2，即 \ X_i^2 + Y_i^2 - R^2 < 0 \qquad (1-2-9)$$

由上述分析可以看出，表达式 $(X_i^2 + Y_i^2 - R^2)$ 的符号就能反映动点 N 相对于圆弧 SE 的偏离情况。为此，取偏差判别函数

$$F_i = X_i^2 + Y_i^2 - R^2 \qquad (1-2-10)$$

所以可以概括出如下关系：

当 $F_i > 0$ 时,动点 $N(X_i, Y_i)$ 落在圆弧 SE 外侧。

当 $F_i = 0$ 时,动点 $N(X_i, Y_i)$ 正好落在圆弧 SE 上面。

当 $F_i < 0$ 时,动点 $N(X_i, Y_i)$ 落在圆弧 SE 内侧。

假设要加工如图 $1-2-14$ 所示的逆圆轮廓 SE,动点 N (X_i, Y_i) 为刀具对应的切削位置。显然,当刀具落在圆弧 SE 外侧(即 $F_i > 0$ 时),为了减少偏差,要求刀具向 $-\triangle X$ 方向进给一步;当刀具正好落在圆弧 SE 上面(即 $F_i = 0$),且刀具尚未到达轮廓终点时,理论上既可以要求刀具向 $-\triangle X$ 方向进给一步,也可以要求刀具向 $+\triangle Y$ 方向进给一步。但一般情况下都约定当 $F_i = 0$ 时刀具向 $-\triangle X$ 方向进给一步,使 $F_i > 0$ 和 $F_i = 0$ 的两种情况统一起来;当刀具落在圆弧 SE 内侧(即 $F_i < 0$)时,为了减少偏差,要求刀具向 $+\triangle Y$ 方向进给一步。

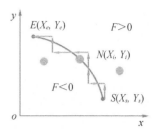

图 $1-2-14$　第Ⅰ象限
逆圆插补轨迹

由式 $(1-2-10)$ 可以看出,在计算 F 时,必须进行平方运算,这会增加运算时间。为了简化计算,同样采用递推算式来求取 F 值。

现假设第 i 次插补后动点坐标为 $N(X_i, Y_i)$,偏差函数为 $F_i = X_i^2 + Y_i^2 - R^2$。

若 $F_i \geq 0$,刀具应向 $-\triangle X$ 方向进给一步,新的动点坐标值 $X_{i+1} = X_i - 1, Y_{i+1} = Y_i$。

则新的偏差函数为

$$F_{i+1} = X_{i+1}^2 + Y_{i+1}^2 - R^2 = (X_i - 1)^2 + Y_i^2 - R^2$$
$$= X_i^2 - 2X_i + 1 + Y_i^2 - R^2 = F_i - 2X_i + 1 \qquad (1-2-11)$$

若 $F_i < 0$,刀具应向 $+\triangle Y$ 方向进给一步,新的动点坐标值 $X_{i+1} = X_i, Y_{i+1} = Y_i + 1$。

则新的偏差函数为

$$F_{i+1} = X_{i+1}^2 + Y_{i+1}^2 - R^2 = X_i^2 + (Y_i + 1)^2 - R^2$$
$$= X_i^2 + Y_i^2 + 2Y_i + 1 - R^2 = F_i + 2Y_i + 1 \qquad (1-2-12)$$

由式 $(1-2-11)$ 和式 $(1-2-12)$ 可以看出,采用递推公式计算偏差函数 F,算法简单,易于实现。而且新的偏差函数与动点坐标 $N(X_i, Y_i)$ 有关,所以每插补一次,动点坐标就要修正一次,以便为下一步的偏差计算做好准备。

综上所述,第Ⅰ象限逆圆插补的偏差计算函数与进给方向有以下关系:

当 $F_i \geq 0$,刀具应向 $-\triangle X$ 方向进给一步,新的偏差计算函数 $F_{i+1} = F_i - 2X_i + 1$;

当 $F_i < 0$,刀具应向 $+\triangle Y$ 方向进给一步,新的偏差计算函数 $F_{i+1} = F_i + 2Y_i + 1$。

和直线插补一样,圆弧插补过程也有终点判别问题。圆弧的终点判别方法同样可以采用总步长法,即 $\sum = |X_s - X_e| + |Y_s - Y_e|$。每插补计算一次,无论向哪个坐标轴进给一步,计数器进行减 1 计算,直到计数器为零为止。

2. 插补实例

例 $1-2-2$:设欲加工的第Ⅰ象限逆圆 SE 如图 $1-2-15$ 所示,圆弧起点为 $(4, 3)$、终点为 $(0, 5)$、圆心在原点 $(0, 0)$、半径为 5。试用逐点比较法对该逆圆进行插补,并画出插补轨迹图,单位为 1 个脉冲当量。

解: $X_s = 4, Y_s = 3, X_e = 0, Y_e = 5$,总步长 $\sum = 4 + 2 = 6$。设自 $(4, 3)$ 点开始,则 $F_0 = 0$。

插补过程按四个节拍重复进行,见表1-2-3。插补轨迹图见图1-2-16。

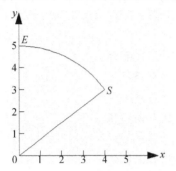 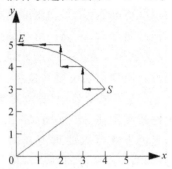

图1-2-15 逐点比较法逆圆插补实例　　　图1-2-16 逐点比较法逆圆插补轨迹

表1-2-3 逐点比较法逆圆插补运算过程

序号	偏差判别	进给	偏差计算	终点判别	
0			$F_0 = 0$	$X_0 = 4, Y_0 = 3$	$\sum = 6 \neq 0$
1	$F_0 = 0$	$-\triangle X$	$F_1 = 0 - 2 \times 4 + 1 = -7$	$X_1 = 3, Y_1 = 3$	$\sum = 6 - 1 = 5 \neq 0$
2	$F_1 - 7 < 0$	$+\triangle Y$	$F_2 = -7 + 2 \times 3 + 1 = 0$	$X_2 = 3, Y_2 = 4$	$\sum = 5 - 1 = 4 \neq 0$
3	$F_2 = 0$	$-\triangle X$	$F_3 = -0 - 2 \times 3 + 1 = -5$	$X_3 = 2, Y_3 = 4$	$\sum = 4 - 1 = 3 \neq 0$
4	$F_3 = 5 < 0$	$+\triangle Y$	$F_4 = -5 + 2 \times 4 + 1 = 4$	$X_4 = 2, Y_4 = 5$	$\sum = 3 - 1 = 2 \neq 0$
5	$F_4 = 4 > 0$	$-\triangle X$	$F_5 = 4 - 2 \times 2 + 1 = 1$	$X_5 = 1, Y_5 = 5$	$\sum = 2 - 1 = 1 \neq 0$
6	$F_5 = 1 > 0$	$-\triangle X$	$F_6 = 1 - 2 \times 1 + 1 = 0$	$X_6 = 0, Y_6 = 5$	$\sum = 1 - 1 = 0$

要说明的是,对于逐点比较法插补而言,在起点和终点处刀具均落在零件轮廓上,因此,这两点的偏差函数值总是为零,即$F_0 = 0$、$F_\Sigma = 0$。如果在终点处出现$F_\Sigma \neq 0$,则表示插补计算过程中出现了错误。

（三）逐点比较法插补象限和圆弧走向处理

前面讨论的直线插补和圆弧插补都是针对第Ⅰ象限进行的。然而,任何数控机床都应具备处理不同象限、不同走向曲线的能力。

假设用"L"表示直线,"SR"表示顺圆,"NR"表示逆圆,脚标数字表示曲线所在的象限,则四个象限的直线分别记为L_1、L_2、L_3、L_4,每个象限的插补进给方向如图1-2-17所示。四个象限的顺圆分别记为SR_1、SR_2、SR_3、SR_4,每个象限的插补进给方向如图1-2-18所示。四个象限的逆圆分别记为NR_1、NR_2、NR_3、NR_4,每个象限的插补进给方向如图1-2-19所示。

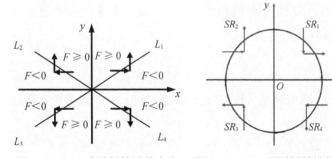 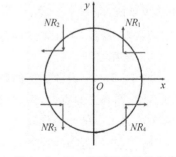

图1-2-17 直线插补进给方向　　　图1-2-18 顺圆插补进给方向　　　图1-2-19 逆圆插补进给方向

任务实施

工作任务单

姓名		班级		组别		日期	
任务名称	数控系统认知						
工作任务	学习数控系统的外部接线						
任务描述	在教师的指导下,在数控实训车间对机床的数控系统进行观察,找出数控系统的接口,以及与外部的接线模式						
任务要求	1. 认识数控系统实物并记录其型号; 2. 对数控系统的外部接线进行整理归类。						
提交成果	数控系统型号、接口、接线模式						
考核评价	序号	考核内容		配分	评分标准		得分	
	1	安全意识		10	遵守规章、制度			
	2	数控系统型号		40	常用的系统型号清单			
	3	数控系统接口		40	常用的接口清单			
	4	团队协作		10	与他人合作有效			
指导教师				总分				

任务二　主传动系统认知

任务引入

如图 1-2-20 所示为数控机床主传动系统示意图。其中图 1-2-20(a)为数控车床主传动系统,由图可看出,车床的主传动系统主要包括主轴组件、主轴电机以及连接彼此的传动方式(图中为皮带传动)。图 1-2-20(b)为数控铣床主传动系统,由图可知,铣床的主传动系统同样包括主轴组件、主轴电机以及连接彼此的传动方式(图中为齿轮传动)。此外,为了在车螺纹时实现主轴转动与进给运动的同步运行,需要在车床主轴上安装编码器。

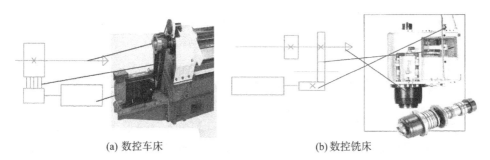

(a) 数控车床　　　　　　　　　　(b) 数控铣床

图 1-2-20　数控机床主传动系统示意图

任务分析

主传动系统是由主轴电机经传动方式和主轴组件构成的具有运动、传动联系的系统,是数控机床重要的组成部分之一。通过控制主轴的启动停止、旋转方向和速度快慢,为切削加工提供所需要的动力和运动。

数控机床对主传动系统的要求:

(1)转速快,功率高:由于日益增长的高效率要求,加之刀具材料和加工技术的进步,大多数数控机床均要求有足够高的转速和功率来满足高速强力切削。

(2)调速范围宽,可实现无级调速:有恒扭矩、恒功率调速之分。无级调速可以保证加工时选用合适的切削用量,从而获得较高的加工精度和表面质量,使切削过程始终处于最佳状态。当负载发生波动时,也可保证速度稳定。

(3)控制功能多样化:

同步控制功能:数控车床车螺纹用。

主轴准停功能:加工中心自动换刀、自动装卸用。

恒线速度切削功能:数控车床、数控磨床加工端面用。

C轴控制功能:车削中心用。

(4)使用性能要求高:

精度高,速度响应快,升降速时间短。

电机过载能力强,要求有较长时间和较大倍数的过载能力。

电机温升低,振动和噪音小,具有抗振性和热稳定性。

可靠性高、寿命长,维护容易,体积小、重量轻与机床连接容易。

相关知识

一、主轴组件

主轴组件是主传动系统中的执行元件,用于夹持刀具或工件并带动其旋转,从而传递运动及切削加工时所需要的动力。主要由主轴、支承、装夹刀具或工件的附件、吹屑装置、准停装置以及其他辅助零部件组成。

主轴组件的精度、抗振性和热变形对加工质量有直接影响,特别是数控机床在加工过程中不进行人工调整,这些影响就更为严重。因此主轴组件应满足以下几点要求:

主轴精度要高,包括运动精度(回转、轴向串动)和定位精度(轴向、径向)。

部件的结构刚度和抗振性好,耐磨性和精度保持性好。

可以自动可靠地装夹刀具或工件。

具备主轴的准停装置、主轴孔的清理装置等。

(一)主轴的材料

主轴材料可以根据强度、刚度、耐磨性、载荷特点和热处理变形大小等因素来选择。主轴刚度与材质的弹性模量 E 有关。无论是普通钢还是合金钢,其 E 值基本相同。目前常用的主轴材料为 40Cr 合金钢和 40CrMnTi 合金钢。

（二）主轴的端部结构

主轴的端部用于安装刀具或夹持工件的夹具，因此，在设计上要保证刀具或夹具定位（轴向、定心）准确，装夹可靠，连接牢固，装卸方便，并能传递足够的扭矩。目前，主轴的端部形状已经实现标准化。

如图 1-2-21 所示为主轴端部的常用结构形状。其中图(a)为车床主轴端部，卡盘靠前端的短圆锥面和凸缘端面定位，用端面键传递扭矩，卡盘装有固定螺栓。卡盘装于主轴端部时，螺栓从凸缘的孔中穿过，转动快卸卡盘将数个螺栓同时拴住，再拧紧螺母将卡盘固定在主轴端部。主轴为空心轴，前端为莫氏锥孔，用于安装顶尖或心轴。图(b)为铣、镗床主轴端部，主轴前端有 7∶24 的锥孔，用于装夹铣刀柄或刀杆。主轴端面有一端面键，既可通过它传递刀具的扭矩，又可用于刀具的轴向定位，并用拉杆从主轴后端拉紧。图(c)为外圆磨床砂轮主轴端部，图(d)为内圆磨床砂轮主轴端部。

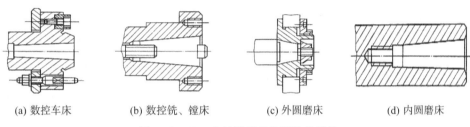

| (a) 数控车床 | (b) 数控铣、镗床 | (c) 外圆磨床 | (d) 内圆磨床 |

图 1-2-21　主轴端部的常用结构形状

（三）主轴的轴承

主轴轴承是主轴组件的重要组成部分。它的类型、结构、配置、精度、安装、调整、润滑和冷却都直接影响主轴的工作性能。

1. 主轴轴承的类型

在数控机床上常用的主轴轴承有滚动轴承和静压滑动轴承。

如图 1-2-22 所示，滚动轴承主要有图(a)所示的角接触球轴承（承受径向、轴向载荷）、图(b)所示的双列短圆柱滚子轴承（只承受径向载荷）、图(c)所示的 60°角接触双向推力球轴承（只承受轴向载荷，常与双列圆柱滚子轴承配套使用）、图(d)所示的双列圆柱滚子轴承（能同时承受较大的径向、轴向载荷，常作为主轴的前支承）。

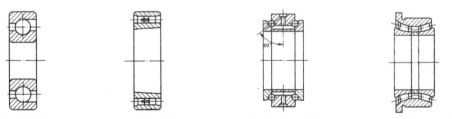

(a) 角接触球轴承　(b) 双列短圆柱滚子轴承　(c) 60°角接触双向推力球轴承　(d) 双列圆柱滚子轴承

图 1-2-22　主轴常用滚动轴承的结构形式

如图 1-2-23 所示，静压滑动轴承主要由供油系统、节流器、轴承三部分组成。节流器是使静压滑动轴承各油腔形成压强差的关键。油膜压强由液压缸从外界供给，与主轴转速

的高低无关,承载能力不随转速而变化。

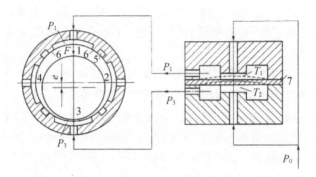

1、2、3、4-油腔 5-回油槽 6-周向封油面 7-薄膜
图1-2-23 静压滑动轴承结构

2. 主轴轴承的配置

合理配置轴承,可以提高主轴精度,降低温升,简化结构。在数控机床上配置轴承时,前后轴承都应能承受径向载荷,轴承间的距离选择要合理,并根据机床的实际情况配置轴向力的轴承。数控机床主轴轴承的配置主要采用图1-2-24所示的几种形式。

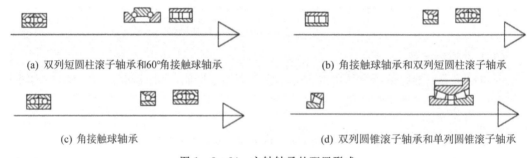

(a) 双列短圆柱滚子轴承和60°角接触球轴承   (b) 角接触球轴承和双列短圆柱滚子轴承

(c) 角接触球轴承   (d) 双列圆锥滚子轴承和单列圆锥滚子轴承

图1-2-24 主轴轴承的配置形式

在图(a)所示的配置形式中,前支承采用双列短圆柱滚子轴承和60°角接触球轴承组合,承受径向载荷和轴向载荷,后支承采用成对角接触球轴承。这种配置可提高主轴的综合刚度,满足强力切削的要求,普遍适用于各类数控机床。在图(b)所示的配置形式中,前支承采用角接触球轴承,由2~3个轴承组成一套,背靠背安装,承受径向载荷和轴向载荷,后支承采用双列短圆柱滚子轴承。这种配置适用于高速、重载的数控机床。在图(c)所示的配置形式中,前后支承均采用成对角接触球轴承,以承受径向载荷和轴向载荷。这种配置适用于高速、轻载、精密的数控机床。在图(d)所示的配置形式中,前支承采用双列圆锥滚子轴承,承受径向载荷和轴向载荷,后支承采用单列圆锥滚子轴承。这种配置的径向和轴向刚度很高,可承受重载荷和较强的动载荷,安装与调整性能好,但这种结构限制了主轴最高转速和精度,因而仅适用于中等精度、低速与重载的数控机床主轴。

3. 主轴轴承的装配

采用选配定向法进行装配可提高主轴部件的精度,并且尽可能使主轴支承孔与主轴轴颈的偏心量和轴承内圈与滚道的偏心量接近,且使其方向相反。

4．主轴轴承的预紧

所谓轴承的预紧，是使轴承滚道预先承受一定的载荷，消除间隙并使得滚动体与滚道之间发生一定的变形，增大接触面积。这样当机床工作时，轴承受力变形减小，抵抗变形的能力增大。常用的预紧方法有以下几种：

（1）轴承内圈移动：用螺母通过套筒推动内圈在锥形轴颈上做轴向移动，使内圈变形胀大，在滚道上产生过盈，从而达到预紧的目的。

（2）修磨座圈或隔套：当轴承外围宽边相对安装时，修磨轴承内圈的内侧。当轴承外围窄边相对安装时，修磨轴承外圈的窄边。

（四）主轴内部刀具自动夹紧机构和切屑清除装置

主轴内部刀具自动夹紧机构是数控机床特别是加工中心的特有机构。为了实现刀具在主轴内的自动装卸，其主轴必须设计刀具的自动夹紧机构。图 1－2－25 为一种加工中心主轴结构部件图，其刀具可以在主轴上自动装卸并进行自动夹紧。

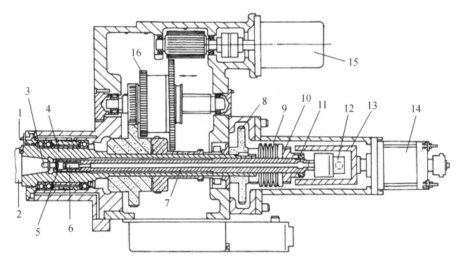

1-冷却液喷嘴　2-刀具　3-拉钉　4-主轴　5-弹性卡爪　6-喷气嘴　7-拉杆
8-定位凸轮　9-碟形弹簧　10-轴套　11-固定螺母　12-旋转接头　13-推杆
14-液压缸　15-交流伺服电机　16-换挡齿轮
图 1－2－25　主轴内部刀具夹紧机构

其工作原理如下：当刀具 2 装到主轴孔后，其刀柄后部的拉钉 3 便被送到拉杆 7 的前端，在碟形弹簧 9 的作用下，通过弹性卡爪 5 将刀具拉紧。当需要换刀时，电气控制指令给液压系统发出信号，使液压缸 14 的活塞左移，带动推杆 13 向左移动，推动固定在拉杆 7 上的轴套 10，使整个拉杆 7 向左移动，当弹性卡爪 5 向前伸出一段间隔后，在弹性力作用下，弹性卡爪 5 自动松开拉钉 3，此时拉杆 7 继续向左移动，喷气嘴 6 的端部把刀具顶松，机械手便可把刀具取出进行换刀。装刀之前，压缩空气从喷气嘴 6 中喷出，吹掉锥孔内脏物，当机械手把刀具装进之后，压力油通入液压缸 14 的左腔，使推杆退回原处，在碟形弹簧的作用下，通过拉杆 7 又把刀具拉紧。冷却液喷嘴 1 用来在切削时对刀具进行大流量冷却。

在换刀过程中，自动清除主轴孔内的灰尘和切屑是一个不容忽视的问题。如果主轴锥孔中落入了切屑、灰尘或其他污物，在拉紧刀杆时，锥孔表面和刀杆的锥柄就会被划伤，甚至会使刀杆发生偏斜,破坏了刀杆的正确定位,影响零件的加工精度。为了保持主轴锥孔的清洁,常采用的方法是使用压缩空气吹屑。在活塞推动拉杆松开刀柄的过程中,压缩空气由喷头经过活塞中心孔和拉杆中的孔吹出,将锥孔清理干净。为了提高吹屑效率,喷气小孔要有合适的喷射角度,并均匀布置。

(五) 主轴准停装置

在数控铣床、数控镗床和以镗铣为主的加工中心上,为了实现自动换刀,使机械手准确地将刀具装入主轴孔中,刀具的键槽必须与主轴的端面键位在周向对准,这就要求主轴必须停在一个固定准确的位置上;在镗削加工退刀时,要求刀具向刀尖反方向径向移动一段距离后才能退出,以免划伤工件,这就需要主轴具有周向定位功能;另外,一些特殊工艺要求情况下,如需要通过前壁小孔镗削内壁的同轴大孔,或进行反倒角等加工时,也要求主轴实现准停,使刀尖停在一个固定的方位上,以便主轴偏移一定尺寸后,使大切削刃能通过前壁小孔进入箱体内对大孔进行镗削,所以在主轴上必须设有准停装置。目前,主轴准停装置很多,主要分为机械式和电气式两种,如图 1-2-26 所示。

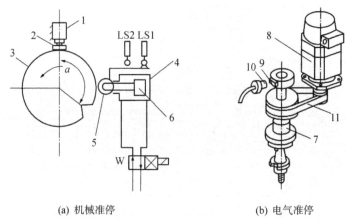

(a) 机械准停　　　　　　　　　　　(b) 电气准停

1-无触点开关　2-感应块　3-凸轮定位盘　4-定位液压缸
5-定向滚轮　6-定向活塞　7-主轴　8-主轴电动机　9-永久磁铁
10-磁传感器　11-同步带
图 1-2-26　主轴准停装置

图 1-2-26(a)所示为机械准停装置的示意图。首先采用机械凸轮机构进行粗定位,然后由一个液压定位滚轮插入主轴上的销孔或销槽实现精确定位,完成换刀后定位滚轮退出,主轴又开始旋转。具体过程如下:在主轴上固定一个 V 形凸轮定位盘 3,使 V 形槽与主轴上的端面键保持所需的相对位置关系。当主轴需要准停时,发出降速信号,主轴转换到最低速运转,延时继电器开始动作。延时 4~6s 后,无触点开关 1 接通电源,当主轴转到图示位置,即 V 形凸轮定位盘上的感应块 2 与无触点开关 1 相接触后发出信号,使主轴电动机停转。另一延时继电器延时 0.2~0.4s 后,压力油进入定位液压缸 4 下腔,使定向活塞 6 向左移动,当定向活塞 6 上的定向滚轮 5 顶入定位盘的 V 形槽时,行程开关 LS2 发出信号,主轴准停完成。若延时继电器延时 1s 后行程开关 LS2 仍不发信号,说明准停没完成,需使定向活塞 6 后退,重新准停。当活塞杆向右移到位时,行程开关 LS1 发出定向滚轮 5 退出凸轮定位盘凹槽的信号,此时主轴可启动工作。机械式主轴准停装置

准确可靠,但结构较复杂。

图 1-2-26(b)所示为电气准停装置的示意图。具体过程如下:在主轴 7 上安装有一个永久磁铁 9 与主轴一起旋转,在距离永久磁铁旋转轨迹外 1~2mm 处固定有一个磁传感器 10,当铣床主轴需要停车换刀时,数控系统发出主轴停转的指令,主轴电动机 8 立即降速,使主轴以很低的转速回转。当永久磁铁对准磁传感器时,磁传感器发出准停信号。此信号经放大后,由定向电路使电动机准确地停止在规定的周向位置上。这种准停装置机械结构简单,发磁体与磁传感器之间没有接触摩擦,准停的定位精度可达±1,能满足一般的换刀要求,而且定向时间短,可靠性较高。现代数控机床一般采用电气式主轴准停装置。只要数控系统发出指令信号,主轴就可以准确定向。

(六)主轴润滑与密封

为了保证主轴有良好的润滑,减少摩擦发热,同时又能把主轴部件热量带走,通常采用循环式润滑系统。常见主轴润滑方式有以下几种:

喷注润滑方式:它用较大流量的恒温油喷注到主轴轴承,以达到冷却润滑的目的。

油雾润滑方式:油雾润滑是利用经过净化处理的高压气体将润滑油雾化后,并经管道喷注到需润滑的部位,油雾润滑是连续供给油雾。

油气润滑方式:这种润滑方式近似于油雾润滑方式,所不同的是,油气润滑是定时定量地把油雾送进轴承空隙中,这样既实现了油雾润滑,又不至于油雾太多而污染周围空气。

在密封件中,被密封的介质往往是以穿漏、渗透或扩散的形式越界泄漏到密封连接处的彼侧。造成泄漏的基本原因是流体从密封面上的间隙中溢出,或是由于密封部件内外两侧密封介质的压力差或浓度差,致使流体向压力或浓度低的一侧流动。主轴的密封有接触式和非接触式,接触式密封主要有油毡圈和耐油橡胶密封圈密封。

(七)电主轴

自 20 世纪 80 年代以来,数控机床主轴向高速化发展。高速数控机床主传动的机械结构得到极大的简化,取消了带传动和齿轮传动。机床主轴由内装式电动机直接驱动,从而把机床主传动链的长度缩短为零,实现了机床主传动的"零传动",这种结构称为电主轴。

电主轴是"高频主轴"(High Frequency Spindle)的简称,有时也称作"直接传动主轴"(Direct Drive Spindle),具有结构紧凑、机械效率高、可获得极高的回转速度、回转精度高、噪声低、振动小等优点,因而在现代数控机床中获得了愈来愈广泛的应用。在国外,电主轴已经成为一种机电一体化技术的高科技产品,由一些技术水平很高的专业工厂生产,如瑞士的FISCHER 公司、德国的 GMN 公司、美国的 PRECISE 公司、意大利的 GAMFIOR 公司以及日本的 NSK 公司等。

1. 电主轴的结构

如图 1-2-27 所示,电主轴由无外壳电机、主轴、轴承、主轴单元壳体、驱动模块和冷却装置等组成。电机的转子采用压配方法与主轴做成一体,主轴则由前后轴承支承。电机的定子通过冷却套安装于主轴单元的壳体中。主轴的变速由主轴驱动模块控制,温升由主轴冷却装置限制。在主轴的后端装有测速、测角位移传感器,前端的内锥孔和端面用于安装刀具。

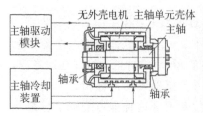 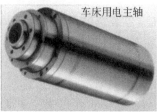 

图 1-2-27　电主轴的结构

2．电主轴的轴承

轴承是决定主轴寿命和承载能力的关键部件，其性能对电主轴的使用功能极为重要。目前电主轴采用的轴承主要有陶瓷球轴承、流体静压轴承和磁悬浮轴承。

陶瓷球轴承是应用广泛且经济的轴承，其轴承的滚动体是用陶瓷材料制成，而内、外圈仍用轴承钢制造。它的陶瓷滚珠质量轻、硬度高，可大幅度减小轴承离心力和内部载荷，减少磨损，从而延长了轴承的使用寿命。德国 GMN 公司和瑞士 STEP-TEC 公司用于加工中心和铣床的电主轴全部采用了陶瓷球轴承。

流体静压轴承为非直接接触式轴承，具有磨损小、寿命长、回转精度高、振动小等优点。用于电主轴上，可延长刀具寿命、提高加工质量和加工效率。美国 Ingersoll 公司在其生产的电主轴单元中主要采用其拥有专利技术的流体静压轴承。

磁悬浮轴承依靠多对在圆周上互为 $180°$ 的磁极产生径向吸力（或斥力）而将主轴悬浮在空气中，使轴颈与轴承不接触，径向间隙为 1mm 左右。当承受载荷后，主轴空间位置会产生微小变化，控制装置根据位置传感器检测出的主轴位置变化值改变相应磁极的吸力（或斥力）值，使主轴迅速恢复到原来的位置，从而保证主轴始终绕其惯性轴作高速回转，因此它的高速性能好、精度高，但由于价格昂贵，至今没有得到广泛应用。

3．电主轴的冷却润滑技术

电主轴的冷却：由于电主轴将电机集成于主轴单元中，且其转速很高，运转时会产生大量热量，引起电主轴温升，使电主轴的热态特性和动态特性变差，从而影响电主轴的正常工作。因此必须采取一定措施控制电主轴的温度，使其恒定在一定值内。目前一般采取强制循环油冷却的方式对电主轴的定子及主轴轴承进行冷却，即将经过油冷却装置的冷却油强制性地在主轴定子外和主轴轴承外循环，带走主轴高速旋转产生的热量。

电主轴的润滑：为了减少主轴轴承的发热，还必须对主轴轴承进行合理的润滑。电主轴的润滑方式主要有油脂润滑、油雾润滑和油气润滑等。此外，还有突入滚道式润滑方式等。对于陶瓷球轴承，可采用油雾润滑或油气润滑方式。

4．电主轴的驱动

当前，电主轴的电动机均采用交流异步感应电动机，由于是用在高速加工机床上，启动时要从静止迅速升速至每分钟数万转乃至数十万转，启动转矩大，因而启动电流要超出普通电机额定电流 5～7 倍。其驱动方式有变频器驱动和矢量控制驱动器驱动两种。变频器的驱动控制特性为恒转矩驱动，输出功率与转矩成正比。最新的变频器采用先进的晶体管技术（如瑞士 ABB 公司生产的 SAMIGS 系列变频器），可实现主轴的无级变速。矢量控制驱动器的驱动控制为：在低速端为恒转矩驱动，在中、高速端为恒功率驱动。

5. 电主轴的基本参数

电主轴的基本参数包括：套筒直径、最高转速、输出功率、转矩和刀具接口等，其中套筒直径为电主轴的主要参数。

二、主轴电机

主轴电机是主传动系统中的动力元件，通过电能和机械能的转换，为切削加工提供所需要的动力。目前数控机床上常用的主轴电机有交流异步电机（也称作变频电机）和交流伺服电机（也称作伺服主电机）。

（一）交流异步电动机（变频电机）

交流电机是用于实现交流电能和机械能相互转换的机械装置。由于交流电力系统的巨大发展，交流电机已成为目前最常用的电机之一。通常可以分为两类：同步电机、异步电机。其中同步电机的转子需要外加电源，转子旋转速度与定子磁场选择速度一致。异步电机的转子电流是感应生成的，转子转速与定子磁场转速之间有固定的转差率。异步电机因结构简单、制造方便，是应用最广、需求量最大的一类电机。

1. 交流异步电动机的结构

图 1-2-28 为三相交流异步电动机的结构示意图。由图可知：一台三相交流异步电动机主要由前端盖、转子部分、定子部分、机座、后端盖、风扇、风罩、出线盒等部分组成。其中定子和转子是主体，定子又分为定子铁心和定子绕组，转子又分为转子铁心和转子绕组。

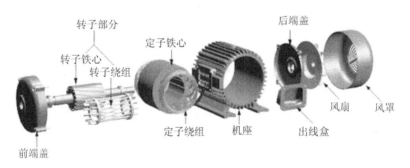

图 1-2-28　三相交流异步电动机的结构

定子铁心：定子铁心是异步电动机主磁通磁路的一部分，装在机座里。由于电机内部的磁场是交变的磁场，为了降低定子铁心里的铁损耗，定子铁心采用 0.35~0.5mm 厚的硅钢片叠压而成，在硅钢片的两面还应涂上绝缘层。

定子绕组：定子绕组为空间上相差 120° 的三相绕组，分别为 $A-X$、$B-Y$、$C-Z$，其接线如图 1-2-29(a)所示。对于大、中型容量的高压异步电动机，三相绕组通常采用 Y 形接法，只有三根引出线，如图 1-2-29(b)所示。对于中、小容量的低压异步电动机，通常把定子三相绕组的六根出线头都引出来，根据需要可以接成 Y 形或△形，如图 1-2-29(c)所示。

转子铁心：同定子铁心类似，也是异步电动机主磁通磁路的一部分，采用 0.35~0.5mm 厚的硅钢片叠压而成。

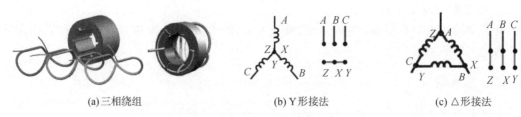

(a)三相绕组   (b) Y 形接法   (c) △形接法

图 1-2-29　定子绕组接线

转子绕组：按结构不同分为鼠笼式和绕线式。鼠笼式转子绕组是在转子铁心的每个槽里放上一根导体，每根导体都比铁心长，在铁心的两端用两个端环把所有的导条都短路起来，形成一个自身短路的绕组。如果把铁心拿掉，则可看出，剩下来的绕组形状像一个笼子，故名鼠笼式绕组，如图 1-2-30(a)所示。绕线式转子绕组也是按一定规律分布的三相对称绕组，可以接成 Y 形或△形。一般大、中容量电动机连接成 Y 形，小容量电动机连接成△形。转子绕组的三根引线分别接到三个滑环上，用一套电刷装置引出，如图 1-2-30(b)所示。

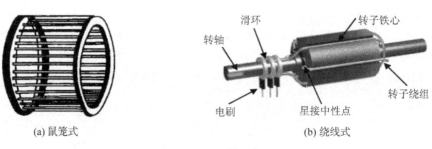

(a) 鼠笼式   (b) 绕线式

图 1-2-30　转子绕组

2. 交流异步电动机的工作过程

（1）旋转磁场的产生。

定子绕组中 $A-X$、$B-Y$、$C-Z$ 三个线圈在空间上彼此间隔 $120°$ 分布，在定子铁心内圆的圆周上，构成三相对称绕组。当三相对称绕组中通入如图 1-2-31 所示的三相对称电源（i_A 通入 A 相，i_B 通入 B 相，i_C 通入 C 相）时，就会产生旋转磁场。

所谓旋转磁场，指的是一种极性和大小不变，以一定转速旋转的磁场。如图 1-2-32 所示，当 $wt=0°$ 时，$i_A>0$，电流从 A 进，从 X 出；$i_B<0$，电流从 Y 进，从 B 出；$i_C<0$，电流从 Z 进，从 C 出；由此生成的磁场如图(a)所示。当 $wt=120°$ 时，$i_A<0$，电流从 X 进，从 A 出；$i_B>0$，电流从 B 进，从 Y 出；$i_C<0$，电流从 Z 进，从 C 出；由此生成的磁场如图

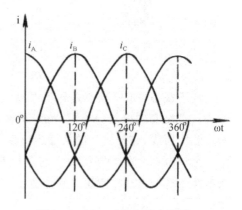

图 1-2-31　三相交流电波形

(b)所示。当 $wt=240°$ 时，$i_A<0$，电流从 X 进，从 A 出；$i_B<0$，电流从 Y 进，从 B 出；$i_C>0$，电流从 C 进，从 Z 出；由此生成的磁场如图(c)所示。当 $wt=360°$ 时，$i_A>0$，电流从 A 进，从 X 出；

$i_B<0$,电流从 Y 进,从 B 出;$i_C<0$,电流从 Z 进、从 C 出;由此生成的磁场如图(d)所示。由图可知,磁场以其特有的规律旋转一周。

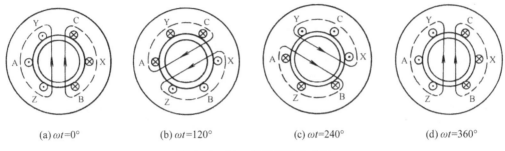

(a) $\omega t=0°$　　(b) $\omega t=120°$　　(c) $\omega t=240°$　　(d) $\omega t=360°$

图 1-2-32　旋转磁场生成图

旋转磁场的转向与三相绕组中所流过的三相电流的相序有关。若三相电流的相序为 A 相→B 相→C 相时,旋转磁场的转向也为 A 相→B 相→C 相。若三相电流的相序为 A 相→C 相→B 相时,旋转磁场的转向也为 A 相→C 相→B 相。

旋转磁场的极对数 p 和三相绕组的绕线方式有关。若定子每相绕组只有单个线圈,如图 1-2-33(a)所示,将形成一对磁极的旋转磁场,如图 1-2-33(b)所示。若定子每相绕组由两个线圈串联,如图 1-2-33(c)所示,将形成两对磁极的旋转磁场,如图 1-2-33(d)所示。旋转磁场的极对数 p 也就是交流异步电动机的极对数 p。

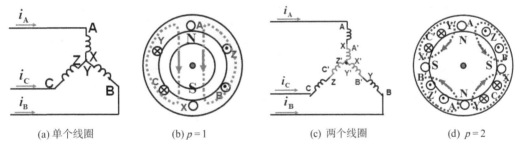

(a) 单个线圈　　(b) $p=1$　　(c) 两个线圈　　(d) $p=2$

图 1-2-33　旋转磁场的极对数

旋转磁场的转速取决于电机的极对数和电流的频率(即电源的频率)。在 $p=1$ 的情况下,当电流频率交变一次时,即 $\omega t=0\sim 360°$ 时,旋转磁场在空间上转过了 360°,恰好为一圈,如图 1-2-34 所示。在 $p=2$ 的情况下,当电流频率交变一次时,即 $\omega t=0\sim 360°$ 时,旋转磁场在空间上转过了 180°,恰好为半圈,如图 1-2-35 所示。

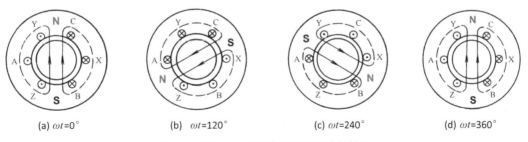

(a) $\omega t=0°$　　(b) $\omega t=120°$　　(c) $\omega t=240°$　　(d) $\omega t=360°$

图 1-2-34　$p=1$ 时旋转磁场的旋转情况

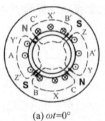 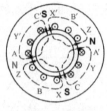  

(a) $\omega t=0°$ (b) $\omega t=120°$ (c) $\omega t=240°$ (d) $\omega t=360°$

图 1-2-35 $p=2$ 时旋转磁场的旋转情况

所以,当电源频率为 f_1,极对数为 p 时,旋转磁场的转速 $n_0=\dfrac{60f_1}{p}$ (转/分)(1-2-13)

(2)电机的转动过程。

如图 1-2-36 所示,旋转磁场生成后(设方向为顺时针,转速为 n_0),转子绕组中的导体会对磁场的磁力线产生切割动作(切割方向为逆时针,切割速度为 v),见图(a),从而在导体内产生感应电动势 e(感应电动势的大小见公式 1-2-14,方向用右手定则判断),由于转子绕组闭合而产生感应电流,于是导体变成了通电导体,见图(b)。接下来,旋转磁场对其中的通电导体会产生电磁力 f(电磁力的大小见公式 1-2-15,方向用左手定则判断)的作用,见图(c),电磁力生成电磁转矩,拉动转子旋转(设转速为 n,方向由图可见为顺时针)。

$e=B\cdot l\cdot v$,式中 B 为磁感应强度、l 为导线长度、v 为切割速度   (1-2-14)

$f=B\cdot l\cdot i$,式中 B 为磁感应强度、l 为导线长度、i 为电流大小   (1-2-15)

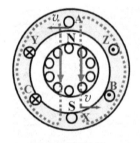 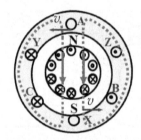 

(a) 切割磁力线   (b) 生成感应电流   (c) 产生电磁力

图 1-2-36 交流电机转动过程

从上述的分析可知,异步电机转子的旋转方向与定子旋转磁场的旋转方向一致,而转子的旋转速度 n 一定低于定子旋转磁场的旋转速度 n_0。这是因为,如果 n 和 n_0 同步,则转子导体和旋转磁场之间不再有相对切割动作,就不会在导体内产生感应电动势,也不会产生电磁转矩来拖动机械负载。如果 n 大于 n_0,则转子导体对磁力线将会产生反向的切割动作,最终生成反向的电磁转矩拉动转子停转。所以 n 一定小于 n_0,转差 n_0-n 的存在是异步电机运行的必要条件。我们将转差表示为同步转速的百分值,称为转差率,用 s 表示。

$s=\left(\dfrac{n_0-n}{n_0}\right)\times100\%$,从而推出

$$n=(1-s)n_0=(1-s)\dfrac{60f_1}{p} \qquad\qquad (1-2-16)$$

3. 交流异步电动机的使用

电机的使用主要包括电机的启动、反转、制动、调速等内容。在讲解电机的使用之前,先

给出电机常用的铭牌数据。

额定功率 P_N(kW)：在额定运行时输出的机械功率。

额定电压 U_N(V)：在额定运行时电网加在定子绕组上的线电压。

额定电流 I_N(A)：在额定电压下，输出额定功率时，定子绕组中的线电流。

额定频率 f_N(Hz)：我国的电网标准频率为 50Hz。

额定转速 n_N(r/min)：电机在额定电压、额定频率、额定功率下的转速。

除了上述额定数据，电机铭牌上还标明了绕组的相数与接法、绝缘等级及允许温升等。对于绕线式转子异步电机，还标明了转子的额定电动势及额定电流。

（1）交流异步电动机的启动。

交流异步电机接入电源，转子开始转动。转速从零开始到稳定运行的这一过程，称为启动。在启动时，要求电动机应有足够大的启动转矩，用来带动负载。并且在保证启动转矩的前提下，启动电流越小越好。

鼠笼式异步电动机的启动方法有两类：在额定电压下的全压启动、经过启动设备降压后的降压启动。全压启动是将电动机直接接到额定电压上的启动方式，又称直接启动。优点是启动设备简单、操作方便、启动时间短。缺点是启动电流较大，会对电机和电网造成一定的电流冲击，并使线路电压下降，影响负载正常工作。此方法只适用于容量在 10kW 以下的小型异步电动机。降压启动一般有下列三种具体方法，如图 1-2-37 所示。图(a)给出的称为定子回路串接电阻启动。启动时闭合 S_1、断开 S_2，将启动电阻 R 串联到定子回路中。启动结束后闭合 S_2，将启动电阻 R 短接。此方法的特点是启动电阻 R 会产生较大的功率损耗，经济性较差；图(b)给出的称为 Y-△降压起动。启动时闭合 1KM、3KM，使三相定子绕组接成 Y 形连接。启动结束后断开 3KM，闭合 2KM，使三相定子绕组恢复为△形连接。此方法适用于正常运行时定子绕组是△形连接的异步电动机。优点是启动设备简单、操作方便，启动电流只有全压启动时的 1/3。缺点是启动转矩也小，不适合重载场合；图(c)给出的称为自耦变压器降压启动。启动时闭合 S_1，并将 S_2 接到"启动"位，这时自耦变压器将电源电压降低后再加到电动机上。启动结束后将 S_2 接到"运行"位，切除自耦变压器，电动机正常运行。此方法不论电机正常运行时定子绕组是 Y 形连接还是 △ 形连接都可使用。启动电压可根据需要选择，使用灵活，适用于不同的负载。缺点是启动设备体积大、成本高。

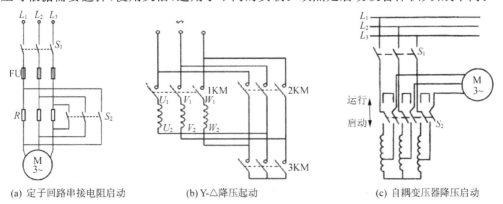

(a) 定子回路串接电阻启动　　　(b) Y-△降压起动　　　(c) 自耦变压器降压启动

图 1-2-37　鼠笼式异步电动机降压启动的几种方法

绕线式异步电动机启动时可以在转子回路中串入可调电阻或频敏变阻器,这样可以减小启动电流,同时增大启动转矩,因而启动性能比鼠笼式异步电动机要好。

（2）交流异步电动机的反转。

由上述交流异步电机的原理分析可知：电机转子的旋转方向取决于定子旋转磁场的旋转方向,而旋转磁场的旋转方向又取决于三相绕组中所通入的三相电流的相序。所以互换三相电源中的任意两相,就可使电机反转,如图 1－2－38 所示。

（3）交流异步电动机的制动。

电动机断电后由于机械惯性总要经过一段时间才能停下来。为了提高生产效率及安全,采用一定的方法让高速运转

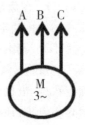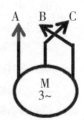

图 1－2－38 交流异步电机反转

的电动机迅速停转,就是所谓的制动。制动一般分机械制动和电气制动。机械制动是利用机械装置使电动机从电源切断后能迅速停转。电气制动是使电机产生反向的电磁转矩拉动转子停转。

电气制动一般有下列三种具体方法,如图 1－2－39 所示。图(a)给出的称为能耗制动。当电动机需要制动时,将三相定子绕组与交流电源断开(断开 K_1),然后把直流电通入两相绕组(闭合 K_2),产生固定不动的磁场。电动机由于惯性仍在运转,转子导体切割固定磁场的磁力线产生感应电流,载流导体受到与转子惯性方向相反的电磁转矩使电机迅速停转。当电动机转速下降为零时,制动转矩也为零,因此采用能耗制动能实现迅速而准确的停车。而且制动力强,制动较平稳,缺点是需要一套专门的直流电源供制动使用;图(b)给出的称为反接制动。当电动机需要制动时,把与电源相连接的三根火线中任意两根的位置对调(断开 Q_1,闭合 Q_2),使旋转磁场反向旋转。电动机由于惯性仍在运转,转子导体切割反向旋转磁场的磁力线产生感应电流,载流导体受到与转子惯性方向相反的电磁转矩使电机迅速停转。反接制动的优点是制动效果好,缺点是能耗大,制动准确度差。如要停车,还须由控制线路及时切除电源。这种制动适用于要求迅速停车并迅速反转的生产机械;图(c)给出的称为回馈制动。当异步电动机因某种外因,例如在位能负载作用下(图中为重物的作用),使转速 n 高于同步转速 n_0,位能负载带动异步电机进入回馈制动状态。回馈制动时,电动机由转轴吸收机械功率,由定子向电网回馈电能。回馈制动常用于高速且要求匀速下放重物的场合。

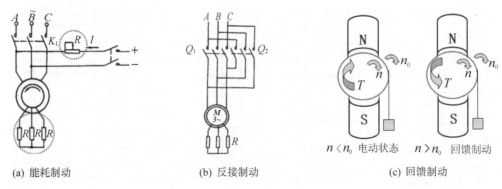

(a) 能耗制动　　　　　　(b) 反接制动　　　　　　(c) 回馈制动

图 1－2－39 电气制动的几种方法

（4）交流异步电动机的调速。

由式 1-2-16 可知,异步电动机调速有三种方法:调极对数 p,调转差率 s,调频率 f。

变极对数 p 调速:在电源频率 f、转差率 s 不变的条件下,改变电动机的极对数 p。通过改变定子绕组引出线的接线,就可以改变电动机的极对数 p。变极调速只用于鼠笼式异步电动机,因为定子变极时,鼠笼式转子也能作相应的变极。绕线式电动机的转子绕组极数是固定不变的,所以不能进行变极调速。此方法调速效率高、操作简单,但不能无级调速。

变转差率 s 调速:方法有改变定子电压调速(适用于鼠笼式异步电动机)和转子回路串电阻调速(适用于绕线式异步电动机)。此方法在调速过程中会产生大量的转差功率,并消耗在转子电路中,使转子发热,调速的经济性较差。

变频率 f 调速:变频调速具有优异的调速性能,主要是调速范围大、平滑性好、能适应不同负载的要求,是交流电动机调速的发展方向。我国电网的固有频率为 50Hz,要改变电源的频率 f 进行调速,需要专门的变频设备。随着半导体变流技术的不断发展,工作可靠、性能优异、价格便宜的变频调速线路不断出现,变频调速的应用将日益广泛。

我们知道,在电机工作时,定子绕组同样切割旋转磁场的磁力线产生感应电动势,可用下式计算其有效值。

$$U_1 \approx E_1 = 4.44\ f_1 N_1 \Phi \qquad (1-2-17)$$

从公式可以看出,若频率 f 从基频 50Hz 往下调,则降低频率的同时降低电压 U_1,保证 U_1/f_1 =常数。从而保证磁通 Φ 不变,保持了电机的负载能力。若频率 f 从基频 50Hz 往上调,因电压 U_1 受额定电压的限制不能再升高,所以提高频率的同时降低 Φ,保证 $f_1 \times \Phi$=常数。

（5）交流异步电动机的驱动。

交流电机驱动技术的关键在于调频调压,通过改变电机定子电源的频率和幅值,从而改变其转速。调频调压的设备称为变频器,可分为交流—直流—交流变频器和交流—交流变频器两大类,目前大多使用交流—直流—交流变频器。

图 1-2-40 所示为交流—直流—交流 SPWM 变频器的主电路图。由图可知,SPWM 变频器主要包括整流部分、滤波部分、逆变部分和控制电路。国家电网提供的频率、幅值固定的三相交流电经过整流和滤波后形成幅值恒定的直流电压,加在逆变器上。逆变器的功率开关器件按一定规律导通或断开,使输出端获得一系列宽度不等的矩形脉冲电压波形,如图 1-2-42 所示。通过改变脉冲电压的周期可以控制电压的频率,通过改变脉冲电压的宽度可以控制电压的幅值,从而向三相交流电机输出频率、幅值可调的三相交流电。

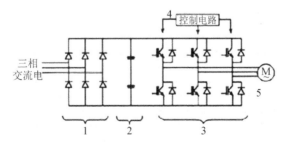

1-整流部分　2-滤波部分　3-逆变部分　4-控制电路　5-交流电机
图 1-2-40　SPWM 变频器主电路

逆变器的功率开关器件导通、断开规律由控制电路实现。如图1-2-41所示,控制电路主要包括正弦调制波发生器、三角载波发生器以及用于比较的调制器。当三角波大于正弦波时,u_d 输出低电平,功率开关器件断开,逆变电压为低电平状态。当正弦波大于三角波时,u_d 输出高电平,功率开关器件导通,逆变电压为高电平状态。输出的电压波形如图1-2-42所示。通过改变正弦波的频率可以控制脉冲电压的周期,通过改变正弦波的幅值可以控制脉冲电压的宽度,从而实现调频调压。

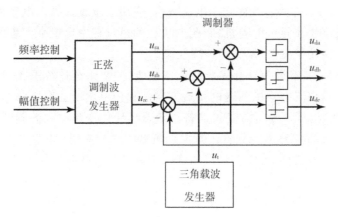

图1-2-41 SPWM变频器控制电路

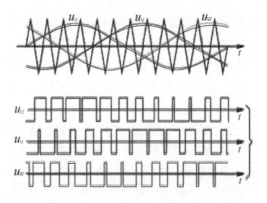

图1-2-42 SPWM变频器波形

通过上述分析,现将SPWM变频器工作过程整理如下:以正弦波为调制波,以三角波为载波,调制器输出的脉冲电压 u_d 控制VT的通断,以此实现直流到交流的逆变。改变调制波的频率和幅值即可实现调频调压。

图1-2-43所示为欧瑞E1000变频器的实际接线图,所用信号的含义如下:

AL1、GND:模拟电压+(69号线)、模拟量地(70号线),从数控系统接到变频器;

OP3:CW(65号线),电机正转信号线,由机床PLC输出点控制KA1触点闭合;

OP4:CCW(66号线),电机反转信号线,由机床PLC输出点控制KA2触点闭合;

COM:KA1、KA2触点的公共端(68号线);

L1、L2、PE:电源线,从端子排接到变频器;

U、V、W、PE:电机线,从变频器接到主轴电机。

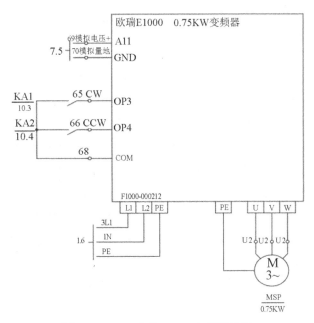

图 1-2-43 欧瑞 E1000 变频器接线

由上述信号及其含义可知：变频器接受来自数控系统的指令,控制主轴电机的旋转速度。接受来自机床 PLC 的信号,控制主轴电机的旋转方向。

(二)交流伺服电动机(伺服主电机)

伺服系统是使物体的位置、速度、状态等输出被控量能够跟随输入目标(或给定值)的任意变化而变化的自动控制系统。伺服主要靠脉冲来定位,伺服电机每接收到 1 个来自数控系统的脉冲,就会旋转 1 个脉冲对应的角度,从而实现位移。同时,伺服电机本身具有发出脉冲的功能(因为伺服电机的转轴上安装了编码器,如图 1-2-44 所示),所以伺服电机每旋转一个角度,都会发出对应数量的脉冲反馈给数控系统。这样,发出的脉冲和接受的脉冲形成闭环控制。数控系统就会知道发了多少脉冲给伺服电机,同时又收回来多少脉冲,从而能够精确地控制电机的转动,实现准确的定位。

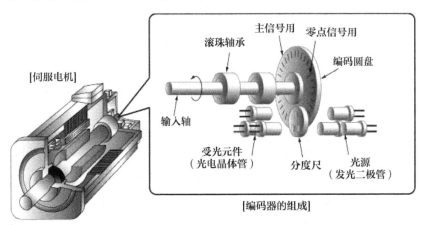

图 1-2-44 伺服电机转轴安装编码器

伺服电机可分为直流和交流,交流伺服电机又可分为同步和异步。目前主传动系统中一般用交流伺服异步电机,又称伺服主电机。

交流伺服异步电机也由定子和转子构成。定子上装有两个空间位置互差 90°的绕组,一个是励磁绕组 R_f,它始终接在交流电压 U_f 上;另一个是控制绕组 R_k,连接控制信号电压 U_k,如图 1-2-45 所示。定子由机座固定和保护,机座一般用硬铝或不锈钢制成。

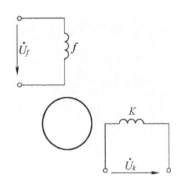

图 1-2-45 伺服电机定子结构

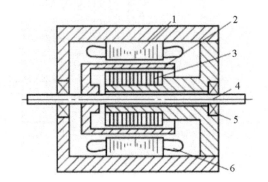

1-外定子铁心　2-杯形转子　3-内定子铁心
4-转轴　5-轴承　6-定子绕组
图 1-2-46 空心杯形转子伺服电机结构

为了使伺服电动机具有较宽的调速范围、线性的机械特性、无"自转"现象和快速响应的性能,它与普通电动机相比,应具有转子电阻大和转动惯量小这两个特点。目前应用较多的转子结构有两种形式:一种是采用高电阻率的导电材料做成的鼠笼转子,为了减小转子的转动惯量,转子做得细长,其结构与三相交流异步电动机的鼠笼式转子相似;另一种是采用非磁性导电材料(如铜或铝)制成的空心杯形转子,杯壁做得很薄(小于 0.5mm),因此转动惯量很小。为了减小磁路的磁阻,要在空心杯形转子内放置固定的内定子,内定子由硅钢片叠压而成,固定在一个端盖上,内定子上没有绕组,仅作磁路用。空心杯形转子反应迅速,运转平稳,因此被广泛采用。图 1-2-46 所示为空心杯形转子伺服电机结构图。

交流伺服异步电机的工作原理和单相异步感应电动机无本质上的差异。当电机原来处于静止状态时,如控制绕组不加控制电压,此时定子内只有励磁绕组通电产生的脉动磁场,可以把脉动磁场看成两个圆形旋转磁场。这两个圆形旋转磁场以同样的大小和转速,向相反方向旋转,所建立的正、反转旋转磁场分别切割笼型绕组(或杯形壁)并感应出大小相同、相位相反的电动势和电流,这些电流分别与各自的磁场作用产生的力矩大小相等、方向相反,合成力矩为零,伺服电机转子静止不动。当控制绕组接受与之相对应的控制电压时,两个圆形旋转磁场幅值不再相等(假设正转旋转磁场大,反转旋转磁场小),但以相同的速度向相反的方向旋转。这两个圆形旋转磁场切割转子绕组感应出的电动势和电流以及产生的电磁力矩也方向相反、大小不等(正转者大,反转者小),因此合成力矩不为零,转子就朝着正转旋转磁场的方向转动起来。在负载恒定的情况下,电动机的转速随控制电压的大小而变化。当控制电压的相位相反时,即移相 180°,这时两个圆形旋转磁场会发生变化(正转旋转磁场小,反转旋转磁场大),因而产生的合成力矩方向相反,伺服电机将反转。若控制电压消失,只有励磁绕组通入电流,伺服电机产生的磁场将是脉动磁场,此时电机会产生一个与转子原来转动方向相反的制动力矩,在负载力矩和制动力矩的作用下转子迅速停止。

因此与普通交流异步电机相比,交流伺服异步电机具备一个性能,就是能克服"自转"现象。即无控制信号时,它不应转动,特别是当它已在转动时,如果控制信号消失,它应能立即停止转动。而普通交流异步电机转动起来以后,如控制信号消失,往往仍在惯性的作用下继续转动。必须指出,普通的两相和三相异步电动机正常情况下都是在对称状态下工作,不对称运行属于故障状态。而交流伺服电机则可以靠不同程度的不对称运行来达到控制目的。这是交流伺服电机在运行上与普通异步电动机的根本区别。

交流伺服电机的速度调节同样采用变频器来实现。

三、主传动方式

为了使主轴电机输出的动力传递到主轴组件上,必须在两者之间连接传动结构,传动的同时还可以调节转速和转矩。与普通机床相比,数控机床的工艺范围更宽,工艺能力更强,因此要求其主传动具有较宽的调速范围,以保证在加工时能选用合理的切削用量,从而获得最佳的加工精度、表面质量和生产率。数控机床的变速是按照控制指令自动进行的,因此变速机构必须适应自动操作的再求。现代数控机床的主传动广泛采用无级变速传动,用交流电机或伺服电机驱动,能方便地实现无级变速,且传动链短、传动件少。根据数控机床的类型与大小,其主传动系统主要有以下三种配置形式。

(一) 齿轮传动方式

如图 1-2-47(a)所示为齿轮传动方式,它通过几对齿轮降速,使主传动成为分段无级变速,扩大了输出扭矩,确保低速时对主轴输出扭矩特性的要求。一般大、中型数控机床多采用这种方式,有一部分小型数控机床为获得强力切削时所需要的扭矩也采用这种传动方式。

齿轮传动方式中的机械变速机构常采用滑移齿轮变速机构,它的位移大多数采用液压拨叉和电磁离合器两种变速操纵方法。

(1) 液压拨叉变速:在带有齿轮传动的主传动系统中,齿轮的换挡主要靠液压拨叉来完成。

(2) 电磁离合器变速:电磁离合器是应用电磁效应接通或切断运动的元件。由于它便于实现自动操作,并有现成的系列产品选用,因而已成为自动装置中常用的操纵元件。电磁离合器用于数控机床主传动时,能简化变速机构,通过若干个安装在各传动轴上的离合器的吸合与分离的不同组合来改变齿轮的传动路线,实现主轴转速。

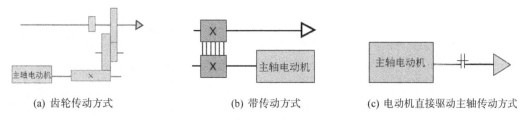

(a) 齿轮传动方式　　　　　(b) 带传动方式　　　　(c) 电动机直接驱动主轴传动方式

图 1-2-47　主传动系统常用的几种传动方式

(二) 带传动方式

如图 1-2-47(b)所示为带传动方式,电机轴的转动经带传动传递给主轴。电动机本身

的调整就能满足要求,不用齿轮变速,可避免因齿轮传动而引起的振动和噪声。这种方式结构简单、安装调试方便,且在一定程度上能够满足转速与转矩的输出要求,主要应用在转速较高、变速范围不大的小型数控机床上。常用的有同步齿形带、多楔带、V带、平带等。

（1）同步齿形带:是一种综合了带、链传动优点的新型传动方式。同步齿形带的带型有T型齿和圆弧齿。带的工作面及带轮外圆上均制成齿形,通过带轮与轮齿相嵌合,作无滑动的啮合传动。带内采用了承载后无弹性伸长的材料作强力层,以保持带的节距不变,使主、从动带轮可作无相对滑动的同步传动。

（2）多楔带:数控机床上应用的多楔带又称复合三角带,横向断面呈多个楔形,楔角为40°,传递负载主要靠强力层。

（三）电动机直接驱动主轴传动方式

如图 1-2-47(c)所示为调速电动机直接驱动主轴传动方式,电动机轴与主轴采用联轴器同轴连接。这种传动方式的优点是结构紧凑,但主轴转速的变化及转矩的输出和电动机的输出特性不一致,因而在使用上受到一定限制。这种主传动方式大大简化了主轴箱体与主轴的结构,有效地提高了主轴部件的刚度,但主轴输出扭矩小,电动机发热对主轴的精度影响较大。

四、主轴编码器

为了在车螺纹时实现主轴转动与进给运动的同步运行,需要在数控车床主轴上安装编码器。另外,为了使伺服电机在工作过程中能够发出脉冲反馈给数控系统,需要在伺服电机的转轴上安装编码器。

编码器是一种检测元件,安装在旋转轴上,可直接测量轴的转速、旋转角度、间接测量工作台的位移。编码器把角位移或直线位移转换成电信号,前者称为码盘,后者称为码尺。按照工作原理可分为增量式和绝对式两类。增量式编码器是将角位移转换成周期性的电信号,再把这个电信号转变成计数脉冲,即每转过一个单位的角度就发出一个脉冲信号,用脉冲的个数表示角位移的大小。每一点的测量结果都是以上一点为基准,因此安装有增量式编码器的数控机床开机后必须回零。绝对式编码器的每一个角度对应一个确定的数字码,因此它的示值只与测量的起始和终止位置有关,而与测量的中间过程无关。每一点的测量结果都是以固定起始点为基准,因此安装有绝对式编码器的数控机床开机后不必回零。

（一）增量式编码器

如图 1-2-48 所示,为增量式光电脉冲编码器,由光源、聚光镜、装在被测轴上的带缝隙的光电码盘、光栅板、光敏器件和信号处理电路组成。

光电码盘是用玻璃材料研磨抛光制成,玻璃表面在真空中镀上一层不透光的铬,然后用照相腐蚀法在上面制成向心透光窄缝。透光窄缝在圆周上等分,其数量从几百条到几千条不等。光栅板也用玻璃材料研磨抛光制成,其透光窄缝为一条或两条,每一条前面安装有一只光敏元件,后面安装有光源。

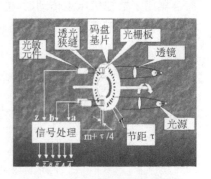

图 1-2-48 增量式光电脉冲编码器的结构

光电码盘与旋转轴连在一起,当码盘转动时,每转过一个透光缝隙就发生一次光线的明暗变化,光敏元件把通过光电码盘和光栅板射来的忽明忽暗的光信号转换为近似正弦波的电信号。经过整形、放大和微分处理后,输出脉冲信号,送到计数器计数。码盘每转一周,光敏元件输出与码盘缝隙数相等的电脉冲。通过记录脉冲的数目,就可以测量出转速。

假设单位时间 t 内累计 N 个脉冲,则可算出转速为 $n=\dfrac{60N}{Zt}$ (1-2-18)

式中:Z—圆盘上的缝隙数、n—转速(r/min);t—测量时间(s)。

为了判断旋转方向,光栅板的两个窄缝距离彼此错开 1/4 节距,使两个光敏元件输出信号相位差90°。设 A 相比 B 相超前时为正方向旋转,则 B 相比 A 相超前就是负方向旋转,利用 A 相与 B 相的相位关系可以判别旋转方向,如图1-2-49所示。

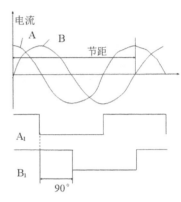

图1-2-49 A 相与 B 相的相位关系

(二) 绝对式编码器

绝对式编码器是一种直接编码式的测量元件,它可以直接把被测转角或位移转换成相应的代码,指示的是绝对位置。在电源切断后,不会失去位置信息,但其结构复杂、价格较贵,且不易做到高精度和高分辨率。

绝对式编码器按一定的形式编码,如二进制编码等。将圆盘分成若干等分,利用电子、光电或电磁元件把代表被测角位移的各等分上的数码转换成电信号输出。如图1-2-50(a)所示是一个四位二进制编码器,在透明材料的圆盘上精确地印制上二进制编码。编码器上各圆圆环分别代表一位二进制的数字码道,在同一组码道上印制红白等间隔图案,形成一套编码。红色不透光区和白色透光区分别代表二进制的"0"和"1"。

当编码器随工作轴一起转动时,就可得到二进制数输出。编码器的精度与码道多少有关,码道越多,编码器的容量越大,精度越高。工作时,编码器的一侧放置光源,另一边放置光电接收装置,每个码道都对应有一个光敏元件及放大、整形电路。编码器转到不同位置,光敏元件接受光信号,并转化成相应的电信号。由于光敏元件安装误差的影响,当编码器回转在两码段交替过程中,就会出现有一些光敏元件越过分界线,而另一些尚未越过的现象,于是产生了读数误差。

所以一般情况下使用二进制循环码即格雷码做码盘,它也是一种二进制编码,只有"0"和"1"两个数。这种编码的特点是任意相邻的两个代码间只有一位代码有变化,即由"0"变为"1"或"1"变为"0",如图1-2-50(b)所示。因此,在两数变换过程中,因光敏元件安装不准等产生的阅读数误差,最多不超过"1",是消除误差的一种有效方法。

另一种减小误差的方式是采用带判位光电装置的二进制循环码盘,这种码盘是在二进制循环码盘的最外圈增加一圈信号位构成的,如图1-2-50(c)所示。信号位的位置正好与状态交线错开,只有信号位处的光敏元件有信号时才能读数,这样就不会产生非单值性误差。

(三) 主轴编码器的使用

数控机床的主轴转动与进给运动之间,没有机械方面的直接联系。在数控车床上加工圆柱螺纹时,要求主轴的转速与刀具的轴向进给保持一定的协调关系,无论该螺纹是等距螺纹还是变距螺纹都是如此。为此,通常在主轴上安装脉冲编码器来检测主轴的转角、相位、

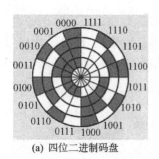
(a) 四位二进制码盘

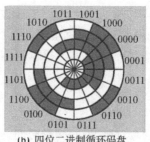
(b) 四位二进制循环码盘

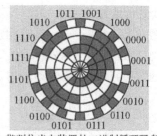
(c) 带判位光电装置的二进制循环码盘

图 1-2-50　绝对式编码器

零位等信号。主轴脉冲编码器可通过一对齿轮或同步齿形带与主轴联系起来,由于主轴要求与编码器同步旋转,所以此连接必须做到无间隙。也可以通过中间轴上的齿轮 1:1 地同步传动。在主轴与进给轴关联控制中都要使用脉冲编码器,它是精密数字控制与伺服控制设备中常用的角位移数字化检测器件,具有精度高、结构简单、工作可靠等优点。

在主轴旋转过程中,与其相连的脉冲编码器不断发出脉冲送给数控系统,控制插补速度。根据插补计算结果,控制进给坐标轴伺服系统,使进给量与主轴转速保持所需的比例关系,实现主轴转动与进给运动相联系的同步运行,从而车出所需的螺纹。通过改变主轴的旋转方向可以加工出左螺纹或右螺纹。

任务实施

工作任务单

姓名		班级		组别		日期	
任务名称		主传动系统认知					
工作任务		学习主传动系统的组成及连接					
任务描述		在教师的指导下,在数控实训车间对机床的主传动系统进行观察,找出主传动系统的各个组成部分、各部分之间的连接形式以及主传动系统与数控系统之间的接线					
任务要求		1. 认识主轴组件、主轴电机、主传动方式、主轴编码器并记录其型号; 2. 对各组成部分之间的连接形式进行整理归类; 3. 画出主传动系统与数控系统之间的接线图。					
提交成果		主轴组件、主轴电机、主轴编码器的型号 主传动系统示意图 主传动系统与数控系统之间的接线图					

考核评价	序号	考核内容	配分	评分标准	得分
	1	安全意识	10	遵守规章、制度	
	2	元件型号	30	常用的元件型号清单	
	3	主传动系统	30	主传动系统示意图	
	4	与 NC 连接	20	与数控系统的接线图	
	5	团队协作	10	与他人合作有效	
指导教师			总分		

任务三 进给传动系统认知

任务引入

如图1-2-51所示为数控机床进给传动系统示意图。其中图1-2-51(a)为旋转电机所驱动的进给传动系统,由图可看出,主要包括工作台和导轨、执行电机以及将旋转运动转化为直线运动的滚珠丝杠螺母副。图1-2-51(b)为直线电机所驱动的进给传动系统,由图可知,主要包括工作台以及执行电机(导轨包含在电机中)。

(a) 旋转电机驱动的进给传动 (b) 直线电机驱动的进给传动

图1-2-51 数控机床进给传动系统

任务分析

进给传动系统是指以位置和速度为控制对象的自动控制系统。在数控机床上进给传动系统接收来自插补装置产生的进给脉冲指令,经过一定的信号变换及电压、功率放大,转化为机床工作台相对于切削刀具的运动。作为一种实现刀具与工件之间相对运动的执行机构,进给传动系统是数控机床的一个重要组成部分,在很大程度上决定了数控机床的性能。数控机床的跟踪精度、定位精度等一系列重要指标主要取决于进给传动系统性能的优劣。

数控机床对进给传动系统的要求:

(1)精度高:数控机床不会像传统机床那样用手动操作来调整和补偿各种误差,因此它要求有很高的定位精度和重复定位精度。所谓精度是指进给系统的输出量跟随输入量的精确程度。脉冲当量越小,机床的精度越高。

(2)快速响应特性好:快速响应是进给系统动态品质的标志之一。它要求进给系统跟随指令信号时,不仅跟随误差小,而且响应要快,稳定性要好。即系统在接收给定输入后能在短暂的调节之后达到平衡,或受到外界干扰作用时能迅速恢复原来的平衡状态。

(3)调速范围大:由于工件材料、刀具以及加工要求各不相同,要保证数控机床在任何情况下都能得到最佳的切削条件,进给系统必须要有足够的调速范围,既能满足高速加工要求,又能满足低速进给要求,而且在低速切削时,能输出较大的转矩。

(4)系统可靠性好:数控机床的使用率较高,常常是24小时连续工作不停机,因而要求其工作可靠。系统的可靠性常用发生故障时间间隔的长短的平均值作为依据,即平均无故障时间,这个时间越长可靠性越好。

数控机床进给传动系统按照控制原理分类可分为开环、半闭环和全闭环,如图1-2-52所示。其中图1-2-52(a)为开环系统结构示意图,由图可看出:开环控制通常采用步进电

机作为驱动元件,由于它没有速度反馈回路和位置反馈回路,简化了线路,因此投资成本低、调试维修方便,但进给速度和精度较低,常用于中、低档数控机床及一般的机床改造中。

(a) 开环系统结构

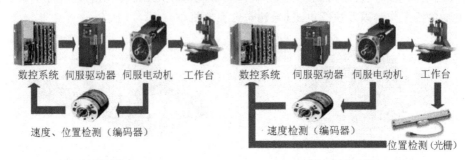

(b) 半闭环系统结构　　　　　　　　　(c) 全闭环系统结构

图 1-2-52　数控机床进给传动系统按照控制原理分类

图 1-2-52(b)为半闭环系统结构示意图,由图可知:半闭环控制通常采用伺服电机作为驱动元件,并且增加了检测反馈装置。半闭环控制一般将检测元件安装在电动机轴上,用于精确测量电动机的旋转角度,然后通过滚珠丝杠螺母副等传动机构,将角度转换成工作台的直线位移。检测结果反馈给数控系统后,可以纠正偏差。如果滚珠丝杠螺母副精度足够高、间隙小,半闭环系统的精度一般可以满足机床的要求。加之传动链上有规律的误差可以用数控系统加以补偿,因此半闭环控制广泛运用于精度要求适中的中小型数控机床上。

图 1-2-52(c)为全闭环系统结构示意图,由图可看出:全闭环控制直接从机床的移动部件上获取位置实际移动值,因此其位置检测精度不受机械传动精度的影响,消除了进给传动中的全部误差,所以精度很高。然而另一方面,正是由于各个环节都包含在反馈回路内,所以结构复杂,调试维修都有较大的技术难度,价格也较贵,因此只在大型精密机床上使用。

相关知识

一、工作台和导轨

(一) 工作台

进给传动系统中的工作台主要起支撑和固定作用,在数控车床上用于安装刀架、在数控铣床上用于夹持工件。工作台材质一般为高强度铸铁,经过两次人工处理后,使其精度稳定,耐磨性能好。常用的机床工作台有以下三种形式:

1. 矩形工作台

如图 1-2-53(a)所示,实现 X、Y、Z 直线进给运动。

工作台上表面有孔或槽,用来固定刀架或工件,以及清理加工时产生的铁屑。按照国家标准,产品一般制成筋板式或箱体式,工作面采用刮研工艺。

2. 回转工作台

如图1-2-53(b)所示,实现绕 X、Y、Z 轴的圆周进给运动。

为了提高生产效率,扩大工艺范围,数控机床除了沿 X、Y、Z 三个坐标轴的直线进给运动之外,往往还带有绕 X、Y、Z 轴的圆周进给运动。一般数控机床的圆周进给运动由回转工作台实现。数控铣床的回转工作台除了用来进行各种圆弧加工或与直线进给联动进行曲面加工外,还可以实现精确分度,这给箱体零件的加工带来了便利。对于自动换刀的数控加工中心来说,回转工作台已成为不可缺少的一部分。

3. 万能倾斜式工作台

如图1-2-53(c)所示,实现圆周进给运动的联动。

万能倾斜式工作台也称作可倾回转工作台,是数控加工中心、镗床、钻床进给运动的主要附件之一,主要用于加工斜孔或通过一次装夹定位加工除支撑面以外的其他所有表面。工作台可从水平位置到垂直位置间任意调整并锁紧,在垂直位置可以与尾座配合使用,对工件进行圆周分度钻削和铣削。

  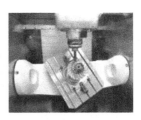

(a) 矩形工作台　　　　　　(b) 回转工作台　　　　　　(c) 万能倾斜式工作台

图1-2-53 数控机床常用工作台

(二) 导轨

导轨在进给传动系统中主要用来引导机床运动部件沿一定的轨迹运动,并支承其重力和所受的载荷。在导轨副中,运动的一方叫作运动件,不动的一方叫作承导件,运动件相对于承导件的运动通常是直线运动或回转运动。

导轨的导向精度是指机床的运动部件沿导轨移动时,它与有关基面之间的相互位置的准确性。无论在空载或切削工件时导轨都应有足够的导向精度,这是对导轨的基本要求。影响导轨精度的主要原因除制造精度外,还有导轨的结构形式、装配质量、导轨及其支承件的刚度和热变形,对于静压导轨,还有油膜的刚度等因素。

导轨的耐磨性是指导轨在长期使用过程中保持一定导向精度的能力。因导轨在工作过程中难免磨损,所以应力求减少磨损量,并在磨损后能自动补偿或便于调整。数控机床常采用摩擦因数小的滚动导轨和静压导轨,以降低导轨磨损。

导轨受力变形会影响部件之间的导向精度和相对位置,因此要求导轨应有足够的刚度。为减轻或平衡外力的影响,数控机床常采用加大导轨面的尺寸或添加辅助导轨的方法来提高刚度。另外要使导轨的摩擦阻力小,运动轻便,低速运动时无爬行现象。而且导轨的制造和维修要方便,在使用时便于调整和维护。

按照运动轨迹的形式,导轨可分为直线运动导轨和圆周运动导轨两类,前者如数控车床和龙门刨床床身导轨等,后者如立式车床和滚齿机的工作台导轨等。按照接触面的摩擦性

质,导轨可分为滑动导轨和滚动导轨两类,前者中属纯流体摩擦者称为液体静压导轨或气体静压导轨。目前数控机床上常用的导轨主要有:塑料滑动导轨、滚动导轨和静压导轨。

1. 滑动导轨

如图1-2-54(a)所示,两导轨面间的摩擦性质是滑动摩擦。

滑动导轨具有结构简单、制造方便、接触刚度高、阻尼大和抗振性好等优点,是机床广泛使用的导轨形式。但起动摩擦力大,低速运动时易爬行,摩擦表面易磨损。为提高导轨的耐磨性,可采用耐磨铸铁,或把铸铁导轨表层淬硬,或采用镶装的淬硬钢导轨。20世纪70年代出现了各种新的工程塑料,它可以满足机床导轨低摩擦、耐磨、无爬行、高刚度的要求,同时又具有生产成本低、应用工艺简单以及经济效益显著等特点,因而在数控机床、精密机床、重型机床等产品上得到了广泛的应用。目前应用较多的塑料导轨有:

(1)贴塑导轨:以聚四氟乙烯为基,添加不同的填充料所构成的高分子复合材料。聚四氟乙烯是现有材料中摩擦因数最小(0.04)的一种,但纯聚四氟乙烯不耐磨,因此需要添加663青铜粉、石墨、MoS_2、铅粉等填充料增加耐磨性。这种材料具有良好的耐磨、减磨、吸振、消声的性能,使用工作温度范围广(−200~280℃)。动静摩擦因数很低且两者差别很小,防爬性能好,可在干摩擦下应用。这种材料可做成厚度为0.1~2.5mm的塑料软带的形式,用黏结剂黏结在导轨基面上。

(2)注塑导轨:将导轨制成金属和塑料的导轨板形式(DU导轨板),是一种在钢板上烧结青铜粉及真空浸渍含铅粉的聚四氟乙烯的板材。导轨板的总厚度为2~4mm,多孔青铜上方表层的聚四氟乙烯厚度为0.025mm。导轨板的优点是刚性好,线性膨胀系数与钢板几乎相同。

(3)涂塑导轨:以环氧树脂为基体,加入MoS_2、胶体石墨TiO_2等制成的抗磨涂层材料。这种涂料附着力强,可用涂敷工艺或压注成形工艺涂到预先加工成锯齿形状的导轨上,涂层厚度为1.5~2.5mm。如我国生产的环氧树脂耐磨涂料,与铸铁导轨副的摩擦因数为0.1~0.12,在无润滑油的情况下仍有较好的润滑和防爬行效果。

(a) 滑动导轨　　　　　(b) 滚动导轨　　　　　(c) 静压导轨

图1-2-54　数控机床常用导轨

2. 滚动导轨

如图1-2-54(b)所示,两导轨面间是滚动摩擦。

滚动导轨在导轨面之间放置滚珠、滚柱、滚针或滚动导轨块等滚动体,使导轨面之间为滚动摩擦而不是滑动摩擦。这种导轨灵敏度高、耐磨性好、摩擦系数小,且其动摩擦与静摩擦因数相差甚微,因而运动均匀,尤其是低速移动时,不易出现爬行现象,定位精度高,重复定位误差小,牵引力小,移动轻便。缺点是结构较复杂、制造困难、成本高、抗振性差、对防护要求高。滚动导轨常用于高精度机床、数字控制机床和要求实现微量进给的机床中。根据滚动体的类型,滚动导轨有下列几种结构形式:

（1）滚珠导轨：这种导轨的承载能力小，刚度低。为了避免在导轨面上压出凹坑而丧失精度，一般常采用淬火钢制造导轨面。滚珠导轨适用于运动的工作部件质量不大和切削力不大的机床上，如磨床工作台导轨等。

（2）滚柱导轨：这种导轨的承载能力及刚度都比滚珠导轨大。但对于安装的偏斜反应大，支承的轴线与导轨的平行度偏差不大时也会引起偏移和侧向滑动，这样会使导轨磨损加快或降低精度。小滚柱比大滚柱对导轨面不平行更加敏感，但小滚柱的抗振性好。目前数控机床采用滚柱导轨较多，特别是载荷较大的机床。

（3）滚针导轨：滚针比滚柱的长径比大。滚针导轨的特点是尺寸小、结构紧凑，适用于导轨尺寸受限制的机床。为了提高工作台的移动精度，滚针的尺寸应按直径分组。

3. 静压导轨

如图 1-2-54(c) 所示，在两导轨面间通入压力油或压缩空气。

静压导轨经过节流器后形成定压的油膜或气膜，将运动部件略为浮起。两导轨面因不直接接触，摩擦系数很小，运动平稳。静压导轨需要一套专门的供油或供气系统，主要用于精密机床、坐标测量机和大型机床上。按照工作介质可分为液压和气压：

（1）液压导轨：将具有一定压力的液压油经过节流器输送到导轨面上的油腔中，形成承载油膜，将相互接触的导轨表面隔开，实现液体摩擦。这种导轨的摩擦因数小，机械效率高，能长期保持导轨的导向精度。承载油膜有良好的吸振性，低速下不易产生爬行，所以在数控机床得到了日益广泛的应用。

（2）气压导轨：以压缩空气为介质，亦称气浮导轨。它不仅摩擦力低，而且还有很好的冷却作用，可有效减小热变形。

4. 卸荷导轨

利用机械或液压的方式减小导轨面间的压力，但不使运动部件浮起，因而既能保持滑动导轨的优点，又能减小摩擦力和磨损。

5. 复合导轨

导轨的主要支承面采用滚动导轨，而主要导向面采用滑动导轨。

导轨的截面形状主要有三角形、矩形、燕尾形和圆形等，如图 1-2-55 所示。三角形导轨磨损后能自动补偿，故导向精度高、导向性能好，它的截面角度由载荷大小及导向要求而定；矩形导轨结构简单，制造、检验和修理较容易，它可以做得很宽，因而承载能力和刚度较高，应用广泛，缺点是磨损后不能自动补偿间隙，用镶条调整时，会降低导向精度；燕尾形导轨结构紧凑、调整间隙方便，缺点是几何形状比较复杂，难以达到很高的配合精度，并且导轨中的摩擦力较大，运动灵活性较差，因此用在结构尺寸较小及导向精度与运动灵活性要求不高的场合；圆形导轨的导轨面加工和检验比较简单、制造方便，易于获得较高的精度，缺点是导轨间隙不能调整，特别是磨损后间隙不能调整和补偿。

一条导轨往往不能承受力矩载荷，故通常都采用两条导轨组合在一起来承受载荷和进行导向。常用的组合形式有：双三角形组合、三角形和矩形组合、双矩形组合、矩形和燕尾形组合、三角形和燕尾形组合、双圆形组合、圆形和矩形组合等。数控机床进给传动系统通常采用三角形和矩形组合、双矩形组合。这两种导轨的刚度高，承载能力强，加工、检验和维修都很方便。当导轨的防护条件较好，切屑不易堆积其上时，下导轨面常设计成凹形，以便于储油，改善润滑条件；反之则宜设计成凸形。

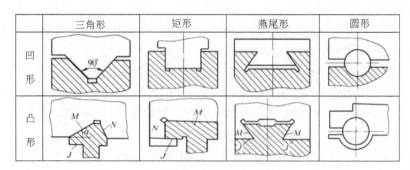

图 1-2-55　导轨的截面形状

二、执行电机

执行电机是进给传动系统中的动力元件,在开环系统中采用步进电动机,在闭环系统中采用伺服电动机,在一些新型数控机床中采用直线电动机。步进电动机和伺服电动机输出的是旋转运动,而直线电动机输出的是直线运动。

步进电机作为一种用于开环控制的电机,和现代数字控制技术有着本质的联系。在目前国内的数字控制系统中,步进电机的应用十分广泛。随着全数字式交流伺服系统的出现,交流伺服电机也越来越多地应用于数字控制系统中。为了适应数字控制的发展趋势,目前运动控制系统中大多采用步进电机或全数字式交流伺服电机作为执行电动机。虽然两者在控制方式上相似(脉冲串和方向信号),但在使用性能和应用场合上存在着较大的差异。所以,在控制系统的选择过程中要综合考虑控制要求、成本等多方面的因素,选用合适的控制电机。

(一) 步进电动机

步进电机是将电脉冲信号转变为角位移或线位移的开环控制元件。在非超载的情况下,电机的转速、停止的位置只取决于脉冲信号的频率和脉冲的个数,而不受负载变化的影响。即给电机加一个脉冲信号,电机则转过一个步距角。

步进电机分三种:永磁式(PM)、反应式(VR)和混合式(HB)。永磁式步进电机一般为两相,转矩和体积较小,步距角一般为 7.5°或 15°;反应式步进电机一般为三相,可实现大转矩输出,步距角一般为 1.5°,但噪声和振动较大;混合式步进电机混合了永磁式和反应式的优点,分为两相和五相,两相步距角一般为 1.8°、五相步距角一般为 0.72°,这种步进电机的应用最为广泛。接下来以反应式步进电机为例介绍其工作过程。

1. 反应式步进电动机的结构

步进电机与普通电机一样,分为定子和转子两部分。其中定子又可分为定子铁心和定子绕组。定子铁心由硅钢片叠压而成,其上均匀分布有一定数量的磁极(图中为 6 个),形状如图 1-2-56(a)所示。定子绕组是绕在磁极上的线圈,在直径方向上相对的两个磁极上的线圈串联在一起,构成一相控制绕组(图中为三相)。若某一相绕组通电,则该相磁极立即形成 N 极和 S 极的磁场。定子铁心每个磁极上均匀分布有 5 个小齿,齿槽等宽,齿间夹角为 9°。

步进电机的转子也是由硅钢片叠成,或用软磁性材料做成凸极结构。转子上没有绕组,只有均匀分布的 40 个小齿,如图 1-2-56(b)所示。齿槽也是等宽的,齿间夹角也是 9°,与定子磁极上的小齿一致。

(a) 电机定子结构

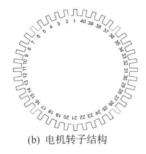
(b) 电机转子结构

(c) 定子、转子组合

图1-2-56 步进电机结构

当定子和转子组合在一起,定子磁极上的小齿和转子上的小齿在空间位置上形成了齿错位的现象,如图1-2-56(c)所示。即当A相定子齿和转子齿对齐时,B相、C相的定子齿和转子齿之间不对齐。B相磁极上的小齿超前(或滞后)转子齿1/3齿距角,C相磁极上的小齿超前(或滞后)转子齿2/3齿距角。

如图1-2-57所示为四相反应式步进电机实物图。其中(a)图只给出了定子部分,从图中可看出:定子包括铁心、绕组、磁极、小齿。(b)图增加了转子部分,从图中可知:转子安装在转轴上,转子一圈均匀分布有小齿。当转子和定子如图所示组合在一起时,转子齿和定子齿之间形成齿错位现象。

(a) 电机定子部分

(b) 电机定子、转子、转轴

图1-2-57 步进电机实物图

2. 反应式步进电动机的工作原理

步进电机的工作原理实际上是电磁铁的作用原理。如图1-2-58所示,当某相绕组通电时,该相两磁极形成磁场。由于磁力线总是力图沿磁阻最小的路径闭合,因此对转子产生电磁吸力。迫使转子转动,直至转子齿与定子齿对齐。假设此时A相绕组通电,转子齿与A相定子齿对齐。若A相断电,B相通电,由于电磁力的作用,转子顺时针旋转直至转子齿与B相定子齿对齐。若A相断电,C相通电,由于电磁力的作用,转子逆时针旋转直至转子齿与C相定子齿对齐。若两相同时通电,假设AB通电,则转子转至A、B相中间,BC、CA同理。

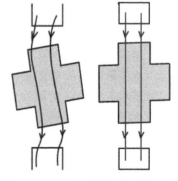
图1-2-58 步进电机转动原理

通常步进电机的转子为永磁体。当电流流过定子绕组时,定子绕组产生一个矢量磁场。该磁场会带动转子旋转一个角度,使得转子的磁场方向与定子的磁场方向一致。当定子的矢量磁场旋转一个角度,转子也随着该磁场转一个角度。每接收一个电脉冲,电动机转动一个角度,称为步距角 θ。步距角 θ 与相数 m、转子齿数 Z、通电方式 C 有关:$\theta = \dfrac{360°}{mZC}$ (1-2-19)

当采用三拍方式时(图1-2-59),C=1;当采用六拍方式时(图1-2-60),C=2。

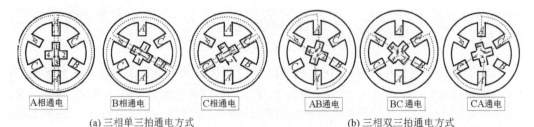

(a) 三相单三拍通电方式   (b) 三相双三拍通电方式

图1-2-59 步进电机三相三拍通电方式

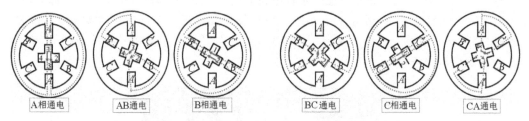

图1-2-60 步进电机三相六拍通电方式

综上所述,可以得到如下结论:

(1)步进电机每接收一个电脉冲,定子绕组的通电状态改变一次,转子转过一个确定的角度,即步距角 θ。电机输出的角位移与输入的脉冲数成正比。

(2)步进电机接收的脉冲频率越快,定子绕组通电状态的变化频率越快,其转子旋转的速度越快。即电机的转速与脉冲频率成正比。

(3)改变步进电机定子绕组的通电顺序,转子的旋转方向随之改变。即电机的转向由定子绕组的通电顺序所决定。以三相六拍通电方式为例,若通电顺序为 A→AB→B→BC→C→CA→A……电机顺时针旋转。若通电顺序为 A→AC→C→CB→B→BA→A……电机逆时针旋转。

所以可用控制脉冲数量、频率及定子各相绕组的通电顺序来控制步进电机的转动。

3. 反应式步进电动机的驱动电路

根据步进式进给传动系统的工作原理,步进电机驱动控制线路的功能是:将具有一定频率 f、一定数量和方向的进给脉冲信号转换成控制步进电机各相定子绕组通断电的电平信号。电平信号的变化次数、变化频率和通断电顺序与进给指令脉冲的数量、频率和方向对应。为了实现该功能,步进电机驱动控制线路主要包括脉冲分配器和功率放大器,如图1-2-61所示。

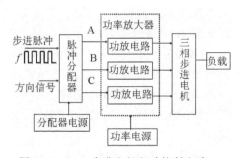

图1-2-61 步进电机驱动控制电路

（1）脉冲分配器：完成步进电机绕组中电流通断顺序的控制。在数控机床工作过程中，脉冲分配器将插补输出脉冲按所要求的规律分配给步进电机的各相输入端，用以控制绕组中电流的接通和断开。由于电机有正反转要求，所以脉冲分配器的输出既是周期性的，又是可逆的。因此也可称之为环形分配器。

脉冲分配方法有硬件和软件两种形式，其中硬件脉冲分配形式又可分为触发器法和专用集成电路法，软件脉冲分配形式又可分为查表法、比较法、移位法等。一般来讲，硬件分配法响应速度快，且具有直观、维护方便等优点，但缺乏灵活性。软件分配法方便灵活，可充分利用计算机资源，减少硬件成本，但会占用计算机运行时间，速度受限。现以三相六拍步进电机为例来说明脉冲分配的方法。

如图 1-2-62 所示为硬件脉冲分配器电路图，是根据真值表（如表 1-2-4 所示）采用逻辑门电路和触发器来实现的。由真值表可看出，顺时针旋转时分配脉冲顺序为：A→AB→B→BC→C→CA→A……逆时针旋转时分配脉冲顺序为：A→AC→C→CB→B→BA→A……当方向信号 $X=$ "1"，每接收一个脉冲（Cp），触发器运算一次，电动机顺时针旋转一步；当 $X=$ "0"，每接收一个脉冲（Cp），触发器运算一次，电动机逆时针旋转一步。逻辑关系式表达如下：

$$Q_U = X\overline{Q_W} + \overline{X}Q_W \tag{1-2-20a}$$

$$Q_V = X\overline{Q_W} + \overline{X}Q_W \tag{1-2-20b}$$

$$Q_W = X\overline{Q_W} + \overline{X}Q_W \tag{1-2-20c}$$

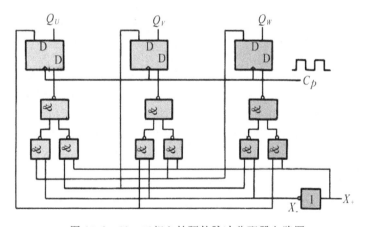

图 1-2-62 三相六拍硬件脉冲分配器电路图

表 1-2-4 三相六拍硬件脉冲分配器真值表

	A 相（U）	B 相（V）	C 相（W）		A 相（U）	B 相（V）	C 相（W）
$X=1$	1	0	0	$X=1$	1	0	0
	1	1	0		1	0	1
	0	1	0		0	0	1
顺时针旋转	0	1	1	顺时针旋转	0	1	1
	0	0	1		0	1	0
	1	0	1		1	1	0
	1	0	0		1	0	0

随着计算机在步进电机控制方面的应用，人们开始用软件方法实现脉冲分配。下面介绍一种比较常用的查表法。查表法的思路是：结合电机的驱动电路，按步进电机定子绕组的六种通电方式求出六个状态字，并将其按顺序存入 EPROM 的六个地址单元中。脉冲分配时，根据步进电机运转方向按表地址正向或反向地取出单元中的状态字进行输出，即可控制步进电机正转或反转。现假设计算机的并行输出接口 P1.0、P1.1、P1.2 分别与步进电动机的 A、B、C 三相一一对应，如图 1-2-63 所示，且 EPROM 表格首地址为 2000H，则可写出软件脉冲分配如表 1-2-5 所示。

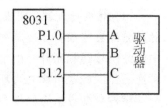

图 1-2-63　三相六拍软件脉冲分配器

表 1-2-5　三相六拍软件脉冲分配表

步序		导电相	C(P1.2)	B(P1.1)	A(P1.0)	数值(16 进制)	存储地址
正转	反转	A	0	0	1	01H	2000H
		AB	0	1	1	03H	2001H
		B	0	1	0	02H	2002H
		BC	1	1	0	06H	2003H
		C	1	0	0	04H	2004H
		CA	1	0	1	05H	2005H

（2）功率放大器：从脉冲分配器来的进给控制信号的电流只有几毫安，而步进电机的定子绕组需要几安培电流。因此需要对从脉冲分配器来的信号进行功率放大，以提供幅值足够、前后沿较好的励磁电流。步进电机的每一相绕组都需要一套这样的电路。

如图 1-2-64 所示为单电压供电功率放大器。当脉冲分配器的输出端为高电平时，VT 饱和导通，绕组 L 中的电流从零开始按指数规律上升到稳态值。当脉冲分配器的输出端为低电平时，VT 截止，绕组 L 断电。单电压供电功率放大器线路简单，但 R_C 消耗能量，常用于所需驱动电流较小的步进电动机。

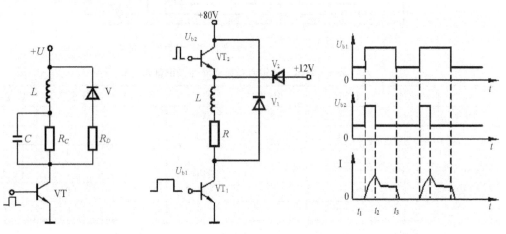

图 1-2-64　单电压供电功率放大器　　　　图 1-2-65　高、低压供电功率放大器

如图 1-2-65 所示为高、低压供电功率放大器。当脉冲分配器的输出端为高电平时，VT_1、VT_2 同时导通，电机绕组以 +80V 电压供电，绕组电流从零向稳定值上升。当达到单稳延时时间后，改由 +12V 电压供电，维持绕组额定电流。当脉冲分配器的输出端为低电平时，VT_1、VT_2 截止，绕组 L 断电。高、低压供电功率放大器启动力矩大、工作频率高，但大功率管的数量要多用一倍，而且增加了驱动电源。

（二）交流伺服电动机

20 世纪 80 年代以来，随着集成电路、电力电子技术和交流可变速驱动技术的发展，交流伺服驱动技术有了突出的发展。各国著名电气厂商相继推出各自的交流伺服电动机和伺服驱动器系列产品并不断完善和更新，使交流伺服系统成为当代高性能伺服系统的主要发展方向。90 年代以后，世界各国已经商品化了的交流伺服系统是采用全数字控制的正弦波电动机伺服驱动，交流伺服驱动装置在传动领域的发展日新月异。

数控机床的主轴系统主要控制机床主轴的旋转运动，为机床主轴提供驱动功率和所需的切削力。所以对于主轴驱动系统，主要关心其是否具有足够的功率、足够宽的恒功率调节范围及速度调节范围，因此通常采用交流伺服异步电动机。而进给传动系统主要控制机床各坐标轴的切削进给运动，并提供切削过程中所需的转矩。所以对于进给驱动系统，主要关心它的转矩大小、调节范围的大小、调节精度的高低以及动态响应速度的快慢，因此通常采用交流伺服永磁同步电动机，控制驱动器多采用快速、准确定位的全数字位置伺服系统。典型生产厂家如德国西门子、美国科尔摩根和日本松下、安川等公司。

1. 交流伺服永磁同步电动机的结构

如图 1-2-66 所示，交流伺服永磁同步电动机由定子、转子及测量转子旋转速度的检测反馈装置构成。定子结构与普通的三相交流异步电机类似，包括定子铁心和定子绕组。定子铁心由硅钢片叠压而成，定子绕组采用三相对称结构，它们的轴线在空间上彼此相差 120°，三相绕组为 Y 形连接。转子铁心同样由硅钢片叠压而成，铁心上贴有磁性体，一般有两对以上的磁极。检测反馈装置通常为光电编码器或旋转变压器。

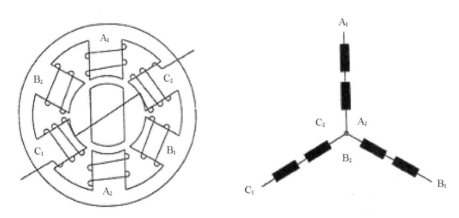

图 1-2-66 交流伺服永磁同步电动机结构

2. 交流伺服永磁同步电动机的工作原理

首先定子三相绕组产生旋转磁场，其原理与普通的三相交流异步电机相同。不同点在于永磁同步型伺服电机转子是永磁铁，定子旋转磁场吸引转子的磁极随之一起旋转，两个磁

场相互作用产生转矩,两者的转速相同。在转子旋转的过程中,电机自带的编码器检测转子的实际角位移并把检测结果反馈给驱动器。驱动器将反馈值与目标值进行比较,调整转子转动的角度,实现闭环控制。伺服电机的精度取决于编码器的精度。

3. 交流伺服永磁同步电动机的驱动电路

交流伺服电机驱动器中一般都包含有位置回路、速度回路和力矩回路。使用时可将驱动器、电机和数控系统结合起来组成成不同的工作模式以满足不同的应用要求。常用的工作模式有以下三类:位置方式、速度方式、力矩方式。

位置方式:位置回路、速度回路和力矩回路都在驱动器中执行。驱动器接受数控系统送来的位置指令信号,控制电机旋转。以脉冲及方向指令信号形式为例:脉冲个数决定了电机的运动位置,脉冲频率决定了电机的运动速度,方向信号电平的高低决定了电机的运动方向。这与步进电机的控制有相似,但脉冲的频率要高一些,以适应伺服电机的高转速。

速度方式:驱动器内仅执行速度回路和力矩回路,由外部的数控系统执行位置回路的所有功能。这时数控系统输出±10V 范围内的直流电压作为速度回路的指令信号,正电压使电机正向旋转,负电压使电机反向旋转,零伏对应零转速。

力矩方式:驱动器仅实现力矩回路,由外部的数控系统实现位置回路的功能,这时系统中往往没有速度回路。力矩回路的指令信号是由数控系统输出±10V 范围内的直流电压信号控制,正电压对应正转矩,负电压对应负转矩,零伏对应零力矩输出。

图 1-2-67 所示为和利时驱动器的实际接线图,所用信号的含义如下:

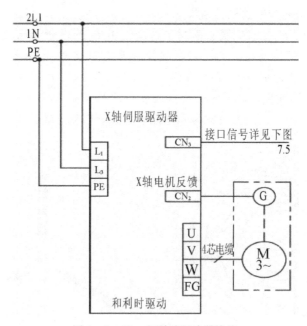

图 1-2-67　和利时驱动器接线

L_1、L_3、PE:电源线,从端子排接到驱动器。

U、V、W、PE:电机线,从驱动器接到伺服电机。

CN_2:编码器线,从编码器接到驱动器。

CN_3:数控系统和驱动器之间的数据传输线,各脚号含义见表 1-2-6。

由上述信号及其含义可知：驱动器接受来自数控系统的指令,控制进给轴电机旋转。同时接受来自编码器的反馈信号,纠正偏差。

表 1－2－6　数字接口电缆连接规范

ZICONDA NC 控制器侧,26 针 SCS2 接口,焊线			TS 伺服控制器,DB44		
序号	信号说明	备注	序号	信号说明	备注
1	编码器输入差分信号 A＋	双绞线	33	A＋	
2	编码器输入差分信号 A－		34	A－	
3	编码器输入差分信号 B＋	双绞线	35	B＋	
4	编码器输入差分信号 B－		36	B－	
5	编码器输入差分信号 Z＋	双绞线	31	Z＋	
6	编码器输入差分信号 Z－		32	Z－	
7	伺服控制器准备就绪 SRDY	I/O 信号,NC 输入	19	SDRY＋	
8	伺服控制器准备就绪 COIN	I/O 信号,NC 输入			
9	伺服控制器报警输入 ALM	I/O 信号,NC 输入	22	ALM＋	
10	24V 电源输出				
11	24V 电源输出				
12	模拟信号 DAC 输出＋	模拟信号输出			
13	模拟信号地 GND				
14	NC 控制脉冲命令输出＋	双绞线	12	PULS＋	
15	NC 控制脉冲命令输出－		27	PULS－	
16	NC 控制脉冲符号输出＋	双绞线	13	SIGM＋	
17	NC 控制脉冲符号输出－		28	SIGM－	
18	备用,请勿连线				
19	24V 电源地		3	输入信号公共地	
20	指令脉冲禁止输出,INH	I/O 信号,NC 输出			
21	伺服控制报警清楚,	I/O 信号,NC 输出	9	SLRS	
22	伺服控制器使能,SON				
23	伺服控制器偏差计数器清零,CLE	I/O 信号,NC 输出			
24	PRDY 伺服控制器超程保护,RSTP	I/O 信号,NC 输出	8	PRDY	
25	24V 电源输出	I/O 信号,NC 输出	7	输入 I/O 公共端	
26	24V 电源地		6	输入信号公共地	

（三）直线电动机

超高速加工技术和精密制造技术是近年来迅速崛起的先进制造技术,能极大地提高生产效率和改善零件的加工质量,被誉为面向 21 世纪的高新技术。它除了要求数控机床具有超高速精密主轴驱动系统外,还要求具有一个反应灵敏、高速轻便的进给驱动系统。一方面对高速、高精度和大位移的机床加工场合,要求进给驱动部件具有较大的工作推力和精确的进给当量;另一方面对高频响和小位移的加工场合,要求进给驱动部件具有快速的加减速性能、较高的往返频率和动态响应指标。而传统的"旋转电机＋滚珠丝杠"进给驱动方式在高速运行时,滚珠丝杠的刚度、惯性、加速度等动态性能已不能满足要求,这就使得一种崭新的进给驱动方式—直线电动机控制系统应运而生。目前世界上许多国家都在研究、发展和应用直线电机,使得直线电机的应用领域越来越广。

直线电机的原理并不复杂.设想把一台旋转运动的感应电动机沿着半径的方向剖开,并且展平,如图 1-2-68(a)所示,这就成了一台直线感应电动机。在直线电机中,相当于旋转电机定子的,叫初级(定子);相当于旋转电机转子的,叫次级(动子)。由图 1-2-68(b)所示,一台直线电机主要包括初级、次级、导轨和位置测量系统。实际上,直线电机既可以把初级做得很长,初级固定、次级移动。也可以把次级做得很长,次级固定、初级移动。若是初级固定,则往初级绕组中通入交流电,初级产生磁场,次级就在电磁力的作用下沿着初级做直线运动。若是次级固定,则往次级绕组中通入交流电,次级产生磁场,初级就在电磁力的作用下沿着次级做直线运动。常用的直线电机结构有扁平型结构[图 1-2-69(a)]、圆筒型(管型)结构[图 1-2-69(b)]、弧型[图 1-2-69(c)]结构和盘型结构[图 1-2-69(d)]。

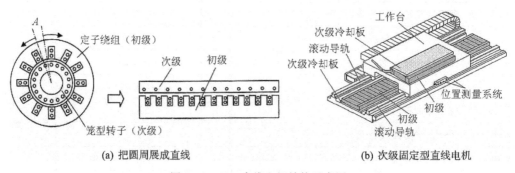

(a) 把圆周展成直线　　　　　　(b) 次级固定型直线电机

图 1-2-68　直线电机结构示意图

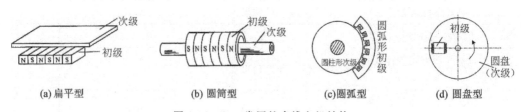

(a)扁平型　　　(b)圆筒型　　　(c)圆弧型　　　(d)圆盘型

图 1-2-69　常用的直线电机结构

直线电机与旋转电机相比,主要有如下几个特点:

（1）结构简单:由于直线电机取消了从动力源到执行件之间的传动环节,将进给传动链的长度缩短为零,因而使得本身的机械结构大为简化,重量和体积大为下降。

（2）定位精度高：在需要直线运动的地方，直线电机可以实现直接传动，因而可以消除中间环节所带来的各种定位误差。如采用微机控制，则还可以大大地提高整个系统的定位精度。而且直线电机采用光栅闭环控制，定位精度可达 0.1～0.01mm。由于运动部件的动态特性好，响应灵敏，加上插补控制的精细化，可实现纳米级控制。

（3）反应速度快、灵敏度高、随动性好：直线电机容易做到其动子用磁悬浮支撑，因而使得动子和定子之间始终保持一定的空气隙而不接触，这就消除了定、动子之间的接触摩擦阻力，从而大大地提高了系统的灵敏度、快速性和随动性，速度偏差可达 0.01% 以下。

（4）进给速度范围宽、加速度大：直线电机的速度范围可从 1m/s 至 200m/min 以上。目前加工中心的快进速度已达 208m/min，而传统机床快进速度＜60m/min，一般为20～30 m/min。直线电机最大加速度可达 30g。目前加工中心的进给加速度已达 3.24g，激光加工机的进给加速度已达 5g，而传统机床进给加速度在 1g 以下，一般为 0.3g。

（5）行程不受限制：传统的丝杠传动受丝杠制造工艺限制，一般为 4～6m，更长的行程需要接长丝杠，无论从制造工艺还是在性能上都不理想。而采用直线电机驱动，定子可加长，且制造工艺简单，已有大型高速加工中心 X 轴长达 40m 以上。

（6）工作安全可靠、寿命长：直线电机可以实现无接触传递力，机械摩擦损耗几乎为零，所以故障少，免维修，从而工作安全可靠、寿命长。

数控机床正在向精密、高速、复合、智能、环保的方向发展。精密和高速加工对传动及其控制提出了更高的要求，要求具有更高的动态特性和控制精度，更高的进给速度和加速度，更低的振动噪声和更小的磨损。问题的症结在于传统的传动链从动力源到执行件要通过齿轮、蜗轮副、皮带、丝杠副、联轴器、离合器等中间传动环节，在此环节中产生了较大的转动惯量、弹性变形、反向间隙、运动滞后、摩擦、振动、噪声及磨损。虽然在这些方面通过不断的改进使传动性能有所提高，但问题很难从根本上解决，于是出现了"直接传动"的概念。随着电机及其驱动控制技术的发展，电主轴、直线电机、力矩电机的出现和技术的日益成熟，使主轴、直线和旋转坐标运动的"直接传动"概念变为现实，并日益显示其巨大的优越性。直线电机及其驱动控制技术在数控机床进给驱动上的应用，使机床的传动结构出现了重大变化，并使机床性能有了新的飞跃。

直线电机及其驱动控制系统在技术上日趋成熟，已具有传统传动装置无法比拟的优越性能。过去人们所担心的直线电机推力小、体积大、温升高、可靠性差、不安全、难安装、难防护等问题，随着电机制造技术的改进，已不再是大问题。而驱动与控制技术的发展又为其性能拓展和安全性提供了保证。选择合适的直线电机及驱动控制系统，配以合理的机床设计，完全可以生产出高性能、高可靠性的机床。现在直线电机驱动进给速度 100m/min，加速度为 1～2g 的机床已很普遍，已有机床达到快进速度为 240m/min，加速度为 5g 的指标。高速度高加速度的传动已在加工中心、数控铣床、车床、磨床、复合加工机床、激光加工机床及重型机床上得到广泛应用，这类机床在航空、汽车、模具、能源、通用机械等领域发挥着特殊的作用。在电加工机床上采用直线电机驱动可实现 0.1m 的精密平稳移动。在微细加工及精密磨削中，可实现 $10\mu m$ 进给分辨率及 200m/min 的快移速度，加工表面粗糙度＜1nm。在重型机床上采用直线电机驱动数吨重的运动部件已不成问题。这些都说明直线电机及其驱动控制技术在机床上的应用已经成熟，并在不断向前发展。此外，市场上已有不同类型、不同规格的直线电机商品可选购,配套有相应的驱动控制系统、检测装置及高速导轨、高速防护。目前世界上直线伺服电机及其驱动系统的知名供应商主要有:德国 Siemens 公司,Indramat 公司;日本 FANUC 公司,三菱公司;美国 Anorad 公司,科尔摩根公司;瑞士 ETEL 公司等。

但目前采用直线电机驱动仍比传统的传动装置价格要高。因此,直线电机的应用应着眼于高性能机床,特别是精密高速加工机床、特种加工机床、大型机床,解决传统传动方法不能解决的问题。另外,提高加工精度和加工效率也会提升机床的价值。而且由于传动部件无磨损,使用更可靠,运行费用更低。

三、滚珠丝杠螺母副

在进给传动系统中,为了将执行电机输出的动力传递给工作台,必须在两者之间连接传动机构。若执行电机为旋转类电机,还需要将旋转运动转化为直线运动。目前在数控机床上,滚珠丝杠螺母副是最常用的将旋转运动转化为直线运动的传动装置。

滚珠丝杠螺母副的结构原理示意图如图 1-2-70 所示。在螺母 1 和丝杠 3 上都有半圆弧形的螺旋槽,当它们套装在一起时便形成了滚珠的螺旋滚道。螺母上有滚珠回路管道,将几圈螺旋滚道的两端连接起来构成封闭的循环滚道,并在滚道内装满滚珠 2。当丝杠在外力的带动下旋转时,滚珠在滚道内既自转又沿滚道循环转动,因而迫使螺母或丝杠轴向移动。可知,滚珠与滚道之间是滚动摩擦。

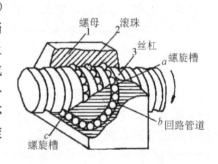

图 1-2-70 滚珠丝杠螺母副的结构

滚珠丝杠螺母副通过轴承座固定在机床床身上,丝杠通过联轴器与电机轴相连,螺母(也称作活灵)通过螺母座(也称作活灵座)与工作台相连。电机旋转带动丝杠旋转,滚珠丝杠螺母副将旋转运动转化为直线运动后带动工作台移动。

在传动过程时,滚珠丝杠螺母副主要具有以下优点:

(1) 传动效率高:滚珠丝杠副传动效率可达 92%～98%,是普通丝杠传动的 2～4 倍;

(2) 定位精度和重复定位精度高:滚珠丝杠副的驱动力矩减少至滑动丝杠的 1/3 左右,发热率大幅降低,温升减小。并且在安装滚珠丝杠副时采取预紧方式消除轴向间隙,使滚珠丝杠副具有很高的定位精度和重复定位精度;

(3) 刚度高:滚珠丝杠副经预紧后可以消除轴向间隙,提高系统的刚度;

(4) 运行平稳:滚珠丝杠副的动静摩擦力之差极小,能保证运动平稳,不易出现爬行现象。

(5) 使用寿命长:滚珠丝杠副采用优质合金钢制成,其滚道表面经淬火热处理后硬度增加,因此其实际寿命远高于滑动丝杠,从而弥补其制造成本高于滑动丝杠的不足;

(6) 传动的可逆性:不仅可以将旋转运动转变为直线运动,亦可将直线运动变成旋转运动;

因为滚珠丝杠副具有上述优点,所以广泛应用于各类中、小型数控机床的直线进给传动系统中。但是由于滚珠丝杠副的摩擦因数小、不能自锁,所以当作用于垂直位置时,为防止因突然停电而造成物体自动下滑,必须加有制动装置。

滚珠丝杠螺母副的结构有内循环与外循环两种方式。如图 1-2-71(a)所示为内循环式,滚珠在循环过程中始终没有脱离丝杠。内循环式的滚珠丝杠带有反向器(反向回珠器),返回的滚珠从螺旋滚道进入反向器,借助于反向器迫使滚珠越过丝杠牙顶进入相邻滚道,实现循环。在此过程中,滚珠在反向器和丝杠外圆之间滚动不会沿滚道滑出。一般一个螺母上装有 2~4 个反向器,反向器沿螺母圆周等分均布。圆形、带凸键且在孔内不能浮动的反向器称为固定式反向器,圆形且在孔内可以浮动的反向器称为浮动式反向器。内循环式的优点是径向尺寸紧凑、定位可靠、刚性好,因其返回滚道行程较短,摩擦损失小,故效率高。缺点是反向器结构复杂、制造较困难。

如图 1-2-71(b)所示为外循环式,滚珠在返回过程中与丝杠脱离接触。外循环式的滚珠丝杠副按滚珠返回的方式不同,有插管式和螺旋槽式。如图 1-2-71(b)所示为插管式,其上插管即返回滚道,滚珠在丝杠与螺母之间可以做周而复始的循环运动,插管的两端还能起到阻挡滚珠的作用,避免滚珠沿滚道滑出。插管式外循环的特点是结构简单、制造容易,但由于返回滚道突出于螺母体外,所以径向尺寸较大,且插管两端耐磨性和抗冲击性差。如图 1-2-70 所示为螺旋槽式,即在螺母外圆上铣出螺旋槽,在槽的两端钻出通孔并与螺纹滚道相切,以形成返回滚道。与插管式的结构相比,螺旋槽式径向尺寸小,但制造上较为复杂。外循环式的滚珠丝杠副工艺简单、使用广泛,缺点是滚道接缝处很难做得平滑,影响滚珠滚动的平稳性,甚至发生卡珠现象,噪声也较大。

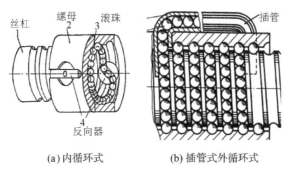

(a)内循环式　　　　　(b)插管式外循环式

图 1-2-71　内循环式与外循环式滚珠丝杠

为了保证滚珠丝杠螺母副的反向传动精度和轴向刚度,必须消除轴向间隙,常采用双螺母预紧办法,其结构形式有三种,基本原理都是使两个螺母产生轴向位移,以消除它们之间的间隙和施加预紧力。需注意预紧力不能太大,预紧力过大会造成传动效率降低、摩擦力增大,磨损增大,使用寿命降低。

垫片调整间隙法:如图 1-2-72(a)所示,通过改变垫片的厚度,使螺母产生轴向位移。这种方法结构简单、预紧可靠、刚性好,但调整较费时间,且不能在工作中随意调整。

螺纹调整间隙法:如图 1-2-72(b)所示,两个螺母以平键与外套相连,其中右边的一个螺母外伸部分有螺纹。用两个锁紧螺母 1、2 能使螺母相对丝杠做轴向移动。这种方法结构紧凑、刚性好、预紧可靠、使用中调整方便,但不能精确定量调整,因此预紧力也不能准确控制。

齿差调整间隙法：如图 $1-2-72(c)$ 所示，在两个螺母的凸缘上分别切出齿数位 z_1、z_2 的齿轮，而且 z_1 和 z_2 相差一个齿。两个齿轮分别与两端相应的内齿圈相啮合，内齿圈紧固在螺母座上。预紧时脱开内齿圈，使两个螺母同向转过相同的齿数，然后再合上内齿圈。两螺母的轴向相对位置发生变化从而实现间隙的调整和施加预紧力。这种调整方式结构复杂，但可实现定量调整，精度较高，而且使用中调整方便。

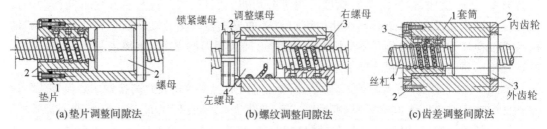

图 $1-2-72$ 双螺母消隙预紧方法

为了提高传动刚度，应合理确定丝杠两端的支承形式，常用的支承方式有下列几种。

双推—自由式：如图 $1-2-73(a)$ 所示，这种安装方式轴向刚度和承载能力低，多用于轻载、低速的垂直安装丝杠传动系统。当丝杠垂直安装时，必须采用制动装置。

双推—简支式：如图 $1-2-73(b)$ 所示，这种安装方式预紧力小，轴承寿命较高，适用于中速、精度较高的长丝杠传动系统。

单推—单推式：如图 $1-2-73(c)$ 所示，这种安装方式将推力轴承装在滚珠丝杠的两端，并施加预紧拉力，轴向刚度较高，预紧力大，寿命低。

双推—双推式：如图 $1-2-73(d)$ 所示，这种安装方式在丝杠的两端采用双重支承，并施加预紧拉力，可使丝杠的热变形转化为推力轴承的预紧力。但设计时要注意提高推力轴承的承载能力和支架刚度，适合于高刚度、高速度、高精度的精密丝杠传动系统。

滚珠丝杠螺母副在使用过程中必须采用润滑油或锂基油脂进行润滑，同时要采用防尘密封装置。如用接触式或非接触式密封圈、螺旋式弹簧钢带，或折叠式塑性人造革防护罩，以防止灰尘或硬性杂质进入丝杠。

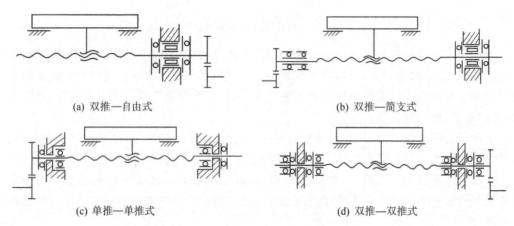

图 $1-2-73$ 滚珠丝杠常用支承方式

四、检测反馈装置

如前所述,数控机床进给传动系统按照控制原理可分为开环、半闭环和全闭环。开环系统没有检测反馈装置,闭环系统安装有检测反馈装置。对于半闭环系统,通常在执行电机转轴上安装脉冲编码器,用于测量电机的转速,以及换算出工作台的位移。对于全闭环系统,通常在执行电机转轴上安装脉冲编码器,用于测量电机的转速,在工作台上安装光栅,用于测量工作台的位移。接下来为大家介绍进给传动系统中常用的两种检测反馈装置。

(一)脉冲编码器

在进给传动系统中,编码器安装在伺服电机转轴上,用来测量电机的转速和角位移,并把检测结果反馈给电机驱动器。有关编码器的说明详见任务 2-2-4。

(二)光栅

光栅是全闭环系统中用得较多的一种测量装置,可用作位移或转角的检测。光栅通常安装在进给传动系统的工作台上或者直线电机的动子上,测量输出的信号是数字脉冲,它检测范围大、测量精度高,应用广泛。

常见的光栅从形状上可分为长光栅[图 1-2-74(a)]和圆光栅[图 1-2-74(b)],前者用于检测直线位移,后者用于测量角位移。

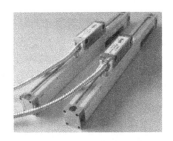 

(a) 长光栅　　　　　　　　　　　　　　(b) 圆光栅

图 1-2-74 常见的光栅形式

一个完整的光栅测量装置包括光栅读数头、光栅数显表两大部分。光栅读数头主要由主光栅、指示光栅、光源和光电元件组成,如图 1-2-75 所示。利用光栅原理把输入的位移量转换成相应的电信号输出。主光栅和指示光栅都是在透明的玻璃上均匀地刻画出许多明暗相间的条纹,或在金属镜面上均匀地刻画化出许多间隔相等的条纹,通常线条和间隙的宽度是相等的。即主光栅和指示光栅的光刻密度相同,但体长相差很多。光栅线纹之间的距离 W 称为栅距。测量时,主光栅安装在机床的固定部件上,长度相当于工作台移动的全行程。指示光栅安装在机床的活动部件上,随着工

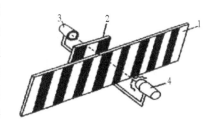

1-主光栅　2-指示光栅
3-光源　4-光电元件
图 1-2-75 光栅读数头结构

作台的移动而移动。当指示光栅的黑条纹与主光栅的白条纹对齐时,光电元件感受不到光,没有电信号输出。当指示光栅的白条纹与主光栅的白条纹对齐时,光电元件感受到光,输出电信号。

不难理解,光栅实际上是一根刻线很密很精确的"尺"。如果用它测量位移,只要读出测试对象上某一点相对于光栅移过的线纹数即可。实际上,由于线纹过密,目前常用的光栅每毫米刻成 10、25、50、100、250 条线纹。所以直接对线纹计数很困难,因而利用光栅的莫尔条纹现象进行计数。把指示光栅平行地放在主光栅上面,并且使它们的刻线相互倾斜一个很小的角度 θ,如图 1-2-76 所示,这时在指示光栅上就出现了另外一种明暗交替、间隔相等的条纹,称为莫尔条纹,条纹间距为 B。莫尔条纹具有如下的重要特性:

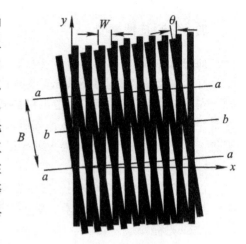

图 1-2-76　莫尔条纹

(1) 放大作用:莫尔条纹间距 B 与栅距 W 及线纹夹角 θ 的关系如式 1-2-21 所示。

$$B = \frac{W}{2\sin(\theta/2)} \approx \frac{W}{\theta} \qquad (1-2-21)$$

此式表明,莫尔条纹的间距可以通过改变 θ 的大小来调整。还可以看出,放大倍率为 θ 的倒数。由于 θ 是毫弧量级,所以 $1/\theta$ 是个成百上千的数字,即莫尔条纹间距 B 比栅距 W 放大到近千倍,因而无需复杂的光学系统,可大大减轻电子系统放大的负担。这是莫尔条纹技术一个非常重要的特点。

(2) 平均效应:指示光栅覆盖了许多线纹而形成了莫尔条纹,即莫尔条纹是由若干线纹组成的。例如,对于每毫米 100 条线纹的光栅,10 毫米宽的一根莫尔条纹就由 1000 根线纹组成。这样一来,栅距之间所固有的相邻误差就平均化了,因而能在很大程度上消除短周期误差的影响,但不能消除长周期积累误差。

(3) 莫尔条纹的移动与栅距之间的移动成比例:当光栅移动一个栅距 W 时,莫尔条纹也相应准确地移动一个条纹间距 B。若光栅往相反方向移动时,条纹也往相反方向移动。因此可以根据莫尔条纹的移动方向对指示光栅的运动进行辨向。

位移是向量,因而对位移量的测量除了确定大小之外,还应确定其方向。为了辨别位移的方向,进一步提高测量的精度,以及实现数字显示的目的,必须把光栅读数头的输出电信号送入光栅数显表做进一步的处理。光栅数显表由整形放大电路、细分电路、辨向电路及数字显示电路等组成,是实现细分、辨向和显示功能的电子系统。如图 1-2-77 所示为一个四倍频细分电路的光栅测量系统。除了四倍频电路外,还有八倍频、十倍频及其他倍频电路。

当指示光栅随着被测物体的移动而移动,每移动一个栅距 W,莫尔条纹移动一个条纹间距 B,光强变换一个周期。通过光电元件,可将莫尔条纹移动时光强的变化转化为近似正弦/余弦变化的电压信号。将电压信号放大、整形为方波,经微分转换为脉冲信号,再经辨向电路和计数器计数,则位移量=脉冲个数×栅距。

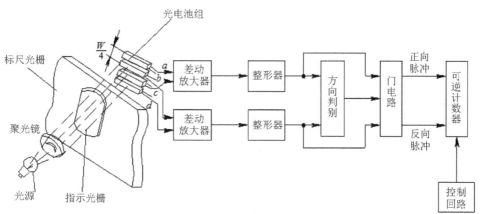

图 1-2-77　四倍频细分电路的光栅测量系统

任务实施

工作任务单

姓名		班级		组别		日期	
任务名称	进给传动系统认知						
工作任务	学习进给传动系统的组成及连接						
任务描述	在教师的指导下,在数控实训车间对机床的进给传动系统进行观察,找出进给传动系统的各个组成部分、各部分之间的连接形式以及进给传动系统与数控系统之间的接线						
任务要求	1. 认识工作台和导轨、执行电机、滚珠丝杠、传感器并记录其型号; 2. 对各组成部分之间的连接形式进行整理归类; 3. 画出进给传动系统与数控系统之间的接线图。						
提交成果	工作台和导轨、执行电机、滚珠丝杠、传感器的型号 进给传动系统示意图 进给传动系统与数控系统之间的接线图						

考核评价	序号	考核内容	配分	评分标准	得分
	1	安全意识	10	遵守规章、制度	
	2	元件型号	30	常用的元件型号清单	
	3	进给传动系统	30	进给传动系统示意图	
	4	与 NC 连接	20	与数控系统的接线图	
	5	团队协作	10	与他人合作有效	
指导教师			总分		

任务四　机床本体认知

🔧 任务引入

如图 1-2-78 所示为数控机床机械结构示意图。其中图 1-2-78(a)、图 1-2-78(b) 为数控车床,由图可看出,数控车床的机械结构主要包括主轴部分、进给部分、床身、尾座、刀架、防护罩、排屑机、冷却液箱等;图 1-2-78(c) 为数控铣床,由图可知,数控铣床的机械结构主要包括主轴部分、进给部分、床身、立柱、冷却液箱等;图 1-2-78(d) 为加工中心,由图可看出,加工中心在数控铣床的基础上增加了刀库。

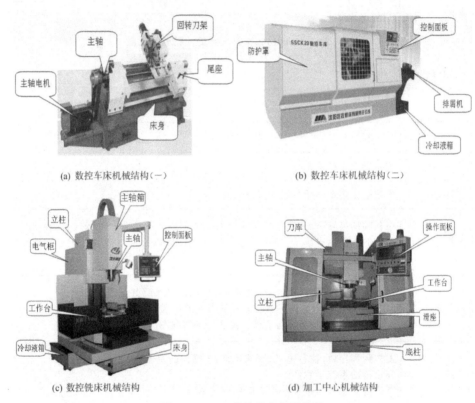

(a) 数控车床机械结构(一)　　　　　　(b) 数控车床机械结构(二)

(c) 数控铣床机械结构　　　　　　(d) 加工中心机械结构

图 1-2-78　数控机床机械结构

🔧 任务分析

数控机床本体是指其机械结构实体,是机床实现零件加工的基础和保证。除了主传动系统、进给传动系统中的机械部件之外,还包括床身、立柱、卡盘、尾座、刀架等基础部件以及液压、气动、冷却、润滑、排屑等辅助装置。数控机床的机械结构通常都具有较高的运动精度、运行平稳性、可靠性、抗振性、热稳定性等优点,以充分体现数控加工的特点。

相关知识

一、基础部件

(一) 床身和立柱

机床的床身是整个机床的基础支承件,一般用来放置导轨、主轴箱等重要部件。它对数控机床十分重要,直接影响机床的结构和使用性能。

1. 数控车床的床身结构

数控车床的床身结构和导轨有多种形式,主要有水平床身、倾斜床身、水平床身斜滑板及立床身等,其布局形式如图 1－2－79 所示。

(a) 水平床身　　(b) 倾斜床身　　(c) 水平床身斜滑板　　(d) 立床身

图 1－2－79　数控车床的床身结构

水平床身的工艺性好,便于导轨面的加工。水平床身配上水平放置的刀架可提高刀架的运动精度,一般可用于大型数控车床或小型精密数控车床的布局。但是水平床身由于下部空间小,故排屑困难。从结构尺寸上看,刀架水平放置使得滑板横向尺寸较长,从而加大了机床宽度方向的结构尺寸。

倾斜床身横向尺寸小、占地面积小,易于排屑和切削液的排流,便于操作者操作与观察,易于安装上下料机械手,便于实现全面自动化。倾斜床身可采用封闭截面整体结构,以提高床身的刚度。床身导轨倾斜角度可采用 30°、45°、60°、75° 和 90°(称为立床身)角,常用的有 45°、60° 和 75°。但倾斜角度太大会影响导轨的导向性能及受力情况。

水平床身配上倾斜放置的滑板,并配置倾斜式导轨防护罩,这种布局形式一方面有水平床身工艺性好的特点,另一方面有倾斜床身易于操作的优势。水平床身配置斜滑板和倾斜床身配置斜滑板布局形式被中、小型数控车床所普遍采用。这是由于此两种布局形式方便使用、排屑容易,热铁屑不会堆积在导轨上,也便于安装自动排屑器。机床外形简洁、美观,容易实现封闭式防护。

立床身的数控车床主要用于加工直径大、长度短的大型、重型工件和不易在卧式车床上装夹的工件。在回转直径满足的情况下,太重的工件在卧车上不易装夹,且由于本身自重,对加工精度有影响,采用立车可以解决上述问题。立式车床主轴轴线为垂直布局,工作台台面为水平布局,因此工件的夹装与找正比较方便。这种布局减轻了主轴及轴承的载荷,因此立式车床能够长期地保持工作精度。

2. 数控加工中心的床身结构

加工中心的布局形式随立式和卧式、工作台做进给运动和主轴箱做进给运动的不同而不同,其布局形式如图 1-2-80 所示。

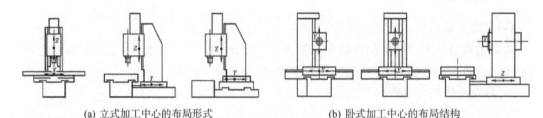

| (a) 立式加工中心的布局形式 | (b) 卧式加工中心的布局结构 |

图 1-2-80 数控加工中心的床身结构

对于加工中心来说,立柱也是机床重要的结构件之一,主要起支撑及上下运动的作用。立柱普遍采用双立柱框架结构设计形式,固定式立柱直接安装在底座上,移动式立柱需固定于滑座上。因为立柱是连接床身与主轴、刀库的重要部件,所以它的设计必须得到重视。对于机床来讲,正确地安装立柱对于零件的加工精度有着重要的影响,而立柱的安装主要反映在其与工作台的垂直度上。

立式加工中心结构简单、占地面积小,价格便宜。中小型立式加工中心一般都采用固定立柱式,因为主轴箱吊在立柱一侧,通常采用方形截面框架结构、米字型或井字形肋板,以增强抗扭刚度。而且立柱是中空的,以放置主轴箱的平衡重。

立式加工中心通常有三个直线运动坐标,由溜板和工作台来实现平面上 X、Y 两个坐标轴的移动,主轴箱沿立柱导轨上下移动来实现 Z 坐标运动。立式加工中心还可以在工作台上安放一个第四轴 A 轴,可以加工螺旋线类和圆柱凸轮等零件。

卧式加工中心可采用固定式立柱和移动式立柱,立柱和床身可做成一体式和分离式。一体式 T 形床身刚度和精度保持性能比较好,当然其铸造和加工工艺性差些。分离式 T 形床身的铸造和加工工艺性都得到了大大改善,但连接部位要用定位键和专用的定位销定位,并用大螺栓紧固以保证刚度和精度。

卧式加工中心的运动可由工作台移动或由主轴移动来完成。也就是说某一方向的运动可以由刀具固定、工件移动来完成,也可以由工件固定、刀具移动来完成。卧式加工中心一般具有三、四个运动坐标,可实现三轴联动。常见的是三个直线坐标 X、Y、Z 联动和一个回转坐标 B 分度,它能够在一次装夹下完成四个面的加工,最适合加工箱体类零件。

(二) 卡盘和尾座

对于数控车床来说,卡盘和尾座是机床必备的基础部件。

目前数控车床常用液压动力卡盘夹持工件,它主要由固定在主轴后端的液压缸和固定在主轴前端的卡盘两部分组成,其夹紧力的大小通过调整液压系统的压力进行控制,具有结构紧凑、动作灵敏、能够实现较大夹紧力的特点。液压卡盘一般分为中空液压卡盘[图 1-2-81(a),工件可以从卡盘内穿过]和中实液压卡盘[图 1-2-81(b),工件不可以从卡盘内穿过]两类。

加工长轴类零件时需要使用尾座,数控车床尾座如图 1-2-82 所示。一般有手动尾座和可编程尾座两种。尾座套筒的动作与主轴互锁,即在主轴转动时,若不小心按动尾座套筒退出按钮,套筒也不动作。只有在主轴停止状态下,尾座套筒才能退出,以保证安全。手动尾座通过压把与主轴实现互锁,可编程尾座通过信号与主轴实现互锁。

(a) 中空液压卡盘　　　　(b) 中实液压卡盘

图 1-2-81　液压卡盘

图 1-2-82　机床尾座

(三) 自动换刀装置

为了提高工作效率,数控机床往往需要在一次装夹中完成多道工序加工。在这类多工序的数控机床中,必须带有自动换刀装置。自动换刀装置应当满足换刀时间短、刀具重复定位精度高、足够的刀具储存量、刀库体积小以及安全可靠等基本要求。

各类数控机床的自动换刀装置的结构取决于机床的形式、工艺范围以及刀具的种类和数量等。自动换刀装置主要可以分为以下几种形式。

1. 回转刀架换刀

数控车床上使用的回转刀架是一种最简单的自动换刀装置。根据不同加工对象,可以设计成四方刀架(适用于轴类零件的加工)和六角刀架(适用于盘类零件的加工)等多种形式,分别安装有四把、六把或更多的刀具,并按照数控系统的指令进行换刀。回转刀架在结构上必须具有良好的强度和刚度,以承受粗加工时的切削抗力。由于车削加工精度在很大程度上取决于刀尖位置,而换刀过程中刀尖位置一般不进行人工调整,因此更有必要选择可靠的定位方案和合理的定位结构,以保证回转刀架在每次转位之后,具有尽可能高的重复定位精度。

数控车床刀架换刀由机床 PLC 进行控制,对于普通的四工位刀架来说,控制过程比较简单。刀架的换刀过程其实是通过 PLC 对控制刀架的所有 I/O 信号进行逻辑处理及计算,实现刀架换刀的顺序控制。另外为了保证换刀能够正确进行,系统一般还要设置一些相应的系统参数来对换刀过程进行调整。

下面我们分析下 PLC 控制的换刀过程。如图 1-2-83 所示为刀架控制的电气接线图,其中图(a)是强电部分,主要控制刀架电机的正转和反转,来控制刀架的正转和反转;图(b)是交流控制回路,主要是通过控制两个交流接触器的导通和关闭来实现图(a)中的强电控制;图(c)是 PLC 的输入回路,四个输入点分别连接刀架的四个到位信号;图(d)是继电器控制回路及 PLC 输出回路,两个输出点控制刀架电机的正转和反转。

所用信号的含义、换刀过程如下所示:

电机线:U、V、W → KM1、KM2 的主触点,PE → 端子排

到位信号线:221、222、223、224 → 分线器 → PLC 的四个输入点

电源线:24V(29 号线)、0V(30 号线)→ 端子排

401、402:PLC 的两个输出点 → 分线器 → KA3、KA4 的线圈

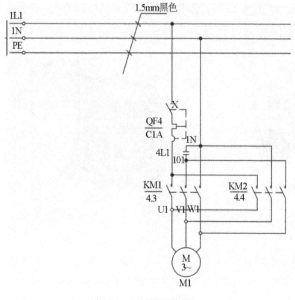

(a) 刀架电机正反转控制回路

(b) 交流接触器控制回路

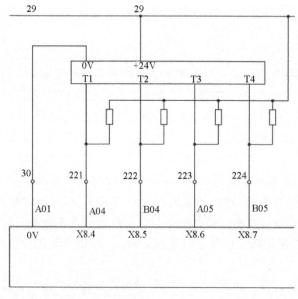

(c) PLC输入回路

(d) 继电器控制回路和PLC输出回路

图1-2-83 四方刀架换刀控制的电气接线

正转:PLC输出Y7.2为1时,KA3线圈得电,KA3常开触点闭合,KM1线圈得电,KM1主触点闭合,刀架电机正转。

反转:PLC输出Y7.3为1时,KA4线圈得电,KA4常开触点闭合,KM2线圈得电,KM2主触点闭合,刀架电机反转。

四方刀架换刀的动作可以分为以下四个步骤:

(1)刀架抬起:当数控系统发出换刀指令后,换刀装置使刀架体抬起。

(2)刀架转位:根据指令顺时针或逆时针旋转90°。

（3）刀架压紧：转位到位之后，刀架体向下压紧。

（4）换刀装置复位：刀架压紧之后，换刀装置恢复到初始位置。

2. 更换主轴头换刀

在带有旋转刀具的数控机床中，更换主轴头是一种简单的换刀方式。常用转塔的转位来更换主轴头，以实现自动换刀。在转塔的各个主轴头上，根据加工的工序预先安装所用刀具，转塔依次转位，就可以实现自动换刀。主轴头有卧式和立式两种，工作时只有位于加工位置的主轴头才与主运动接通，而其他处于不加工位置的主轴头都与主运动脱开。

由于空间位置的限制，主轴部件的结构不可能设计得十分坚实，因而影响了主轴系统的刚度。为了保证主轴的刚度，主轴头的数目必须加以限制，否则将会使结构尺寸大为增加。转塔主轴头换刀方式的主要优点在于省去了自动松夹、卸刀、装刀、夹紧以及刀具搬运等一系列复杂的操作，从而提高了换刀的可靠性，并显著地缩短了换刀时间。但由于上述结构上的原因，转塔主轴头通常只适用于工序较少、精度要求不太高的机床，例如数控钻床等。

3. 带刀库的自动换刀系统

带刀库的自动换刀装置由刀库和刀具交换机构组成，用于交换主轴与刀库中的刀具，目前它是多工序数控机床上应用最广泛的换刀方法。刀库用来储存刀具，首先把加工过程中需要使用的全部刀具分别安装在标准的刀柄上，在机床外面进行尺寸预调整后，按照一定的方式放入刀库。换刀时，先根据指令在刀库中进行选刀，然后由刀具交换机构分别从主轴上和刀库中取出刀具。在进行刀具交换之后，将新刀具装入主轴、将旧刀具放回刀库。刀库既可以安装在主轴箱的侧面或上方，也可以作为单独的部件安装在机床以外。有的刀库因距离主轴较远，还需要增加中间搬运装置。

刀库容量指刀库可以存放刀具的数量，一般根据加工工艺要求而定。刀库容量小，不能满足加工需要；容量过大，又会使刀库尺寸大，占地面积大，选刀过程时间长，刀库利用率低，结构过于复杂，造成很大浪费。

刀库类型有一般有盘式、链式及鼓轮式三种。

（1）盘式刀库：刀具呈环行排列，空间利用率低，容量小、结构简单，如图1-2-84(a)所示。

（2）链式刀库：结构紧凑，容量大，链环的形状可随机床布局制成各种形式且灵活多变，还可将换刀位突出以便于换刀，应用较为广泛，如图1-2-84(b)所示。

（3）鼓轮式刀库：占地小，结构紧凑，容量大，但选刀、取刀动作复杂，多用于FMS的集中供刀系统，如图1-2-84(c)所示。

(a) 盘式刀库　　　　　　　　(b) 链式刀库　　　　　　　　(c) 鼓轮式刀库

图1-2-84 常用的刀库类型

数控机床刀库中装有多把刀具，按照数控系统的刀具选择指令，从刀库中挑选出当前工

序所需要的刀具,称为自动选刀。目前,有顺序选择和编码选择两种方式。

(1)顺序选择:将加工某一零件所需的全部刀具按加工工序的顺序,依次插入刀库的每一个刀座中。每次换刀时,刀库按顺序转动一个刀座的位置,并取出所需的刀具。已用过的刀具可以放回原来的刀座内,也可以按顺序放入下一个刀座内。采用这种选刀方式不需要刀具识别装置,刀库结构及其驱动装置都非常简单,每次换刀控制刀库转位一次即可。缺点是刀库中的刀具在不同的工序中不能重复使用,因而必须相应地增加刀具的数量和刀库的容量,这样就降低了刀具和刀库的利用率。此外,人工的装刀操作必须非常谨慎,一旦刀具在刀库中的顺序发生差错,将会造成严重事故。

(2)编码选择:将加工某一零件所需的全部刀具或刀座都预先编上代码,存放在刀库中,加工时根据程序寻找所需要的刀具。由于每把刀具都有自己的代码,它们在刀库中的位置和存放顺序可以与加工顺序无关。无论加工任何零件,都不必改变刀具在刀库中的排列顺序,这就增加了系统的柔性。同一把刀具可供不同工件、不同工步重复使用,减少了刀具数量,刀库容量相应也可小些。但这种选刀方式需对刀具或刀座进行编码,增加了辅助工作量。而且需设置刀具识别装置,使刀库的控制与驱动复杂。

刀具编码有多种方式,常用的有以下三种,如图 1-2-85 所示。

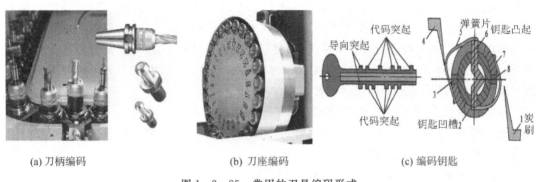

(a) 刀柄编码　　　　　　　　　(b) 刀座编码　　　　　　　　　(c) 编码钥匙

图 1-2-85　常用的刀具编码形式

(a) 刀柄编码:在每一把刀具的刀柄上用编码环编上自己的号码。首先将刀具号与刀柄号对应起来,把刀具装在刀柄上,再装入刀库中。刀库上装有刀柄感应器,当需要的刀具转到感应器位置时,被感应到后,从刀库中调出交换到主轴上。由于每把刀具都有自己确定的代码,无论将刀具放入刀库的哪个刀座中都不会影响正确选刀。采用这种编码方式可简化换刀动作和控制线路,缩短换刀时间。这种编码现已获得广泛应用。

(b) 刀座编码:在刀库的每一个刀座上用编码板编码,编码信息的载体必须以某种方式固定在各刀座便于识别的地方。在刀库外安装一个刀座识别装置,识别刀座的编码。这种编码方式的优点是刀柄不会因尾部有编码环而增加长度。缺点是刀具必须对号入座,换刀时间长,已使用过的刀具也需放回刀库原来的刀座中,否则将发生错误与混乱。

(c) 编码钥匙:预先给每把刀具都系上一把表示该刀具代码的编码钥匙,当将刀具插进刀库的刀座时,同时也将钥匙插入刀座的钥匙孔内,这样便将钥匙上的代码转记到了刀座上,成为刀座的代码。这种编码方式的优点是在更换加工零件时只需将钥匙从刀座中取出,刀座上的代码便自行消失,灵活性大,对于刀具管理和编程都十分有利,不易发生人为差错。

缺点是刀具必须对号入座。

识刀装置从编码装置上读出刀具的代码,常用的有接触式和非接触式两种,如图1-2-86。

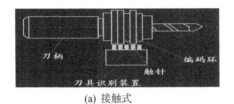
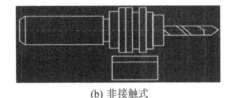

(a) 接触式　　　　　　　　　　　　(b) 非接触式

图1-2-86　常用的刀具识别装置

(a) 接触式:这种方式比较简单、可靠,它在对应于编码装置的凸起和凹槽部分装有一排触针。选刀时,刀库转动,编码装置依次经过触针,其凸起部分和触针接触,读出刀具代码。

(b) 非接触式:它由一组排列在一起的无触点行程开关组成。当刀库转动时,刀具编码装置的突起部分(由铁磁物质构成)接近识刀装置,刀具代码便被读出。这种识刀装置无撞击、无噪声、无磨损、寿命长、可用于高速选刀,但工作不够稳定,调试较困难。

在具有刀库的数控机床上,其换刀方式又可分为两类:主轴换刀和机械手换刀。

① 主轴换刀:通过刀库和主轴箱的配合动作来完成换刀,适用于刀库中刀具位置与主轴上刀具位置基本一致的情况。一般把盘式刀库设置在主轴箱可以运动到的位置,或整个刀库能移动到主轴箱可以到达的位置。

换刀时,主轴运动到刀库上的换刀位置,由刀库直接取走或放回刀具,具体过程如图1-2-87所示。该方法必须先将用过的刀具送回刀库,然后再从刀库中取出新刀具,两个动作不能同时进行,因此换刀时间长,多用于采用40号以下刀柄的中小型加工中心。

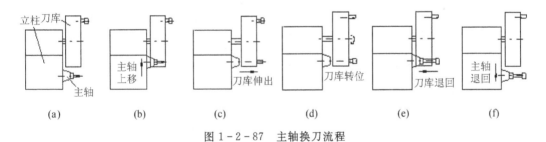

(a)　　　　(b)　　　　(c)　　　　(d)　　　　(e)　　　　(f)

图1-2-87　主轴换刀流程

(a) 主轴准停,主轴箱沿 Y 轴方向上升。这时刀库中刀位的空挡正对着交换位置,装卡刀具的定位卡爪打开。

(b) 主轴箱上升到极限位置,被更换的刀具刀杆进入刀库中的空刀位,即被刀具定位卡爪钳住。与此同时,主轴内刀杆自动夹紧装置放松刀具。

(c) 刀库伸出,从主轴锥孔中将刀拔出。

(d) 刀库转位,按照程序指令要求,将选好的刀具转到最下面的位置。同时,压缩空气将主轴锥孔吹干净。

(e) 刀库退回,将新刀插入主轴锥孔,主轴内刀具夹紧装置将刀杆拉紧。

(f) 主轴下降到加工位置,启动,开始下一步的加工。

② 机械手换刀：由刀库选刀，再由机械手完成换刀动作。采用机械手进行刀具交换的方式应用得最为广泛，这是因为机械手换刀有很大的灵活性，而且可以减少换刀时间。在各种类型的机械手中，双臂式机械手集中体现了以上的优点。

常用双臂式机械手的手爪结构形式有钩手、抱手、伸缩手和叉手，如图 1-2-88 所示。这几种机械手能够完成抓刀、拔刀、回转、插刀以及返回等全部动作。为了防止刀具掉落，各机械手的活动爪都必须带有自锁机构。由于双臂回转机械手的动作比较简单，而且能够同时抓取和装卸机床主轴和刀库中的刀具，因此换刀时间可以进一步缩短。

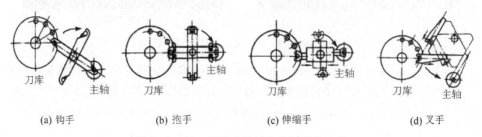

(a) 钩手　　　　(b) 抱手　　　　(c) 伸缩手　　　　(d) 叉手

图 1-2-88　双臂式机械手常用手爪结构

对于刀库侧向布置、机械手平行布置的数控机床，其换刀动作分解见图 1-2-89。

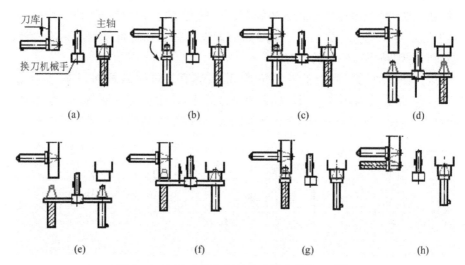

(a)　　　　　(b)　　　　　(c)　　　　　(d)

(e)　　　　　(f)　　　　　(g)　　　　　(h)

图 1-2-89　水平布置双臂机械手的换刀过程

（a）主轴箱回到最高处，同时实现主轴准停。即主轴停止回转并准确停止在一个固定不变的位置上，保证主轴端面键也在一个固定的方位，使刀柄上的键槽能恰好对正端面键。

（b）刀库旋转选刀，将要更换的新刀具转至换刀工作位置。对机械手平行布置的数控机床来说，刀具还需要预先作 90°的翻转，将刀具翻转至与主轴平行的角度方位。

（c）机械手分别抓住主轴上的刀具和刀库上的刀具，然后进行主轴吹气，气缸推动卡爪松开主轴上的刀柄拉钉。

（d）活塞杆推动机械手伸出，从主轴和刀库上取出刀具。

（e）机械手回转 180°，交换刀具位置。

（f）将更换后的刀具装入主轴和刀库，主轴气缸缩回，卡爪卡紧刀柄上的拉钉。

（g）机械手放开主轴和刀库上的刀具后复位。

（h）对机械手平行布置的数控机床来说，刀具还需要再做90°的翻转，将刀具翻转至与刀库中刀具平行的角度方位。

限位开关发出"换刀完毕"的信号，主轴自由，可以开始加工或其他程序动作。

对于刀库侧向布置、机械手角度布置的加工中心，其换刀动作分解见图1-2-90。

（a）机械手分别抓住主轴上的刀具和刀库上的刀具。

（b）液压缸活塞杆推动机械手伸出，从主轴和刀库上取出刀具。

（c）机械手回转180°，交换刀具位置。

（d）液压缸活塞杆拉动机械手收回，将更换后的刀具装入主轴和刀库。

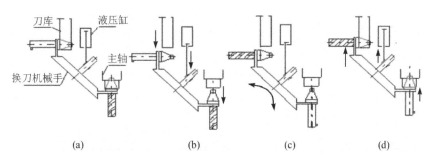

图1-2-90 角度布置双臂机械手的换刀过程

二、辅助装置

（一）液压和气动装置

液压和气动装置在数控机床中的应用非常广泛，主要包括以下几点：

（1）自动换刀所需的动作，如机械手的伸、缩、回转，刀具的松开、夹紧。

（2）夹具的自动松开、夹紧。

（3）工作台的松开夹紧、交换工作台的自动交换动作。

（4）数控机床防护罩、防护板、防护门的自动开关。

（5）数控机床运动部件的制动和离合器的控制。

（6）数控机床运动部件的平衡，如数控机床主轴箱的重力平衡、刀库机械手的平衡。

（7）数控机床的润滑、冷却。

（8）工件、工具定位面和交换工作台的自动吹屑、清理定位基准面等。

典型液压系统如图1-2-91所示。

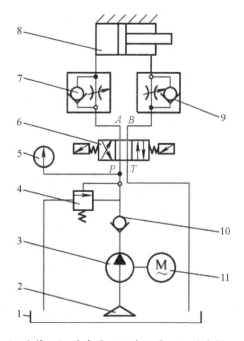

1-油箱 2-过滤器 3-液压泵 4-溢流阀
5-压力表 6-换向阀 7、9-单向节流阀
8-液压执行元件 10-单向阀 11-电动机
图1-2-91 液压系统

(二) 排屑装置

数控机床上常用的排屑装置有以下几种,如图1-2-92所示。

(1) 平板链式[图1-2-92(a)]:该装置以滚动链轮牵引钢制平板链带在封闭箱中运转,加工中的切屑落到链带上,经过切削液分离出来。切屑排出机床,落入存屑箱。这种装置能排除各种形状的切屑,适应性强,各类机床都能采用。在车床上使用时多与机床切削液箱合为一体,以简化机床结构。

(2) 刮板式[图1-2-92(b)]:该装置传动原理与平板链式的基本相同,只是链板不同,它带有刮板链板。这种装置常用于输送各种材料的短小切屑,排屑能力较强。因其负载大,故需采用较大功率的驱动电动机。

(3) 螺旋式[图1-2-92(c)]:该装置是采用电动机经减速装置驱动安装在沟槽中的一根长螺旋杆进行工作的。螺旋杆转动时,沟槽中的切屑即由螺旋杆推动连续向前运动,最终排入切屑收集箱。螺旋杆有两种形式,一种是用扁形钢条卷成螺旋弹簧状,另一种是在轴上焊上螺旋形钢板。这种装置占据空间小,适合于安装在机床与立柱间空隙狭小的位置上。螺旋式排屑结构简单,排屑性能良好,但只适合沿水平或小角度倾斜、提升或转向排屑。

(a) 平板链式   (b) 刮板式   (c) 螺旋式

图1-2-92　常用的排屑装置

(三) 对刀仪

数控机床常用对刀仪来实现自动对刀,如图1-2-93所示。

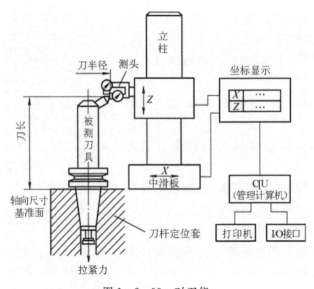

图1-2-93　对刀仪

（1）刀柄定位机构：刀柄定位基准是测量的基准，所以有很高的精度要求。一般都要和数控机床主轴定位基准的要求相同，这样才能使测量数据接近在数控机床上使用的实际情况。

（2）测头部分：测头分为接触式测量和非接触式测量两种。

（3）Z、X 轴尺寸测量机构：通过测头部分两个坐标的移动，测得 Z 轴和 X 轴尺寸，即为刀具的轴向尺寸和半径尺寸。

（4）测量数据处理装置：由于柔性制造技术的发展，对数控机床所使用刀具的测试数据也需要进行有效管理，因此在对刀仪上再配置计算机及附属装置。它可以存储、输出、打印刀具预调数据，并与上一级管理计算机（刀具管理工作站、单元控制器）联网，形成 FMC、FMS 使用的有效刀具管理系统。

4. 工件交换装置

为了减少工件安装、调整等辅助时间，提高自动化生产水平，在有些加工中心上已经采用了多工位托盘工件自动交换机构。目前较多地采用双工作台形式，如图 1-2-94 所示，当其中一个托盘工作台进入加工中心内进行自动循环加工时，对于另一个在加工中心外的托盘工作台，就可以进行工件的装卸和调整。这样，工件的装卸调整时间与加工中心加工时间重合，节省了加工辅助时间，达到提高生产效率的目的。图 1-2-95 所示为具有 10 工位托盘自动交换系统的柔性加工单元，托盘支撑在圆柱环形导轨上，由内侧的环链拖动而实现回转，链轮由电动机驱动。

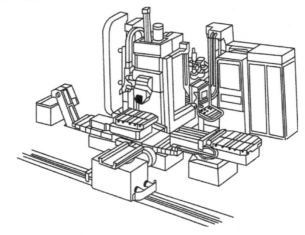

图 1-2-94　配备双工作台的加工中心

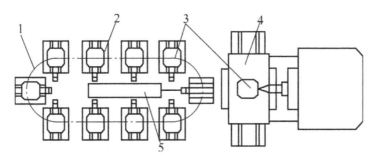

1-环形交换工作台　2-托盘座　3-托盘　4-加工中心　5-托盘交换装置

图 1-2-95　具有 10 工位托盘自动交换系统的柔性加工单元

任务实施

工作任务单

姓名		班级		组别		日期	
任务名称		机床本体认知					
工作任务		学习数控机床的机械结构					
任务描述		在教师的指导下,在数控实训车间对机床的机械结构进行观察,找出机床的基础部件和辅助装置。					
任务要求		1. 认识机床的基础部件并记录其型号; 2. 找出机床的辅助装置并记录其型号。					
提交成果		基础部件、辅助装置的型号清单					
考核评价		序号	考核内容	配分	评分标准		得分
		1	安全意识	10	遵守规章、制度		
		2	基础部件	50	常用的基础部件清单		
		3	辅助装置	30	常用的辅助装置清单		
		4	团队协作	10	与他人合作有效		
指导教师				总分			

>>> **自我评价** <<<

一、填空题

1. 单微处理器结构的数控系统由 _____、_____、_____、输入接口、输出接口等组成。

2. 数控系统软件中两个最突出的特征是:_____、_____。

3. 常用的三种数控加工程序输入方式:_____、_____、_____。

4. 刀具补偿一般分为 _____ 和 _____。

5. 数控机床脉冲当量越小,插补精度 _____,零件的加工质量 _____。

6. 数控机床常用的主轴电机有 _____ 和 _____。

7. 三相交流异步电机常用的调速方法是 _____。

8. 数控机床主传动部分常用的传动方式有 _____、_____、_____。

9. _____ 是数控车床加工螺纹时必不可少的检测元件。

10. 数控机床常用 _____ 测量直线位移,常用编码器测量 _____ 和 _____。

11. 安装有增量式检测反馈装置的数控机床开机后_____回零。

12. 在带有刀库的数控机床上,其换刀方式可分为_____和_____。

二、选择题

1. 数控系统中的 S 功能是指(　　)、F 功能是指(　　)。

A. 准备功能　　　　B. 进给功能　　　　C. 主轴功能　　　　D. 辅助功能

2. 下面哪种设备不是 CNC 系统的输入设备(　　)?

A. MDI 键盘　　　　B. U 盘　　　　　　C. CF 卡　　　　　D. CRT 显示器

3. 下面哪一项不属于脉冲增量插补算法(　　)。

A. 逐点比较法　　　B. 数字积分法　　　C. 比较积分法　　　D. 数据采集法

4. 步进电机驱动线路中将脉冲信号转化为电平信号的是(　　)。
将低电平信号转化为高电平信号的是(　　)。

A. 环形分配器　　　B. 加减速电路　　　C. 功率放大器　　　D. 数模转换器

5. 滚珠丝杠螺母副的主要作用是(　　)。

A. 减小摩擦力矩　　　　　　　　　　B. 提高反向传动间隙

C. 提高使用寿命　　　　　　　　　　D. 将旋转运动转化为直线运动

三、简答题

1. 解释名词:数控系统的脉冲当量、检测装置的分辨率。

2. 简述三相交流异步电机驱动电路的工作过程。

3. 简述脉冲编码器的结构和工作过程。

4. 简述直线电机的工作特点。

5. 简述滚珠丝杠螺母副常用的消除间隙方法。

6. 简述光栅的结构和工作过程。

7. 简述回转刀架换刀的过程。

模块二 数控车削工艺编程

项目一 简单轴类零件数控车削工艺编程

任务一 阶梯轴零件加工工艺编程

任务内容

如图 2-1-1 所示,毛坯为 $\phi50$mm 的 45 钢棒料,试分析其工艺并编写数控车削加工程序。

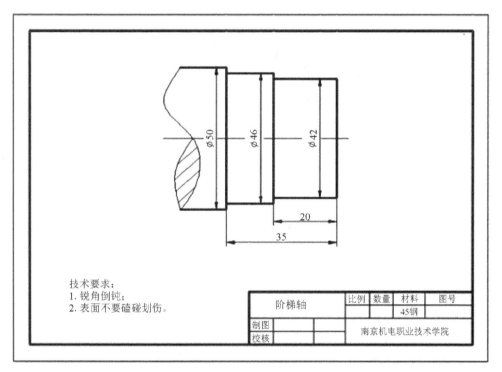

图 2-1-1 阶梯轴零件

任务目标

(1) 熟练掌握 G00、G01 指令并正确使用。

(2) 熟练掌握 FANUC 0i 系统编程格式和编程方法。

(3) 能够根据加工内容合理选择外圆车削刀具。

(4) 合理安排刀具走刀路线。

一、数控车削加工工艺基础

（一）数控车削刀具

1. 车刀类型

数控车削常用刀具如图2-1-2所示。

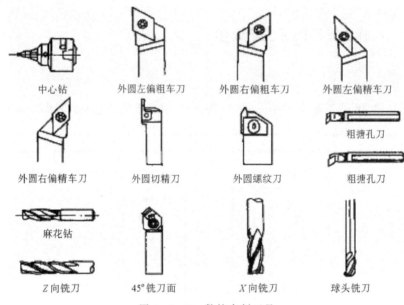

图2-1-2　数控车削刀具

2. 车刀车削运动

数控车削加工车刀的切削运动如图2-1-3所示。

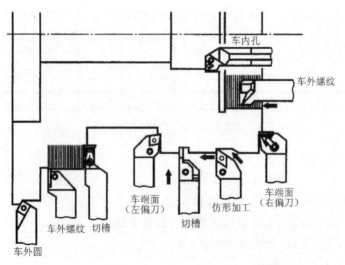

图2-1-3　车刀车削运动

3. 车刀的结构形式

数控车削刀具的结构如图 2-1-4 所示,有整体式、焊接式、机夹式和可转位式。整体式结构车刀通常是高速钢材质,有利于刀具磨削。焊接式结构的刀头材质多为硬质合金,以增加刀头的强度。数控车削加工常用的是可转位式结构,由于刀片磨钝后只需转位即可使用,故能有效提高生产效率。

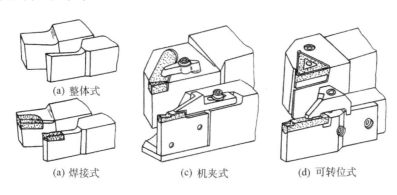

(a) 整体式

(a) 焊接式　　　　(c) 机夹式　　　　(d) 可转位式

图 2-1-4　数控车削刀具结构

（二）数控车削常用夹具

数控车削加工通用夹具是三爪卡盘,在进行大型零件加工时则用四爪卡盘,而在加工长径比较大的零件是则需要用到顶尖。三爪卡盘与四爪卡盘相比,自定心较好,但三爪卡盘夹紧力较之四爪卡盘小。

数控车削常用夹具如图 2-1-5 所示。

(a) 三爪卡盘　　　　　(b) 四爪卡盘　　　　　(c)顶尖

图 2-1-5　车床通用夹具

（三）数控车削加工工艺原则

1. 先粗后精原则

即先粗加工以去除大部分的毛坯余量,留合适的余量给精加工,精加工的目的是达到图纸尺寸及精度要求。

（1）粗加工。在较短的时间内,将精加工前大部分加工余量切除,为后续工序提供精基准。这个阶段中产生的切削力和切削热都较大,功率消耗多,夹紧力也大,因而受力、受热变形大,残余应力也大。

（2）半精加工。

① 消除粗加工的误差，为精加工做好准备，并留有一定的精加工余量。

② 完成一些次要表面的加工。

强调：当粗加工后所留余量的均匀性满足不了精加工要求时，安排半精加工作过渡，以便使精加工余量小而均匀。

（3）精加工。数控加工中零件的精加工是由最后一刀连续加工完成，保证各主要表面的加工精度和表面质量达到图纸规定要求。

2. 先近后远

即离对刀点近的先加工，离对刀点远的后加工，以缩短刀具移动距离，减少空行程时间。对于车削加工，有利于保持毛坯件或半成品的刚性，改善其切削条件。

3. 先内后外

对既有内表面又有外表面的零件，在制定其加工方案时，通常应安排先加工内形和内腔，后加工外形表面。这是因为控制内表面的尺寸和形状较困难，刀具刚性相应较差，刀尖的使用寿命易受切削热而降低，以及在加工中清除切屑较困难等。

4. 加工路线安排

（1）加工路线应保证被加工零件的精度和表面粗糙度，且效率较高。

（2）使数值计算简单，以减少编程工作量。

（3）使加工路线最短，这样即可以减少程序段，又可以减少空刀时间。

（4）工件具有直线与直线或直线与曲线相交的轮廓时，其切入与切出点一般选择在其交点处，不宜选择在其任意一条轮廓线上的其他某个位置上。

（5）工件上具有全部为相切或圆滑过渡的轮廓线时，其切入与切出点则应选择在靠近某条轮廓线的切线位置上。

5. 断削处理

（1）连续进行间隔式暂停。根据粗加工切削的需要，可对一连续运动轨迹进行分段加工安排，每相邻加工段中间用 G04 指令功能将其隔开。

（2）进、退刀交替安排。

（四）数控车床坐标系

数控加工是数控机床在加工程序的控制下，各运动轴按照预定的加工顺序协调地动作，从而自动地完成零件的加工。为了准确地描述机床各轴的运动，简化程序的编制方法，使所编程序具有互换性，我国机械工业部对数控机床的坐标轴及其运动的方向均作了明文规定。

1. 机床坐标系的命名原则

（1）刀具相对于静止工件而运动的原则。即：编程时描述的轨迹是刀具的运动轨迹。而不管实际机床是刀具移动还是刀具不动、工件运动。一律看成是刀具运动、工件不动。

（2）标准的机床坐标系是一个右手直角笛卡儿坐标系，各手指与机床各轴位置、方向对应关系如图 2-1-6 所示。

数控机床的坐标轴有直线运动轴和圆周运动轴，直线运动轴分别用 X、Y、Z 表示。圆周

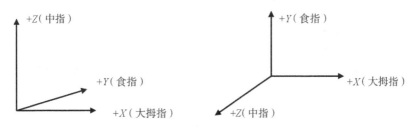

图 2-1-6 右手直角笛卡尔坐标系

运动轴则用 A、B、C 表示。我们主要确定的是直线运动轴,所以本原则适用于直线运动轴,且这三根轴通常情况下与机床的主要导轨平行。

(3) 机床坐标轴运动正方向的规定。机床的某一运动轴的运动正方向规定为:增大工件与刀具之间距离的方向。或者说,刀具远离工件的运动方向为坐标轴的正方向。

(4) 机床旋转坐标轴运动正方向规定:按照右旋螺纹进入工件的方向,即按右手螺旋定则判断。

2. 数控车床坐标系各坐标轴的规定

(1) Z 坐标轴。

规定:传递切削动力的主轴轴线为 Z 坐标轴。

(2) X 坐标轴。

规定:X 坐标轴的方向在工件的直径方向上,且平行于横滑座。

依据数控机床坐标系命名原则及坐标轴的确定方法,卧式数控车床(前置刀架)的 Z 轴与机床主轴轴线重合,正方向指向右方;X 轴垂直于主轴轴线,平行于横滑座,正方向指向前方,如图 2-1-7 所示。图 2-1-8 为后置刀架坐标系。

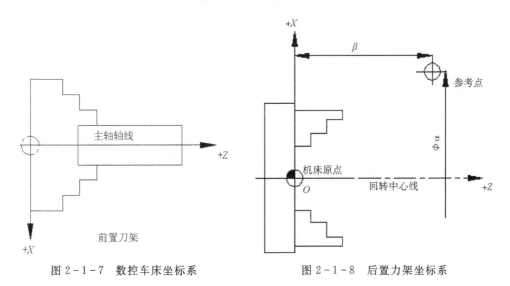

图 2-1-7 数控车床坐标系　　　　　图 2-1-8 后置力架坐标系

3. 数控车床坐标系的原点、参考点及两者之间的关系

(1) 数控车床原点。是在数控车床上设置的一个固定的点,它在数控车床装配、调试时就已确定下来了,是数控车床进行加工运动的基准参考点。卧式数控车床的机床原点一般

取在主轴回转中心线与卡盘后端面的交点处。如图 2-1-8 中的 O 点。

（2）参考点。是数控车床上另一固定点，该点与机床原点之间的相对位置是固定的，如图 2-1-8 中的 α、β，出厂前由机床制造商精密测量确定。参考点的物理位置由 Z 向与 X 向的机械挡块来确定（有挡块机床），当进行回参考点操作时，装在纵向和横向滑板上的行程开关碰到相应的挡块后就向数控系统发出信号，由系统控制滑板停止运动并根据 α、β 值自动建立车床坐标系。

4. 编程坐标系、编程原点

（1）编程坐标系。是以工件上的某一点为坐标原点而建立起来的 XOZ 直角坐标系，各轴正方向与机床坐标系相同。编程坐标系的建立，目的是为了简化编程计算。

编程坐标系原点是人为设定的，设定的依据是：

① 所选的零点，便于数学计算，能简化程序的编制；

② 工件零点应选在容易找正，加工中便于检查的位置上；

③ 工件零点应尽可能选在零件的设计基准或工艺基准上，使加工引起的误差最小。

（2）编程原点。数控车床编程原点一般设在主轴中心线与工件右端面的交点处。

5. 数控车床坐标系与工件（编程）坐标系之间的联系

数控车床通电后，一旦完成"回参考点"操作就建立了车床坐标系，之后刀具的运动都是在车床坐标系中进行。而为了编程的方便，我们又建立了编程坐标系。当工件在车床上安装固定好后，编程坐标系就转化为工件坐标系，工件坐标系的原点相对于车床原点在 X、Z 方向均有了位移量，这个位移量的差别由操作人员通过"对刀"操作测定并存入系统，即可建立工件坐标系与车床坐标系之间的联系。

二、数控车床编程基础

数控机床是一种高效的自动化加工设备，它严格按照加工程序，自动的对被加工工件进行加工。我们把从数控系统外部输入的直接用于加工的程序称为数控加工程序，简称为数控程序，它是机床数控系统的应用软件。

（一）程序的组成

1. 字符、字、地址的概念；

（1）字符是用来组织、控制或表示数据的一些符号，如数字、字母、标点符号、数学运算符等。如 26 个英文字母（A~Z）、数字（0~9）、标点符号（、，.）、数学运算符号（＋、－、＊、∕、＝等）组成单位。数控系统只能接受二进制信息，所以必须把字符转换成 8BIT 信息组合成的字节，用"0"和"1"组合的代码来表达。国际上广泛采用两种标准代码：

① ISO 国际标准化组织标准代码

② EIA 美国电子工业协会标准代码

这两种标准代码的编码方法不同，在大多数现代数控机床上这两种代码都可以使用，只需用系统控制面板上的开关来选择，或用 G 功能指令来选择。

（2）字：是一套有规定次序的字符。作为一个信息单元存储、传递和操作。如：G01（不能写成 G10 或 01G）、G02/G03、X12.5（5 个字符组成的一个字）、CR＝12.5。

（3）地址：是指位于字头的字符或字符组，用于识别其后的数据及表明其用途或目的的

字符,如 G：准备功能;M：辅助功能。由带有地址的一组字符组成的字,称为地址字。(也称程序字)

组成程序段的每一个字都有其特定的功能含义,以下是以 FANUC0i 数控系统的规范为主来介绍的,实际工作中,请遵照机床数控系统说明书来使用各个功能字。

常用地址字的含义。

① 程序号字：如 O1234(FANUC 系统)

② 顺序号字：也称程序段号。如：N0012

顺序号又称程序段号或程序段序号。顺序号位于程序段之首,由顺序号字 N 和后续数字组成。顺序号字 N 是地址符,后续数字一般为 1～4 位的正整数。数控加工中的顺序号实际上是程序段的名称,与程序执行的先后次序无关。数控系统不是按顺序号的次序来执行程序,而是按照程序段编写时的排列顺序逐段执行。

顺序号的作用：对程序的校对和检索修改;作为条件转向的目标,即作为转向目的程序段的名称。有顺序号的程序段可以进行复归操作,这是指加工可以从程序的中间开始,或回到程序中断处开始。

一般使用方法：编程时将第一程序段冠以 N10,以后以间隔 10 递增的方法设置顺序号,这样,在调试程序时,如果需要在 N10 和 N20 之间插入程序段时,就可以使用 N11、N12 等。

③ 准备功能字,又称 G 功能或 G 代码：用于表示机床功能、动作,如刀具和工件的相对运动轨迹、刀具补偿、坐标系、规定坐标平面等,后续数字一般为 1～3 位正整数,见表2-1-1。

表 2-1-1 G 功能字含义

G 功能字	FANUC 系统	SIEMENS 系统	G 功能字	FANUC 系统	SIEMENS 系统
G00	快速移动点定位	快速移动点定位	G70	精加工循环	英制
G01	直线插补	直线插补	G71	外圆粗切循环	米制
G02	顺时针圆弧插补	顺时针圆弧插补	G72	端面粗切循环	——
G03	逆时针圆弧插补	逆时针圆弧插补	G73	封闭切削循环	——
G04	暂停	暂停	G74	深孔钻循环	——
G05	——	通过中间点圆弧插补	G75	外径切槽循环	——
G17	XY 平面选择	XY 平面选择	G76	复合螺纹切削循环	——
G18	ZX 平面选择	ZX 平面选择	G80	撤销固定循环	撤销固定循环
G19	YZ 平面选择	YZ 平面选择	G81	定点钻孔循环	固定循环
G32	螺纹切削	——	G90	绝对值编程	绝对尺寸

续　表

G 功能字	FANUC 系统	SIEMENS 系统	G 功能字	FANUC 系统	SIEMENS 系统
G33	——	恒螺距螺纹切削	G91	增量值编程	增量尺寸
G40	刀具补偿注销	刀具补偿注销	G92	螺纹切削循环	主轴转速极限
G41	刀具补偿——左	刀具补偿——左	G94	每分钟进给量	直线进给率
G42	刀具补偿——右	刀具补偿——右	G95	每转进给量	旋转进给率
G43	刀具长度补偿——正		G96	恒线速控制	恒线速度
G44	刀具长度补偿——负		G97	恒线速取消	注销 G96
G49	刀具长度补偿注销		G98	返回起始平面	——
G50	主轴最高转速限制		G99	返回 R 平面	——
G54—G59	加工坐标系设定	零点偏置			
G65	用户宏指令				

④ 坐标尺寸字：主要用在程序段中指定刀具运动后应到达的坐标位置。如：直线坐标用 X、Y、Z(U、V、W) 角坐标用 A、B、C。圆心坐标地址符为 I,J,K 或半径 R。

其中，第一组 X、Y、Z、U、V、W、P、Q、R 用于确定直线终点的坐标尺寸；第二组 A、B、C、D、E 用于确定角度终点的坐标尺寸；第三组 I,J,K 用于确定圆弧轮廓的圆心坐标尺寸。在一些数控系统中，还可以用 P 指令暂停时间、用 R 指令圆弧的半径等。

多数数控系统可以用准备功能字来选择坐标尺寸的制式，如 FANUC 诸系统可用 G21/G22 来选择米制单位或英制单位，也有些系统用系统参数来设定尺寸制式。采用米制时，一般单位为 mm，如 X100 指令的坐标单位为 100 mm。当然，一些数控系统可通过参数来选择不同的尺寸单位。

⑤ 进给功能字(F)：用于指令进给切削速度的地址字。如：F50、F100。

注意：数控车床的进给功能字 F 单位为 mm/r(每转进给)和 mm/min 每分进给。选哪个要根据不同的 G 指令选择。数控铣床为 mm/min。F 指令在螺纹切削程序段中常用来指令螺纹的导程。

⑥ 主轴功能字(S)：用于指令机床主轴转速的地址字。如：S800。该功能必须和 M 代码配合使用，如 M03 S800，单位为 r/min。对于具有恒线速度功能的数控车床，程序中的 S 指令用来指定车削加工的线速度数。

⑦ 刀具功能字(T)：用于指令加工中所用刀具号及自动补偿号的字。用 T 表示。如：T1 或 T0101，对于数控车床，其后的数字还兼作指定刀具长度补偿和刀尖半径补偿用。

⑧ 辅助功能字(M)：后续数字一般为 1～3 位正整数，又称为 M 功能或 M 指令，用于指定数控机床辅助装置的开关动作或状态，其功能见表 2－1－2 所示。

表 2-1-2 M 功能字含义

M 代码	功能	说明
M00	程序停止	执行指令后,系统自动停止运行,保存当前的信息。重新按下"循环启动"按钮,程序继续运行。可应用于自动加工过程中的某些手动操作
M01	计划停止	与 M00 用途相似,但 M01 只有在机床操作面板上的"选择停止"开关置于接通位置时,M01 指令才有效
M02	程序停止	执行该指令后,机床停止自动运行,处于主轴停止、冷却液关闭的复位状态,但程序指针不会自动返回程序开头
M03	主轴顺时针旋转	主轴正向旋转
M04	主轴逆时针旋转	主轴反向旋转
M05	主轴旋转停止	—
M07	2 号冷却液开	冷却液开
M08	1 号冷却液开	冷却液开
M09	冷却液关	冷却液关
M30	程序停止	执行该指令后,机床停止自动运行,程序指针自动返回开始处
M98	调用子程序	调用子程序
M99	返回主程序	子程序结束,返回主程序

2. 程序格式

(1) 程序段格式。程序段是可作为一个单位来处理的、连续的字组,是数控加工程序中的一条语句。一个数控加工程序是若干个程序段组成的。

程序段格式是指程序段中的字、字符和数据的安排形式。现在一般使用字地址可变程序段格式,每个字长不固定,各个程序段中的长度和功能字的个数都是可变的。地址可变程序段格式中,在上一程序段中写明的、本程序段里又不变化的那些字仍然有效,可以不再重写。这种功能字称之为续效字。

程序段格式举例:

N30 G01 X88.1 Y30.2 F500 S3000 T02 M08;

N40 X90;本程序段省略了续效字"G01,Y30.2,F500,S3000,T02,M08",但它们的功能仍然有效。

在程序段中,必须明确组成程序段的各要素:

① 移动目标:终点坐标值 X、Y、Z;

② 沿怎样的轨迹移动:准备功能字 G;

③ 进给速度:进给功能字 F;

④ 切削速度:主轴转速功能字 S;

⑤ 使用刀具：刀具功能字 T；

⑥ 机床辅助动作：辅助功能字 M。

（2）加工程序的结构组成。加工程序一般由程序的开始部分、程序的内容部分、程序的结束部分组成。

① 程序开始符、结束符。是同一个字符，ISO 代码中是％，EIA 代码中是 EP，书写时要单列一段。

② 程序名——程序的开始部分。程序名有两种形式：一种是英文字母 O 和 1～4 位正整数组成；另一种是由英文字母开头，字母数字混合组成的。一般要求单列一段。

③ 程序主体——程序的内容部分。是由若干个程序段组成的。每个程序段一般占一行。

④ 程序结束指令——程序的结束部分。可以用 M02 或 M30。一般要求单列一段。

（3）加工程序的结构组成举例：

T0101；　　　　　　　程序开始

M03 S800；

G00 X32 Z1 M08；

G73 U9W1 R9；

G73 P60 Q160 U1 W0 F0.25；

N60 G00 X10 Z1；　　　　　程序内容部分

G01Z0；

⋮

N160 X50

G00 X100 Z100 M09；

M05；

M30；　　　　　　　程序结束

（二）直径、半径编程方式

数控车床有直径和半径两种编程方式。直径方向（X 方向）系统默认为直径编程，也可以采用半径编程，但必须更改系统设定。

1. 直径编程

直径编程是指 X 轴的坐标系值取零件图样上的直径值。如图 2-1-9 所示，A 点坐标为 X_A =30，Z_A =0，B 点坐标为 X_B =50，Z_A =−45。

2. 半径编程

半径编程是指 X 轴的坐标系值取零件图样上的半径值。如图 2-1-9 所示，A 点坐标为 X_A =15，Z_A =0，B 点坐标为 X_B =25，Z_A =−45。

一般情况下，数控车削编程采用直径尺寸编程。采用直径编程与零件图样中的尺寸标注一

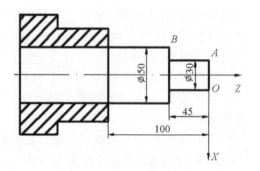

图 2-1-9　直径、半径编程

致，即 X 轴的坐标值取零件图样上的直径值，这样可以避免尺寸换算过程中可能造成的错

误,给编程带来很大方便。

（三）绝对、增量编程方式

1. 绝对值编程

采用绝对编程方式时,刀具移动的终点坐标为该坐标点相对于编程原点的坐标,用 X、Y、Z 表示。

2. 增量值编程

采用增量编程方式时,刀具移动的终点坐标为该坐标点相对于刀具起点的坐标,用 U、V、W 表示。

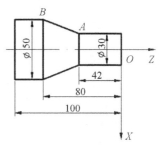

图 2-1-10　绝对、增量编程

在 FANUC 系统中,绝对值 X、Y、Z 和增量值 U、V、W 可以同时存在。如图 2-1-10 所示,刀具从 A 点运行到 B 点。

绝对值编程：G01 X50 Z-80 F0.2;

增量值编程：G01 U20 W-38 F0.2;

（四）F——进给功能指令

指令格式：F__

（1）功能：刀具运动时的进给速度。

（2）说明：

① 进给功能：一种是刀具每分钟的进给量,单位是 mm/min;另一种是主轴每转进给量,单位是 mm/r。

② 在 FANUC 0i 系统中通过 G98 指令设定为每分钟进给,通过 G99 指令设定为每转进给。

③ 在数控车床出厂设置中,一般设 G99 为默认的模态有效指令。

例如：F0.2 表示每转进给 0.2mm。

（五）T——刀具功能指令

指令格式：T××××

（1）功能：用于指定刀具编号和刀具参数,由 T 和其后的 4 位数字组成。

（2）说明：

① 前两位数字是刀具号,刀具序号与刀盘上的到位号相对应。

② 后两位数字是刀具长度补偿号,包括刀具形状补偿和磨损补偿。

例如：T0101 表示选用 01 号刀具,调用 01 号刀具补偿。

（六）S——主轴功能指令

指令格式：S__

（1）功能：用于设定主轴的转速。

（2）说明：

① 主轴速度以转速设定,编程格式为 G97 S__,单位为 r/min。

② 主轴转速以恒线速度设定,编程格式为 G96 S__,单位为 m/min。

③ 主轴最高转速限制,编程格式为 G50 S__,单位为 r/min。

(七) G00——快速定位指令

指令格式：G00 X(U)__Z(W)__；

（1）功能：使刀具从当前点快速移动到程序段中指定的目标位置，运动过程中不进行切削加工。

（2）说明：

① X、Z 为刀位点移动的终点坐标，绝对坐标值。

② U、W 为刀位点移动的终点坐标，增量坐标值。

（3）注意事项

① G00 的进给速度在数控系统参数中设定，在操作时可通过机床上的倍率开关调节。

② G00 的进给速度较快，在使用时应注意避免刀具与工件或夹具发生碰撞。

③ G00 指令主要用于刀具快速接近或离开工件，即刀具空运行，不参与对工件的切削。

如图 2 - 1 - 11 所示，刀具从 A 点运行至 B 点，程序段为：G00 X20 Z5。

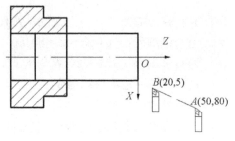

图 2 - 1 - 11　G00 指令走刀路线

(八) G01——直线插补指令

指令格式：G01 X(U)__Z(W)__F__；

（1）功能：刀具以给定的进给速度从当前点沿直线移动到目标点。

（2）说明：

① X、Z 为刀位点移动的终点坐标，绝对坐标值。

② U、W 为刀位点移动的终点坐标，增量坐标值。

③ F 为刀具在切削加工时的进给速度。

④ G00 和 G01 指令属同组的模态代码。

如图 2 - 1 - 12 所示，刀具从 A 点运行至 C 点，程序段为：

A→B：G01 X8 Z - 12 F0.2；

B→C：G01 X22 Z - 26；

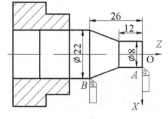

图 2 - 1 - 12　G01 指令走刀路线

任务实施

一、零件图分析

零件轮廓为阶梯轴，无尺寸公差要求，无热处理和硬度要求。装夹时可以采用三爪自定心卡盘夹紧定位，工件零点设置在右端面中心，加工起点设在毛坯直径处且离开工件右端面2mm，换刀点设在距工件零点 X 方向＋100mm，Z 方向＋100mm 处。

为保证零件粗糙度，X 方向留 0.5mm 的精车余量，背吃刀量为 1 mm，选取 90°外圆车刀。

二、编制技术文件

（一）编制机械加工工艺过程卡

阶梯轴机械加工工艺工程卡，见表 2-1-3。

表 2-1-3　机械加工工艺过程卡

机械加工工艺过程卡		产品名称	零件名称	零件图号	材料	毛坯规格
			阶梯轴	2-1-1	45 钢	φ50×150
工序号	工序名称	工序内容	设备	工艺装备		工时
5	下料	按 φ50×150 下料	锯床			
10	车	车削各表面	CK6140	三爪卡盘、游标卡尺、外径千分尺、外圆机夹车刀、切断刀		
15	钳	去毛刺		钳工台		
20	检验					
编制		审核		批准	共 1 页	第 1 页

（二）编制数控加工工序卡

阶梯轴数控加工工序卡，见表 2-1-4。

表 2-1-4　数控加工工序卡

数控加工工序卡					产品名称	零件名称	零件图号
						阶梯轴	2-1-1
工序号	程序号	材料	数量	夹具名称	使用设备		车间
10	O0001	45 钢	1	三爪卡盘	CK6140		数控加工车间
工步号	工步内容		切削三要素			刀具	量具
		n(r/min)	F(mm/r)	a_p	编号	名称	名称
1	车端面	800	0.25	1	T0101	外圆车刀	游标卡尺
2	粗车外圆	800	0.25	2	T0101	外圆车刀	游标卡尺
3	精车外圆	1000	0.08	0.5	T0101	外圆车刀	外径千分尺
4	割断	400	0.05		T0202	切断刀	游标卡尺
编制		审核		批准		共 1 页	第 1 页

（三）编制刀具卡

阶梯轴刀具调整卡，见表 2-1-5。

表 2-1-5　车削加工刀具调整卡

产品名称			零件名称	阶梯轴	零件图号	2-1-1
序号	刀具号	刀具规格	刀具参数		刀补编号	
			刀具半径	刀杆规格	半径	形状
1	T0101	外圆机夹刀	0.4	25mm×25mm		01
3	T0202	切断刀(宽3mm)	0.4	25mm×25mm		02
编制		审核		批准	共1页	第1页

(四) 程序参考

阶梯轴数控加工程序卡,见表 2-1-6。

表 2-1-6　数控加工程序卡

零件图号	2-1-1	零件名称	阶梯轴	编制日期	
程序号	O0001	数控系统	FANUC 0i	编制	
程序段号	程序内容		注释		
	O0001;		程序号		
N10	T0101;		调用外圆粗车刀		
N20	M03 S800 M08;		主轴正转,转速800r/min		
N30	G00 X48 Z2;		定位到第一次车削切削起点		
N40	G01 X48 Z-35 F0.25;		车削加工		
N50	G00 X52;		X方向退刀		
N60	Z2;		Z方向退刀		
N70	X46;		定位到第二次车削切削起点		
N80	G01 X46 Z-20;		车削加工		
N90	G01 X47 Z-20;		ϕ46外圆留0.5mm精加工余量		
N100	Z-35;				
N110	G00 X52;				
N120	Z2;				
N130	X44;		定位到第三次车削切削起点		
N140	G01 X44 Z-20;		车削加工		
N150	G00 X52;				
N160	Z2;				
N170	X43;		ϕ42外圆留0.5mm精加工余量		
N180	G01 X43 Z-20;				

零件图号	2-1-1	零件名称	阶梯轴	编制日期	
程序号	O0001	数控系统	FANUC 0i	编制	
程序段号	程序内容		注释		
N190	G00 X52;				
N200	Z2;				
N210	M03 S1000 F0.08;		改变主轴转速和切削速度		
N220	G00 X42;		精加工		
N230	G01 X42 Z-20;				
N240	X46;				
N250	Z-35;				
N260	G00 X100;		退刀		
N270	G00 Z100;				
N280	M05;				
N290	M30;		结束加工		
编制		审核		日期	共1页　　第1页

>>> **自测题** <<<

1. 根据图 2-1-13 所示的加工要求，以右端面中心为编程原点建立编程坐标系，制定加工方案，并编写加工程序，巩固所学知识。

2. 根据图 2-1-14 所示的加工要求，以右端面中心为编程原点建立编程坐标系，制定加工方案，并编写加工程序。

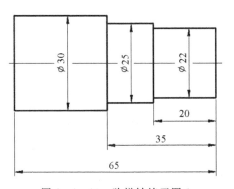

图 2-1-13　阶梯轴练习图 1

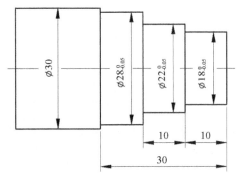

图 2-1-14　阶梯轴练习图 2

知识拓展

一、SINUMERIK 802D 系统的基本编程指令

（一）程序名称

每个程序均有一个程序名。在编制程序时可以按以下规则确定程序名：

(1) 开始的两个符号必须是字母。

(2) 其后的符号可以是字母,数字或下划线。

(3) 最多为 16 个字符。

(4) 不得使用分隔符。

举例：WELLE527。

（二）T——刀具功能指令

指令格式：T××

(1) 功能：用于指定刀具编号和刀具参数,由 T 和其后的数字组成。

(2) 说明：

① 用 T 指令直接更换刀具。

② 如果已经启用了一个刀具,则不管程序是否运行结束或者系统关机后再开机,该刀具始终会作为有效的刀具一直被存储。

③ 如果手动换刀,也必须在控制系统中输入,这样以便控制系统正确地识别出该刀具。比如可以在 MDA 运行方式下启动一个带新的 T 刀具号的程序段。

（三）D——刀具补偿号

指令格式：D××

(1) 功能：一个刀具可以匹配从 1 到 9 几个不同补偿的数据组（用于多个切削刃）。用 D 及其相应的序号可以编程一个专门的切削刃。

(2) 说明：

① 刀具调用后,刀具补偿立即生效；如果没有编程 D 号,则 D1 值自动生效。

② 每个刀具最多有 9 个刀沿。

（四）S-主轴功能指令

指令格式：S__；

(1) 功能：用于设定主轴的转速。

(2) 说明：

① G96 S__ LIMS=__ F__；恒定切削生效

② G97；取消恒定切削

③ S__；切削速度,单位 m/min

④ LIMS=__；主轴转速上限,只在 G96 中生效

(3) 编程举例：

N10　M3；　　　　　　　　　　主轴旋转方向

N20　G96 S120 LIMS=2500；　　恒定切削速度生效,120m/min,转速上限 2500r/min

N30　G0 X150；

...

N180 G97 X＿＿　Z＿＿；　　　　取消恒定切削

N190 S＿＿；　　　　　　　　　重新定义的主轴转速，单位：r/min

（五）G90、G91、AC、IC——绝对和增量位置数据

指令格式：　　G90；绝对尺寸

　　　　　　　　G91；增量尺寸

X＝AC（　）；　　某轴以绝对尺寸输入，程序段方式

X＝IC（　）；　　某轴以相对尺寸输入，程序段方式

（1）功能：

① G90 和 G91 指令分别对应着绝对位置数据输入和增量位置数据输入。其中 G90 表示坐标系中目标点的坐标尺寸，G91 表示待运行的位移量，如图 2-1-15 所示。

② G90/G91 指令适用于所有坐标轴。

③ 在位置数据不同于 G90/G91 的设定时，可以在程序段中通过 AC/IC 以绝对尺寸/相对尺寸方式进行设定。

（2）说明：

① 程序启动后，G90 适用于所有坐标轴，并且一直有效，直到在后面的程序段中由 G91 替代为止。

② G91 在增量位置数据输入中，尺寸表示待运行的轴位移。移动的方向由符号决定。G91 适用于所有坐标轴，并且可以在后面的程序段中由 G90 替换。

③ 用＝AC（　），＝IC（　）定义赋值时，必须使用等于符号，数值写在圆括号中。

④ 圆心坐标也可以以绝对尺寸表示，用＝AC（　）定义。

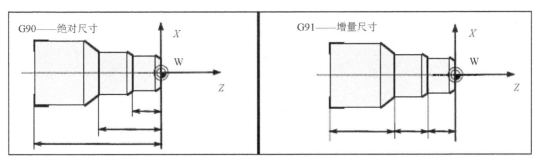

图 2-1-15　图纸中不同的数据尺寸

（3）G90 和 G91 编程举例：

N10 G90 G01 X20 Z90 F0.3；　　　　绝对尺寸

N20 G01 X75 Z＝IC（－32）；　　　　X 仍然是绝对尺寸，Z 是增量尺寸

......

N180 G91 G01 X40 Z20；　　　　　　转换为增量尺寸

N190 G01 X－12 Z17；　　　　　　　X 仍然是增量尺寸，Z 是绝对尺寸

（六）G71，G70，G710，G700——公制尺寸/英制尺寸

指令格式：G70；英制尺寸

　　　　　G71；公制尺寸

　　　　　G700；英制尺寸，也适用于进给率 F

　　　　　G710；公制尺寸，也适用于进给率 F

（1）功能：系统自动完成尺寸的转换工作。

（2）编程举例：

N10 G70 G01 X10 Z30 F0.3；　　英制尺寸

N20 G01 X40 Z50；　　　　　　　G70 继续生效

…

N80 G71 G01 X19 Z17.3；　　　　开始公制尺寸

（七）DIAMOF，DIAMON——半径/直径数据尺寸

指令格式：DIAMOF；半径数据尺寸

　　　　　DIAMON；直径数据尺寸

（1）功能：在数控车床中加工零件时，通常在 X 轴方向上取直径值进行编程，如有需要，也可将直径值转换为半径值进行编程，如图 2-1-16 所示。

（2）说明：用 TRANS X __ 或 ATRANS X __（零点偏置）指令的可编程的偏移始终作为半径数据尺寸处理。

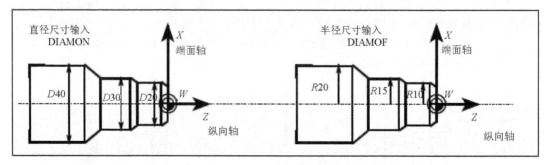

图 2-1-16　横向坐标轴中直径和半径数据尺寸

（3）编程举例：

N10 DIAMON G01 X44 Z30 F0.3；　X 轴直径数据方式

N20 X48 Z25；　　　　　　　　　DIAMON 继续生效

N30 Z10；

……

N110 DIAMOF G01 X22 Z30 F0.3；　X 轴开始转换为半径数据方式

N120 X24 Z25；

N130 Z10；

（八）TRANS，ATRANS——可编程的零点偏置：

指令格式：TRANS X __ Z __；可编程的偏移。清除所有有关偏移、旋转、比例系数、镜相的指令

ATRANS X __ Z __;可编程的偏移。附加于当前的指令

TRANS;不带数值:清除所有有关偏移、旋转、比例系数、镜相的指令

(1)功能:如果工件上在不同的位置有重复出现的形状或结构,或者需要重新建立工件坐标系时,可以使用可编程零点偏置指令。即在当前工件坐标系的基础上重新建立一个新的坐标系,输入的尺寸均为在新坐标系中的数据尺寸,如图 2-1-17 所示。

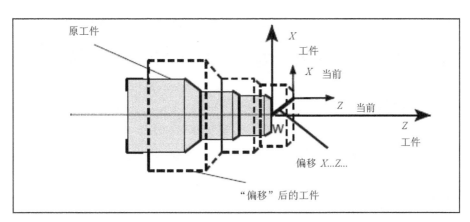

图 2-1-17 可编程零点偏置举例

(2)说明:TRANS/ATRANS 指令要求一个独立的程序段。

(3)编程举例:

N10 ……

N20 TRANS Z5; 可编程零点偏移

……

N70 TRANS; 取消偏移

(九)G00——快速定位指令

指令格式:G00 X__Z__;

(1)功能:使刀具从当前点快速移动到程序段中指定的目标位置,运动过程中不进行切削加工。

(2)说明:X、Z 为刀位点移动的终点坐标。

(3)注意事项

① G00 的进给速度在数控系统参数中设定,在操作时可通过机床上的进给倍率开关调节。

② G00 的进给速度较快,在使用时应注意避免刀具与工件或夹具发生碰撞。

③ G00 指令主要用于刀具快速接近或离开工件,即刀具空运行,不参与对工件的加工。

(十)G01——直线插补指令

指令格式:G01 X__Z__F__;

(1)功能:刀具以给定的进给速度从当前点沿直线切削加工到目标点。

(2)说明:

① X、Z 为刀位点移动的终点坐标。

② F 为刀具在切削加工时的进给速度。

③ G00 和 G01 指令属同组的模态代码。

(二) 应用

采用 SINUMERIK 802D 系统对图 2-1-1 编制数控加工程序卡,见表 2-1-7。

表 2-1-7　数控加工程序卡

零件图号	2-1-1	零件名称	阶梯轴	编制日期	
程序号	AB01	数控系统	SINUMERIK 802D	编制	
程序段号	程序内容		注释		
	AB01. MPF;		程序号		
N10	T1D1;		调用外圆粗车刀		
N20	M03 S800 M08;		主轴正转,转速 800r/min		
N30	G00 X48 Z2;		定位到第一次车削切削起点		
N40	G01 X48 Z-35 F0.25;		车削加工		
N50	G00 X52;		X 方向退刀		
N60	Z2;		Z 方向退刀		
N70	X46;		定位到第二次车削切削起点		
N80	G01 X46 Z-20;		车削加工		
N90	G01 X47 Z-20;		$\phi46$ 外圆留 0.5mm 精加工余量		
N100	Z-35;				
N110	G00 X52;				
N120	Z2;				
N130	X44;		定位到第三次车削切削起点		
N140	G01 X44 Z-20;		车削加工		
N150	G00 X52;				
N160	Z2;				
N170	X43;		$\phi42$ 外圆留 0.5mm 精加工余量		
N180	G01 X43 Z-20;				
N190	G00 X52;				
N200	Z2;				
N210	M03 S1000 F0.08;		改变主轴转速和切削速度		

零件图号	2-1-1	零件名称	阶梯轴	编制日期	
程序号	AB01	数控系统	SINUMERIK 802D	编制	
程序段号	程序内容			注释	
N220	G00 X42；			精加工	
N230	G01 X42 Z-20；				
N240	X46；				
N250	Z-35；				
N260	G00 X100；			退刀	
N270	G00 Z100；				
N280	M05；				
N290	M02；			结束加工	
编制		审核		日期	共1页　第1页

任务二　销轴零件加工工艺编程

任务内容

如图 2-1-18 所示，毛坯为 $\phi30mm$ 的 45 钢棒料，试编写其数控车削加工程序。

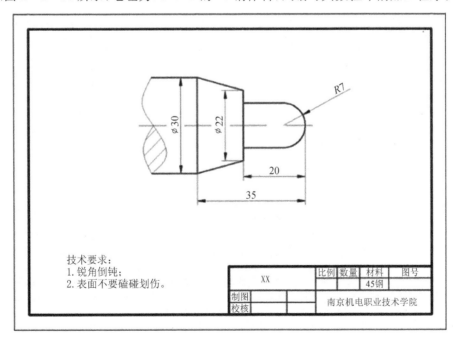

技术要求：
1. 锐角倒钝；
2. 表面不要磕碰划伤。

	比例	数量	材料	图号
XX			45钢	
制图			南京机电职业技术学院	
校核				

图 2-1-18　销轴零件

任务目标

（1）熟练掌握 G02、G03 指令格式并正确使用。

（2）熟练掌握 G02、G03 指令的判断方法。

（3）掌握圆锥和圆弧的车削走刀路线。

（4）巩固 FANUC 系统编程方法以及 G00、G01 指令运用。

（5）能够根据加工内容合理选择车削刀具。

（6）合理安排刀具走刀路线。

相关知识

一、G02/G03——圆弧插补指令

G02——顺时针圆弧插补指令

G03——逆时针圆弧插补指令

（1）指令格式：

用圆弧半径 R 指定圆心：G02/G03 X(U)__Z(W)__ R __ F __；

用 I、K 指定圆心：G02/G03 X(U)__Z(W)__ I __ K __ F __；

具体走刀路线如图 1-19 所示。

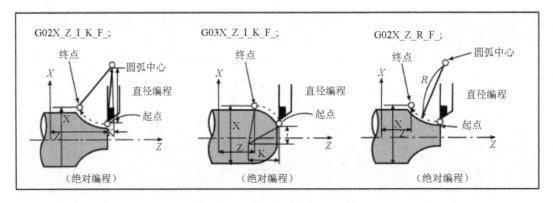

图 2-1-19 G02/G03 指令走刀路线

（2）功能：刀具在指定平面内按给定的进给速度作圆弧运动，车削圆弧轮廓。

（3）说明：

① X、Z 为圆弧终点在工件坐标系中的坐标值，绝对坐标值。

② U、W 为圆弧终点相对于圆弧起点的位移值，增量坐标值。

③ R 为圆弧半径值，圆弧圆心角小于 $180°$ 时，R 为正值，否则 R 为负值。

④ I、K 是圆心相对于圆弧起点的增量值（圆弧圆心点坐标减去圆弧起点的坐标），I 为 X 方向的增量值，K 为 Z 方向的增量值。

⑤ F 为进给速度。

⑥ G02、G03 为模态指令。

（4）圆弧插补方向判断。

圆弧插补的顺逆方向按右手直角笛卡尔坐标系确定，其判断方法是从 Y 轴正方向往负方向看，在 XZ 平面内，如果圆弧轨迹为顺时针方向的，则为顺时针圆弧，采用 G02 指令，反之为 G03 指令，如图 2-1-20 所示。

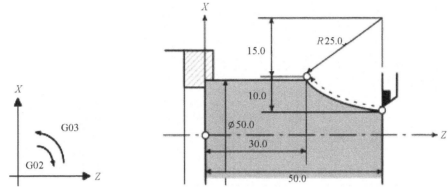

图 2-1-20　G02/G03 指令判断方法　　　　图 2-1-21　圆弧指令实例

（5）圆弧插补编程实例。

如图 2-1-21 所示圆弧，程序编制如下：

（1）G02 X50 Z30 I25 F0.3；

（2）G02 U20 W-20 I25 F0.3；

（3）G02 X50 Z30 R25 F0.3；

（4）G02 U20 W-20 R25 F0.3；

二、车圆锥的加工路线分析

数控车床上车外圆锥，假设圆锥大径为 D，小径为 d，锥长为 L，车圆锥的加工路线如图 2-1-22 所示。

圆锥尺寸计算：锥度＝（大端直径—小端直径）/锥体长度。

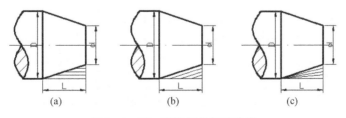

图 2-1-22　车圆锥的加工路线

如图 2-1-22(a) 所示为阶梯切削路线，先粗车，最后一刀精车。采用此加工路线，在粗车时，刀具背吃刀量相同，但精车时，背吃刀量不同；同时刀具切削运动的路线最短。

如图 2-1-22(b) 所示为相似斜线切削路线。采用此种加工路线，刀具切削运动的距离较短。

如图 2-1-22(c) 所示为斜线加工路线。该路线只需确定了每次背吃刀量，而不需计算终刀距，编程方便。但在每次切削中背吃刀量是变化的，且刀具切削运动的路线较长。

三、车圆弧的加工路线分析

应用 G02(或 G03)指令车圆弧,若一次车削就把圆弧加工出来,这样吃刀量太大,容易打刀。所以,实际车圆弧时,需要多刀加工,即先将大部分余量切除,最后再车出所需圆弧。对于圆弧的数控加工,我们常用如图 2-1-23 所示的加工路线。

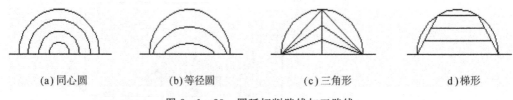

(a)同心圆　　　　(b)等径圆　　　　(c)三角形　　　　d)梯形

图 2-1-23　圆弧切削路线加工路线

图 2-1-23 中,(a) 所示的加工路线表示为同心圆形式,(b) 图表示为等径圆弧(不同圆心)形式,(c) 图表示为三角形形式,(d) 图表示为梯形形式。不同形式的切削路线有不同的特点,了解它们各自的特点,有利于合理地安排其走刀路线。

上述的几种切削路线中,程序段数最少的为同心圆形式及等径圆形式;走刀路线最短的为同心圆形式,其余依次为三角形梯形及等径圆形式;计算和编程最简单的为等径圆形式,其余依次为同心圆、三角形式和梯形形式;金属切除率最高、切削力分布最合理的为梯形形式;精车余量均匀的为同心圆形式。

图 2-1-24 为梯形法切削圆弧。即先将圆弧车削成台阶,最后一刀精车成圆弧。此方法在确定了每刀吃刀量后,需精确计算出粗车的终点 A 的坐标,即求圆弧与直线的交点。此方法刀具切削运动距离较短,但数值计算较繁。

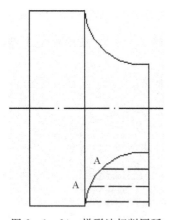

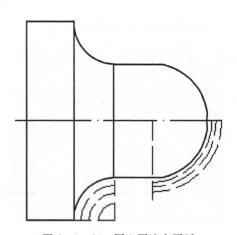

图 2-1-24　梯形法切削圆弧　　　　图 2-1-25　同心圆法车圆弧

图 2-1-25 所示轨迹为同心圆法车圆弧。即将圆弧半径分为若干份,用不同的半径依次车削圆弧,从而完成圆弧的加工。此方法在确定了每次吃刀量后,对 90°圆弧的起点、终点坐标确定较容易,半径可大可小,数值计算简单,编程方便,经常采用。

图 2-1-26 为车圆弧的车锥法切削路线。即先车一个圆锥,再车圆弧。但要注意,车锥时的起点和终点的确定,若确定不好,则可能损坏圆锥表面,也可能将余量留得过大。

图(a)所示的走刀路线,可连接圆弧起点和终点,然后将三角形的边均分。按此种加工路线加工,计算简单,刀具切削运动的距离较短,但最后一刀加工圆弧时切削量较大。

图(b)所示的走刀路线,可连接圆弧起点和终点,然后将三角形的起点边均分,终点不变。按此种加工路线加工,计算简单,刀具切削运动的距离较长,同时最后一刀加工圆弧时切削量较大。

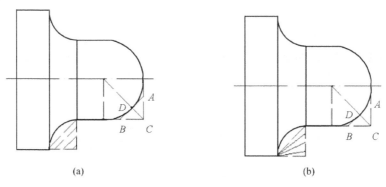

(a)　　　　　　　　　　(b)

图 2-1-26　车锥法切削路线车圆弧

任务实施

一、零件加工工艺分析

零件轮廓由圆柱面、圆弧面和圆锥面组成,无尺寸公差要求,无热处理和硬度要求。装夹时可以采用三爪自定心卡盘夹紧定位,工件零点设置在右端面中心,加工起点设在毛坯直径处且离开工件右端面 2mm,换刀点设在距工件零点 X 方向 $+100$mm,Z 方向 $+100$mm 处。

R7 圆弧为半圆,可以采用同心圆编程法,以简化编程计算量。圆锥采用斜线切削编程法,同样可以简化编程计算量。

为保证零件粗糙度,X 方向留 0.5mm 的精车余量,背吃刀量为 1 mm,选取 90°外圆车刀。

二、编制技术文件

(一) 编制机械加工工艺过程卡

销轴零件机械加工工艺工程卡,见表 2-1-8。

表 2-1-8　机械加工工艺过程卡

机械加工工艺过程卡		产品名称	零件名称	零件图号	材料	毛坯规格
			销轴	2-1-18	45 钢	$\phi30\times50$
工序号	工序名称	工序内容	设备	工艺装备		工时
5	下料	按 $\phi30\times50$ 下料	锯床			
10	车	车削各表面	CK6140	三爪卡盘、游标卡尺、外径千分尺、外圆机夹车刀、切断刀		
15	钳	去毛刺		钳工台		

续　表

机械加工工艺过程卡		产品名称	零件名称	零件图号	材料	毛坯规格
			销轴	2-1-18	45钢	ϕ30×50
20	检验					
编制		审核		批准	共1页	第1页

（二）编制数控加工工序卡

销轴零件数控加工工序卡，见表2-1-9。

表2-1-9　数控加工工序卡

数控加工工序卡					产品名称	零件名称	零件图号
						销轴	2-1-18
工序号	程序号	材料	数量	夹具名称	使用设备		车间
10	O0001	45钢	1	三爪卡盘	CK6140		数控加工车间
工步号	工步内容		切削三要素			刀具	量具
		n(r/min)	F(mm/r)	a_p	编号	名称	名称
1	车端面	800	0.25	1	T0101	外圆车刀	游标卡尺
2	粗车外圆	800	0.25	2	T0101	外圆车刀	游标卡尺
3	精车外圆	1000	0.08	0.5	T0101	外圆车刀	外径千分尺
4	割断	400	0.05		T0202	切断刀	游标卡尺
编制		审核		批准		共1页	第1页

（三）编制刀具卡

销轴零件刀具调整卡，见表2-1-10。

表2-1-10　车削加工刀具调整卡

产品名称				零件名称	销轴	零件图号	2-1-18
序号	刀具号	刀具规格		刀具参数		刀补编号	
				刀具半径	刀杆规格	半径	形状
1	T0101	外圆机夹刀		0.4	25mm×25mm		01
2	T0202	切断刀（宽3mm）		0.4	25mm×25mm		02
编制		审核		批准		共1页	第1页

（四）程序参考

销轴零件数控加工程序卡，见表 2-1-11。

表 2-1-11　数控加工程序卡

零件图号	2-1-18	零件名称	销轴	编制日期	
程序号	O0001	数控系统	FANUC 0i	编制	
程序段号	程序内容			注释	
	O0001；			程序号	
N10	T0101；			调用外圆粗车刀	
N20	M03 S800；			主轴正转，转速 800r/min	
N30	G00 X28 Z2；			定位到第一次切削起点	
N40	G01 X28 Z-20 F0.25；			车削加工	
N50	X31 Z-35；				
N60	G00 X32；				
N70	Z2；				
N80	X26；			定位到第二次切削起点	
N90	G01 X26 Z-20；			切削加工	
N100	X31 Z-35；				
N110	G00 X32；				
N120	Z2；				
N130	X24；			定位到第三次切削起点	
N140	G01 X24 Z-20；			切削加工	
N150	X31 Z-35；				
N160	G00 X32；				
N170	Z2；				
N180	X22；			定位到第四次切削起点	
N190	G01 X22 Z-20；			切削加工	
N200	X23；			$\phi22$ 外圆处留 0.5mm 精加工余量	
N210	X31 Z-35；				
N220	G00 X32；				
N230	Z2；				
N240	X20；			定位到第五次切削起点	

续　表

零件图号	2-1-18	零件名称	销轴	编制日期	
程序号	O0001	数控系统	FANUC 0i	编制	
程序段号	程序内容			注释	
	O0001;			程序号	
N250	G01 X20 Z-20;			切削加工	
N260	G00 X25;				
N270	Z2;				
N280	X18;			定位到第六次切削起点	
N290	G01 X18 Z-20;			切削加工	
N300	G00 X25;				
N310	Z2;				
N320	X16;			定位到第七次切削起点	
N330	G01 X16 Z-20;			切削加工	
N340	G00 X25;				
N350	Z2;				
N360	X15;			定位到第八次切削起点	
N370	G01 X15 Z-20;			切削加工	
N380	G00 X25;				
N390	Z3;				
N400	X0;			定位到第九次切削起点(3,0),粗车圆弧	
N410	G03 X20 Z-7 R10;			切削加工	
N420	G00 Z2;				
N430	X0;			定位到第十次切削起点(2,0),粗车圆弧	
N440	G03 X18 Z-7 R9;			切削加工	
N450	G00 Z1;				
N460	X0;			定位到第十一次切削起点(1,0),粗车圆弧	
N470	G03 X16 Z-7 R8;			切削加工	
N480	G00 Z0.5;				
N490	X0;			定位到第十二次切削起点(0.5,0),粗车圆弧	
N500	G03 X15 Z-7 R7.5;				
N510	G00 X32 Z2;			切削加工	
N520	M03 S1000 F0.08;			重新设定主轴转速和切削速度	

零件图号	2-1-18	零件名称	销轴	编制日期	
程序号	O0001	数控系统	FANUC 0i	编制	
程序段号	程序内容			注释	
	O0001；			程序号	
N530	G00 X0；				
N540	Z0；				
N550	G03 X14 Z-7 R7；				
N560	G01 Z-20；				
N570	X22；				
N580	X30 Z-35；				
N590	G00 X100；			退刀	
N600	G00 Z100；				
N610	M05；				
N620	M30；			结束加工	
编制		审核		日期	共1页	第1页

▶▶▶ 自测题 ◀◀◀

1. 根据图2-1-27所示的加工要求,以右端面中心为编程原点建立编程坐标系,制定加工方案,并编写加工程序,巩固所学知识。

2. 根据图2-1-28所示的加工要求,以右端面中心为编程原点建立编程坐标系,制定加工方案,并编写加工程序。

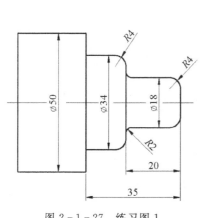

图2-1-27　练习图1

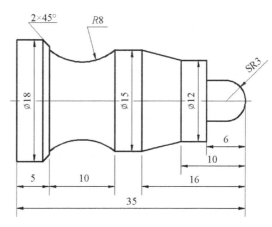

图2-1-28　练习图2

数控技术及应用

知识拓展

一、SINUMERIK 802D 系统的基本编程指令

（一）G02/G03——圆弧插补指令

其中 G02——顺时针圆弧插补指令

G03——逆时针圆弧插补指令

1．指令格式

半径和终点坐标：G02/G03 X__Z __ CR=__；

圆心和终点坐标：G02/G03 X__Z__ I __ K __；

张角和圆心坐标：G02/G03 AR=__ I __ K __；

张角和终点坐标：G02/G03 AR=__ X __ Z __；

中间点坐标：CIP X__Z __ I1=__ K1=__；

切线过渡圆弧：CT X__Z __；

2．编程举例

（1）如图 2-1-29 所示，采用终点和半径尺寸编程

N5　G90 G01 Z30 X40；　　　　　刀具定位于 N10 的圆弧起始点

N10　G2 Z50 X40 CR=12.207；　终点和半径

说明：CR 数值前带负号"－"表明所选插补圆弧段大于半圆。

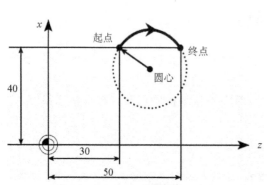

图 2-1-29　终点和半径尺寸举例

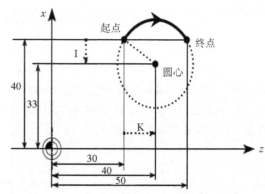

图 2-1-30　圆心坐标和终点坐标举例

（2）如图 2-1-30 所示，采用圆心坐标和终点坐标编程

N5　G90 G01 Z30 X40；　　　　　刀具定位于 N10 的圆弧起始点

N10 G2 Z50 X40 K10 I-7；　　　终点和圆心

（3）如图 2-1-31 所示，采用圆心和张角尺寸编程

N5 G90 G01 Z30 X40；　　　　　刀具定位于 N10 的圆弧起始点

N10 G2 K10 I-7 AR=105；　　　圆心和张角

说明：圆心坐标与圆弧起始点相关。

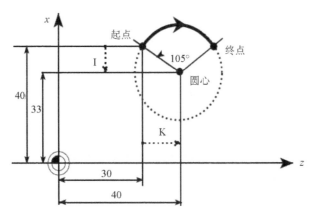

图 2-1-31 圆心和张角尺寸举例

（4）如图 2-1-32 所示，采用终点和张角尺寸编程

N5 G90 G01 Z30 X40；　　　　刀具定位于 N10 的圆弧起始点

N10 G2 Z50 X40 AR＝105；　　终点和张角

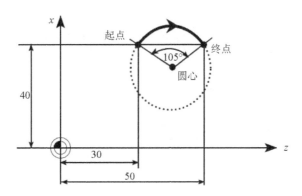

图 2-1-32 终点和张角尺寸举例

（5）如图 2-1-33 所示，采用中间点坐标编程

N5 G90 G01 Z30 X40；　　　　刀具定位于 N10 的圆弧起始点

N10 CIP Z50 X40 K1＝40 I1＝45；终点和中间点

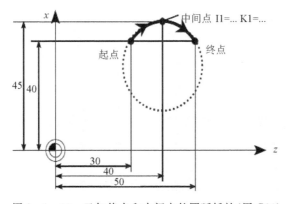

图 2-1-33 已知终点和中间点的圆弧插补（用 G90）

（6）如图 2-1-34 所示,采用切线过渡圆弧编程

N10 G1 Z20 F3;　　　　　　　直线

N20 CT X……Z……;　　　　　切线连接的圆弧

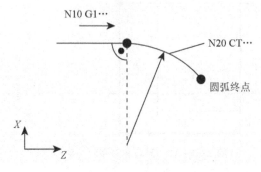

图 2-1-34　与前一段轮廓切线过渡的圆弧

二、应用

采用 SINUMERIK 802D 系统对图 2-1-18 编写加工程序,见表 2-1-12。

表 2-1-12　数控加工程序卡

零件图号	2-1-18	零件名称	销轴	编制日期	
程序号	AB02	数控系统	SINUMERIK 802D	编制	
程序段号	程序内容		注释		
	AB02. MPF;		程序号		
N10	T1D1;		调用外圆粗车刀		
N20	M03 S800;		主轴正转,转速 800r/mim		
N30	G00 X28 Z2;		定位到第一次切削起点		
N40	G01 X28 Z-20 F0.25;		车削加工		
N50	X31 Z-35;				
N60	G00 X32;				
N70	Z2;				
N80	X26;		定位到第二次切削起点		
N90	G01 X26 Z-20;		切削加工		
N100	X31 Z-35;				
N110	G00 X32;				
N120	Z2;				
N130	X24;		定位到第三次切削起点		

零件图号	2-1-18	零件名称	销轴	编制日期	
程序号	AB02	数控系统	SINUMERIK 802D	编制	
程序段号	程序内容		注释		
N140	G01 X24 Z-20；		切削加工		
N150	X31 Z-35；				
N160	G00 X32；				
N170	Z2；				
N180	X22；		定位到第四次切削起点		
N190	G01 X22 Z-20；		切削加工		
N200	X23；		φ22外圆处留0.5mm精加工余量		
N210	X31 Z-35；				
N220	G00 X32；				
N230	Z2；				
N240	X20；		定位到第五次切削起点		
N250	G01 X20 Z-20；		切削加工		
N260	G00 X25；				
N270	Z2；				
N280	X18；		定位到第六次切削起点		
N290	G01 X18 Z-20；		切削加工		
N300	G00 X25；				
N310	Z2；				
N320	X16；		定位到第七次切削起点		
N330	G01 X16 Z-20；		切削加工		
N340	G00 X25；				
N350	Z2；				
N360	X15；		定位到第八次切削起点		
N370	G01 X15 Z-20；		切削加工		
N380	G00 X25；				
N390	Z3；				

续　表

零件图号	2-1-18	零件名称	销轴	编制日期	
程序号	AB02	数控系统	SINUMERIK 802D	编制	
程序段号	程序内容		注释		
N400	X0；		定位到第九次切削起点(3,0)，粗车圆弧		
N410	G03 X20 Z-7 CR=10；		切削加工		
N420	G00 Z2；				
N430	X0；		定位到第十次切削起点(2,0)，粗车圆弧		
N440	G03 X18 Z-7 CR=9；		切削加工		
N450	G00 Z1；				
N460	X0；		定位到第十一次切削起点(1,0)，粗车圆弧		
N470	G03 X16 Z-7 CR=8；		切削加工		
N480	G00 Z0.5；				
N490	X0；		定位到第十二次切削起点(0.5,0)，粗车圆弧		
N500	G03 X15 Z-7 CR=7.5；				
N510	G00 X32 Z2；		切削加工		
N520	M03 S1000 F0.08；		重新设定主轴转速和切削速度		
N530	G00 X0；				
N540	Z0；				
N550	G03 X14 Z-7 CR=7；				
N560	G01 Z-20；				
N570	X22；				
N580	X30 Z-35；				
N590	G00 X100；		退刀		
N600	G00 Z100；				
N610	M02；		结束加工		
编制		审核		日期	共1页　第1页

项目二 综合轴类零件
数控车削工艺编程

任务一 球形轴零件加工工艺编程

🌀 任务内容

如图 2-2-1 所示零件,毛坯为 $\phi 50\text{mm}$ 的 45 钢棒料,试分析其工艺并编写数控车削加工程序。

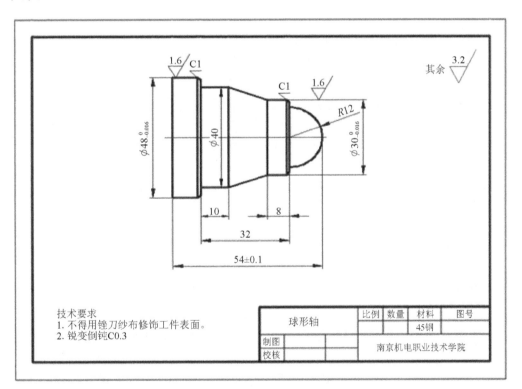

球形轴		比例	数量	材料	图号
				45钢	
制图			南京机电职业技术学院		
校核					

技术要求
1. 不得用锉刀纱布修饰工件表面。
2. 锐变倒钝C0.3

图 2-2-1 球形轴零件

🌀 任务目标

(1)熟练掌握 G90、G71、G70 指令并正确使用。

(2)熟练掌握刀具半径补偿的概念及编程方法。

（3）掌握外轮廓刀补编程方法。

（4）能够根据加工内容合理选择车削刀具。

（5）合理安排加工工序。

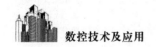 **相关知识**

一、FANUC 0i 系统常用循环指令表

FANUC 0i 系统固定循环和复合固定循环见表 2 - 2 - 1 所示。

表 2 - 2 - 1　单一固定循环和复合固定循环指令

单一固定循环	G90	外径、内径切削循环（外径、内径轴段及锥面粗加工固定循环）
	G92	螺纹切削循环（执行固定循环切削螺纹）
	G94	端面切削循环（执行固定循环切削工件端面及锥面）
复合固定循环	G70	精加工固定循环（完成 G71、G72、G73 切削循环之后的精加工，达到工件尺寸）
	G71	外径、内径粗加工固定循环（执行粗加工固定循环，将工件切至精加工之前的尺寸）
	G72	端面粗加工固定循环（同 G71 具有相同的功能，只是 G71 沿 Z 轴方向进行循环切削而 G72 沿 X 轴方向进行循环切削）
	G73	仿形粗车固定循环（沿工件精加工相同的刀具路径进行粗加工固定循环）
	G74	端面切削固定循环
	G75	外径、内径切削固定循环
	G76	复合螺纹切削固定循环

（一）G90——外径/内径切削循环指令

（1）指令格式：

直线车削循环：G90 X(U)＿Z(W)＿F＿；

锥体车削循环：G90 X(U)＿Z(W)＿R＿F＿；

（2）功能：用于外圆或内孔面毛坯余量较大的轴类零件的加工。

（3）说明：

① X、Z 为圆锥面切削终点坐标，绝对坐标值。

② U、W 为圆锥面切削终点相对于循环起点在 X、Z 方向上的增量值。

③ R 为切削起点与切削终点的半径差，有正负号。

（4）注意事项：

① R 为锥体大小端的半径差，即 $R＝(X 起－X 终)/2$，对外圆锥面 $R<0$ 时为正锥；$R>0$ 时为倒锥，如图 2 - 2 - 2 和图 2 - 2 - 3 所示。

② 由于刀具沿径向移动是快速移动，为了避免碰刀，刀具在 Z 方向应离开工件端面一定的安全距离，R 的取值如图 2 - 2 - 2 所示。

③ G90 指令用一个程序段完成了 4 个加工动作：进刀—车削—退刀—返回。

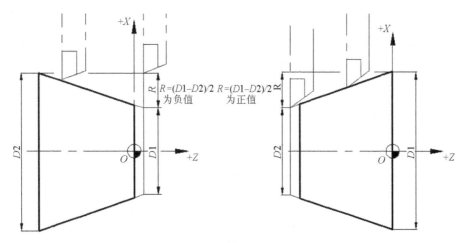

图 2－2－2　锥体切削循环(外圆)

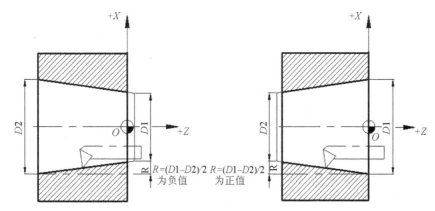

图 2－2－3　锥体切削循环(孔)

（5）编程实例：

① 直线车削循环实例。

如图 2－2－4 所示零件,试用 G90 完成程序编制,数控加工程序见表 2－2－2 所示。

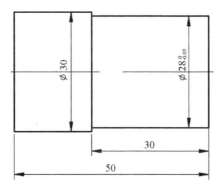

图 2－2－4　锥体切削循环

表 2 - 2 - 2　数控加工程序卡

零件图号	2 - 2 - 4	零件名称	阶梯轴	编制日期	
程序号	O0001	数控系统	FANUC 0i	编制	
程序段号	程序内容		程序说明		
N10	T0101；		调用刀具		
N20	M03 S600；		设定主轴转速		
N30	G00 X32 Z2；		定位到加工起点		
N40	G90 X30 Z - 30 F0.25；		第一次切削加工		
N50	X29；		第二次切削加工		
N60	X28；		第三次切削加工		
N70	G00 X100；		退刀		
N80	G00 Z100；				
N90	M05；		主轴停		
N100	M30；		程序结束		

② 斜线车削循环实例

1) 改变 X 值加工方法。

如图 2 - 2 - 5 所示零件，试用 G90 完成程序编制，数控加工程序见表 2 - 2 - 3 所示。

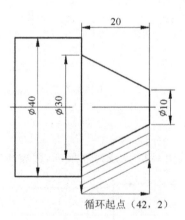

循环起点（42，2）

图 2 - 2 - 5　锥体切削循环

表 2 - 2 - 3　数控加工程序卡

零件图号	2 - 2 - 5	零件名称	锥轴	编制日期	
程序号	O0001	数控系统	FANUC 0i	编制	
程序段号	程序内容		程序说明		
N10	T0101；		调用刀具		
N20	M03 S600；		设定主轴转速		

零件图号	2-2-5	零件名称	锥轴	编制日期	
程序号	O0001	数控系统	FANUC 0i	编制	
程序段号	程序内容		程序说明		
N30	G00 X42 Z2；		定位到加工起点		
N40	G90 X48 Z-20 R-10 F0.5；		第一次切削加工		
N50	X44；		第二次切削加工		
N60	X40；		第三次切削加工		
N70	X36；		第四次切削加工		
N80	X32；		第五次切削加工		
N90	X30；		第六次切削加工		
N100	G00 X100；		退刀		
N110	Z100；				
N120	M05；		主轴停		
N130	M30；		程序结束		

2）改变 Z 值加工方法。

如图 2-2-6 所示零件，试用 G90 完成程序编制，数控加工程序见表 2-2-4 所示。

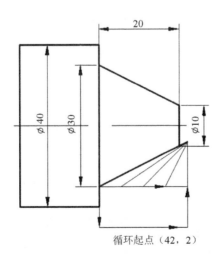

循环起点（42，2）

图 2-2-6　锥体切削循环

表 2 - 2 - 4 数控加工程序卡

零件图号	2 - 2 - 6	零件名称	锥轴	编制日期	
程序号	O0001	数控系统	FANUC 0i	编制	
程序段号	程序内容		程序说明		
N10	T0101;		调用刀具		
N20	M03 S600;		设定主轴转速		
N30	G00 X42 Z2;		定位到加工起点		
N40	G90 X30 Z - 2 R - 10 F0.5;		第一次切削加工		
N50	Z - 4;		第二次切削加工		
N60	Z - 6;		第三次切削加工		
N70	Z - 10;		第四次切削加工		
N80	Z - 14;		第五次切削加工		
N90	Z - 18;		第六次切削加工		
N100	Z - 20;		第七次切削加工		
N110	G00 X100;		退刀		
N120	Z100;				
N130	M05;		主轴停		
N140	M30;		程序结束		

3）改变 R 值加工方法。

如图 2 - 2 - 7 所示零件，试用 G90 完成程序编制，数控加工程序见表 2 - 2 - 5 所示。

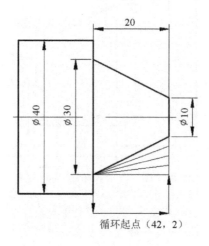

图 2 - 2 - 7 锥体切削循环

表 2-2-5 数控加工程序卡

零件图号	2-2-7	零件名称	锥轴	编制日期	
程序号	O0001	数控系统	FANUC 0i	编制	
程序段号	程序内容		程序说明		
N10	T0101;		调用刀具		
N20	M03 S800;		设定主轴转速		
N30	G00 X42 Z2;		定位到加工起点		
N40	G90 X30 Z-2 R-2 F0.5;		第一次切削加工		
N50	R-4;		第二次切削加工		
N60	R-8;		第三次切削加工		
N70	R-10;		第四次切削加工		
N80	R-11;		第五次切削加工		
N90	G00 X100;		退刀		
N100	Z100;				
N110	M05;		主轴停		
N120	M30;		程序结束		

4）改变 R 值加工方法

如图 2-2-8 所示零件，试用 G90 完成程序编制，数控加工程序见表 2-2-6 所示。

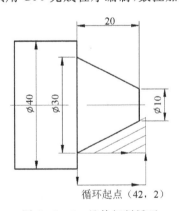

循环起点（42，2）

图 2-2-8 锥体切削循环

表 2-2-6 数控加工程序卡

零件图号	2-2-8	零件名称	锥轴	编制日期	
程序号	O0001	数控系统	FANUC 0i	编制	
程序段号	程序内容		程序说明		
N10	T0101;		调用刀具		
N20	M03 S600;		设定主轴转速		

续　表

零件图号	2-2-8	零件名称	锥轴	编制日期	
程序号	O0001	数控系统	FANUC 0i	编制	
程序段号	程序内容		程序说明		
N30	G00 X42 Z2;		定位到加工起点		
N40	G90 X30 Z-2 R-2 F0.5;		第一次切削加工		
N50	Z-6 R-4;		第二次切削加工		
N60	Z-10 R-6;		第三次切削加工		
N70	Z-14 R-8;		第四次切削加工		
N80	Z-18 R-10;		第五次切削加工		
N90	Z-20;		第六次切削加工		
N100	G00 X100;		退刀		
N110	Z100;				
N120	M05;		主轴停		
N130	M30;		程序结束		

（二）G71—内、外径粗车循环指令

（1）指令格式：

G71 UΔd R e;

G71 P ns　Q nf　UΔu　WΔw　F_ S_ T_;

N(ns)······

　　　　······

N(nf)······

（2）功能：将工件切削至精加工之前的尺寸，精加工前的形状及粗加工的刀具路径由系统根据精加工尺寸自动设定。

（3）说明：

① Δd：每次循环背吃刀量，半径值，无正负号，单位为 mm。

② e：每次切削退刀量，半径值，无正负号，单位 mm。

③ ns：精加工路线的第一个程序段的段号。

④ nf：精加工路线的最后一个程序段的段号。

⑤ Δu：X 方向上的精加工余量（直径/半径值），单位为 mm，粗镗内径时应指定为负值。

⑥ Δw：Z 方向上的精加工余量，单位为 mm。

⑦ F：切削进给量。

（4）注意事项：

① 在程序段号 ns—nf 中定义的任何 F、S、T 功能均被忽略，在 G71 程序段或前面程序

段中指定的 F、S、T 功能有效。

② 精加工时处于 ns—nf 中定义的任何 F、S、T 功能有效。

③ 用 G71 指令编程时，应指定循环起点位置。该指令的前一程序段 A 点的 X，Z 坐标值为切削循环的起点位置，也是加工完成后刀具退回的终点位置。

④ 循环起点位置应该选择正确，退刀方向应大于最大毛坯尺寸。粗车循环起刀点的 X 值应比毛坯直径稍大 1～2mm，Z 值应离开毛坯右端面 2～3mm。

⑤ G71 指令适用于 A$'$ 和 B 之间的刀具轨迹在 X 和 Z 方向逐渐增大或减小的情况，如图 2-2-9 所示。

⑥ ns 程序段只能包含 G00 或 G01 指定 X 轴的运动，不能定义 Z 轴或同时定义 X、Z 轴运动。

⑦ 程序段号 ns—nf 之间的程序段不能调用子程序。

⑧ 在程序段号 ns—nf 中指定的 G96 或 G97 无效，而在 G71 程序段或前面程序段中指定的 G96 或 G97 有效。

⑨ 外圆粗车复合循环路线图如图 2-2-9（锥体切削循环）所示。

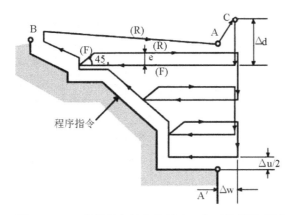

图 2-2-9　外圆粗车复合循环 G71 加工路线示意图

⑩ △u 和△w 的符号如图 2-2-10 所示。

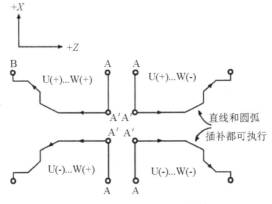

图 2-2-10　△u 和△w 的符号

（5）编程实例：

如图 2-2-11 所示零件，试用 G71 完成程序编制，毛坯为 ϕ120 棒料，其程序见表 2-2-7 所示。

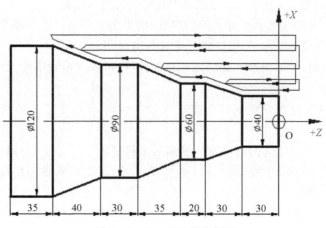

图 2-2-11　G71 指令例图

表 2-2-7　数控加工程序卡

零件图号	2-2-11	零件名称	锥轴	编制日期	
程序号	O0001	数控系统	FANUC 0i	编制	
程序段号	程序内容		程序说明		
N10	T0101；		换 1 号外圆刀，引入刀具刀补		
N20	M03 S800；		主轴正转		
N30	G00 X122 Z3；		绝对编程，快速定位到轮廓循环起刀点		
N40	G71 U1.5 R1；		外径粗车循环、给定参数		
N50	G71 P60 Q130 U0.5 W0.1 F100；				
N60	G01 X40；		从循环起刀点进给到轮廓起始点		
N70	Z0；		N60—N130 为精加工程序		
N80	Z-30；				
N90	G01 X60 Z-60；				
N100	Z-80；				
N110	G01 X90 W-35；				
N120	W-30；				
N130	G01 X120 W-40；				
N140	G00 X150；		退刀		
N150	Z100；				
N160	M05；		主轴停		
N170	M30；		程序结束		

（三）G70——精车循环指令

（1）指令格式：

G70　P ns　Q nf；

（2）功能：用于轮廓精加工。

（3）说明：

ns：精加工路线的第一个程序段的段号；

nf：精加工路线的最后一个程序段的段号。

（4）注意事项：

① 在粗加工循环 G71—G73 状态下，在 ns—nf 中定义的 F、S、T 无效，系统优先取用 G71—G73 格式中的 F、S、T，而在 G70 状态下，则优先取用 ns—nf 中定义的 F、S、T。

② G70—G73 功能中，ns—nf 间的程序段不能调用子程序。

③ 通常 G71—G73 之后接着定义 G70，实现精加工。

（四）G40/G41/G42——刀具半径补偿功能

（1）指令含义

G40：取消刀具半径补偿

G41：刀具半径左补偿

G42：刀具半径右补偿

（2）刀具半径补偿的作用：

刀具半径补偿的方法是通过键盘输入刀具参数，并在程序中采用刀具半径补偿指令。大多数全功能的数控机床都具备刀具半径（直径）自动补偿功能（以下简称刀具半径补偿功能），因此，在编程时，用户只需按工件轮廓尺寸编程，再通过系统补偿一个刀具半径值即可。

（3）刀具半径补偿注意事项

① 引入刀具半径补偿或去除刀具半径补偿时最好在工件轮廓线以外，且未加刀补点至加刀补点距离应大于刀具（尖）半径，未去刀补点至去除刀补点处距离应大于刀具（尖）半径。

② 在使用 G41 或 G42 指令时，不允许有两句连续的非移动指令，否则刀具在前面程序段的终点的垂直位置停止，且产生过切或欠切现象。

（4）刀尖半径和假想刀尖的概念：

① 刀尖半径：车刀刀尖部分为一圆弧，构成假想圆的半径值，一般车刀均有刀尖半径，用于车圆柱面或端面时，刀尖圆弧大小并不影响轮廓精度，但用于车倒角、锥面或圆弧时，则会造成过切削及欠切现象，影响精度，如图 2-2-12 所示。因此在编制数控车削程序时，必须给予考虑。

② 假想刀尖：所谓假想刀尖如图 2-2-13(b)所示，P 点为该刀具的假想刀尖，相当于图(a)尖头刀的刀尖点。假想刀尖实际上是不存在的，其他数控车床用刀具的假想刀尖位置见图 2-2-14 所示。

用手动方法计算刀尖半径补偿值时，必须在编程时将补偿量加入程序中，一旦刀尖半径值变化，就需要改动程序，这样很烦琐，刀尖半径（R）补偿功能可以利用 NC 装置自动计算补偿值，生成刀具路径。

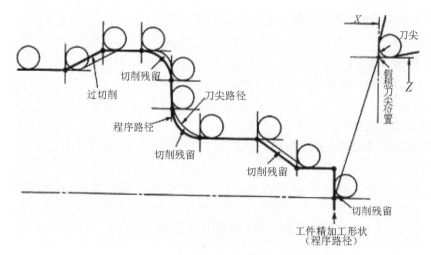

图 2-2-12　刀尖过切及欠切示意图

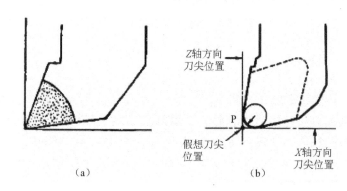

图 2-2-13　刀尖示意图

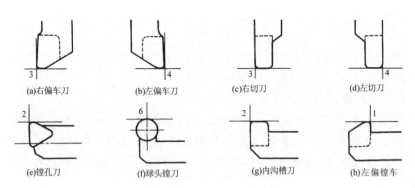

图 2-2-14　数控车床用刀具的假想刀尖位置

（5）刀尖半径补偿模式的设定（G40、G41、G42 指令）：

① G40（取消刀具半径补偿）：取消刀尖半径补偿，应写在程序开始的第一个程序段及取消刀具半径补偿的程序段，该指令用于取消 G41、G42 指令；

② G41（刀具半径补左偿）：面朝与编程路径一致的方向，刀具在工件的左侧，则用该指令补偿；

③ G42(刀具半径右补偿)：面朝与编程路径一致的方向，刀具在工件的右侧，则用该指令补偿，图 2-2-15 所示为根据刀具与零件的相对位置及刀具的运动方向选用 G41 或 G42 指令。

④ 刀尖半径补偿量可以通过刀具补偿设定，T 指令要与刀具补偿编号相对应，并且要输入假想刀尖位置序号。假想刀尖位置序号共有 10 个(0～9)，如图 2-2-16 所示：

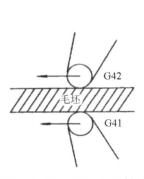

图 2-2-15　G41、G42 判别

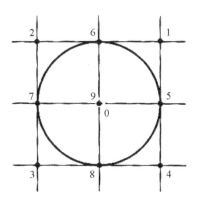

图 2-2-16　假想刀尖位置序号

任务实施

使用 G71、G70 指令完成图 2-2-1 所示的零件加工，棒料直径 ϕ50mm，材料：45 钢。

一、零件图分析

球形轴零件由圆柱面、圆弧面和圆锥面组成，公差要求较高。由于该轮廓在 X 方向上直径逐步增大，不存在直径变小的情况(下切)，因此可以采用 G71 指令粗车，G70 指令精车。装夹时可以采用三爪自定心卡盘夹紧定位，工件零点设置在右端面中心，加工起点设在毛坯直径处且离开工件右端面 2mm，换刀点设在距工件零点 X 方向＋150mm，Z 方向＋100mm 处。

为保证零件粗糙度，X 方向留 0.5mm 的精车余量，背吃刀量为 2 mm，选取 90°外圆车刀。

二、编制技术文件

(一)编制机械加工工艺过程卡

球形轴零件机械加工工艺工程卡，见表 2-2-8。

表 2-2-8　机械加工工艺过程卡

机械加工工艺过程卡	产品名称	零件名称	零件图号	材料	毛坯规格
		球形轴	2-2-1	45 钢	ϕ50×100
工序号	工序名称	工序内容	设备	工艺装备	工时
5	下料	按 ϕ50×100 下料	锯床		
10	车	车削各表面	CK6140	三爪卡盘、游标卡尺、外径千分尺、外圆机夹车刀、切断刀	

续 表

机械加工工艺过程卡		产品名称	零件名称	零件图号	材料	毛坯规格
			球形轴	2-2-1	45钢	φ50×100
工序号	工序名称	工序内容	设备	工艺装备		工时
15	钳	去毛刺		钳工台		
20	检验					
编制		审核		批准	共1页	第1页

（二）编制数控加工工序卡

球形轴零件数控加工工序卡,见表2-2-9。

表 2-2-9 数控加工工序卡

数控加工工序卡					产品名称	零件名称	零件图号
						球形轴	2-2-1
工序号	程序号	材料	数量	夹具名称		使用设备	车间
10	O0001	45钢	1	三爪卡盘		CK6140	数控加工车间
工步号	工步内容		切削三要素			刀具	量具
		n(r/min)	F(mm/r)	a_p	编号	名称	名称
1	车端面	800	0.25	1	T0101	外圆车刀	游标卡尺
2	粗车外圆	800	0.25	2	T0101	外圆车刀	游标卡尺
3	精车外圆	1000	0.08	0.5	T0101	外圆车刀	外径千分尺
4	割断	400	0.05		T0202	切断刀	游标卡尺
编制		审核		批准		共1页	第1页

（三）编制刀具卡

球形轴零件刀具调整卡,见表2-2-10。

表 2-2-10 车削加工刀具调整卡

产品名称			零件名称		球形轴	零件图号	2-2-1
序号	刀具号	刀具规格	刀具参数			刀补编号	
			刀具半径	刀杆规格		半径	形状
1	T0101	外圆机夹刀	0.4	25mm×25mm			01
2	T0202	端面车刀	0.4	25mm×25mm			02
2	T0202	切断刀(宽3mm)	0.4	25mm×25mm			02
编制		审核		批准		共1页	第1页

（四）程序参考

球形轴零件数控加工程序卡,见表2-2-11。

表2-2-11　数控加工程序卡

零件图号	2-2-1	零件名称	球形轴	编制日期	
程序号	O0001	数控系统	FANUC 0i	编制	
程序段号	程序内容		注释		
	O0001；		程序号		
N10	T0101；		换2号镗孔车刀,引入刀具刀补		
N20	M03 S800 G40；		主轴正转,转速800r/min		
N30	G00 X51 Z2 M08；		绝对编程,快速定位到轮廓循环起刀点		
N40	G71 U2 R1；		G71切深2mm,退刀量1mm		
N50	G71 P60 Q170 U1 W0 F0.2；		X方向留精车余量1mm		
N60	G42 G01 X0；		左刀补,N60—N170是精车程序		
N70	G01 Z0；				
N80	G03 X24 Z-12 R12；		车R12圆弧		
N90	G01 X28；				
N100	X30 Z-13；		车C1倒角		
N110	Z-20；		车φ30外圆		
N120	X40 Z-34；		车锥面		
N130	Z-44；		车φ40外圆		
N140	X46；				
N150	X48 Z-45；		车C1倒角		
N160	Z-55；		车φ48外圆		
N170	G40 G01 X50；		去刀补		
N180	M3 S1000 F0.08　M08；		改变主轴转速,重新设定切削速度		
N190	G00 X51 Z1；		快速定位到轮廓循环起刀点		
N200	G70 P60 Q170；		精加工外圆		
N210	G00 X150 M09；		X方向退刀		
N220	Z100；		Z方向退刀		
N230	M05；		主轴停		
N240	M30；		程序结束		
编制		审核		日期	共1页　　　第1页

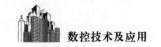

>>> **自测题** <<<

1. 根据图2-2-17所示的加工要求,以右端面中心为编程原点建立编程坐标系,制定加工方案,并编写加工程序,巩固所学知识。

2. 根据图2-2-18所示的加工要求,以右端面中心为编程原点建立编程坐标系,制定加工方案,并编写加工程序。

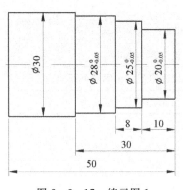

图2-2-17 练习图1

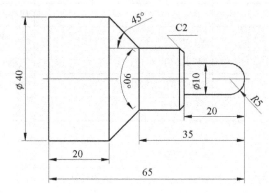

图2-2-18 练习图2

3. 根据图2-2-19所示的加工要求,以右端面中心为编程原点建立编程坐标系,制定加工方案,并编写加工程序。

全部1.6

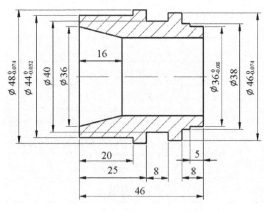

图2-2-19 练习图3

任务二 圆弧轴零件加工工艺编程

任务内容

如图 2-2-20 所示,毛坯为 φ30mm 的 45 钢棒料,试分析其工艺并编写数控车削加工程序。

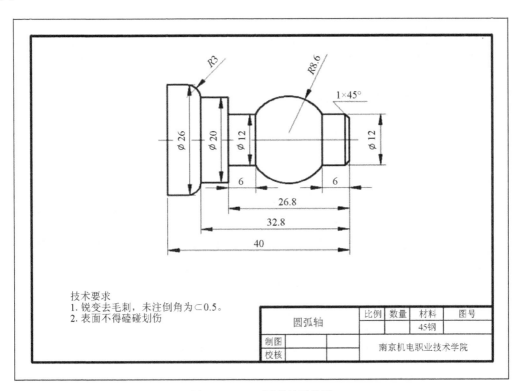

图 2-2-20 圆弧轴零件图

任务目标

(1) 熟练掌握 G73、G70 指令并正确使用。

(2) 能够根据加工内容合理选择车削刀具。

(3) 合理安排加工工序。

相关知识

一、FANUC 0i 系统常用循环指令表

(一) G73——仿形粗车循环指令

(1) 指令格式:

G73 U△i W△k R△d;

G73 P ns Q nf U△u W△w F_S_T_;

N(ns)……

……

N(nf)……

（2）功能：G73 指令与 G71、G72 指令功能相同，只是刀具路径是按工件精加工轮廓进行循环的。例如：铸件、锻件等工件毛坯已经具备了简单的零件轮廓，这时粗加工使用 G73 循环指令可以省时，提高功效。

（3）说明：

① △i：X 方向总退刀量，半径值；

② △k：Z 方向总退刀量；

③ △d：循环次数；

④ ns：精加工路线的第一个程序段的段号；

⑤ nf：精加工路线的最后一个程序段的段号；

⑥ △u：X 方向上的精加工余量，直径值；

⑦ △w：Z 方向上的精加工余量。

（4）注意事项：

① 采用 G73 指令编程时，应指定循环起点位置。该指令的前一程序段的点的坐标值即为切削循环的起点位置，也是加工结束后刀具退回的终点坐标。

② 在程序段号 ns—nf 中定义的任何 F、S、T 功能均被忽略，在 G73 程序段或前面程序段中指定的 F、S、T 功能有效。

③ 精加工时处于 ns—nf 中定义的任何 F、S、T 功能有效。

④ ns 程序段可以包含 G00 或 G01 指定的 X 轴、Z 轴坐标联动。

⑤ 程序段号 ns—nf 之间的程序段不能调用子程序。

⑥ G73 循环指令可以用于仿形零件的粗加工，允许轮廓上有凹槽等形状。

⑦ 第一刀切削时，系统会自动地在循环起点位置通过精加工余量与总退刀量、重复次数计算并定位。粗车最后一刀，系统会沿着轮廓方向偏移精加工余量走刀。

⑧ X 方向总退刀量＝（待加工外径尺寸－工件最小尺寸－精加工余量）/2。也可以根据零件毛坯尺寸进行设定。技巧：X 轴方向的总退刀量可用毛坯外径减去轮廓循环中的最小直径值确定。

⑨ G73 切削循环加工路线如图 2－2－21 所示。

（二）G72——端面粗车循环指令

（1）指令格式：

G72　U△d　Re；

G72　Pns　Qnf　U△u　W△w　F＿ S＿ T＿；

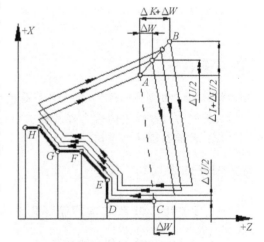

图 2－2－21　G73 切削循环加工路线示意图

（2）功能：G72 指令功能与 G71 基本相同，不同之处在于 G72 指令是刀具沿轴向进刀，径向走刀加工，其切削路线如图 2-2-22 所示。

（3）说明：

① △d：轴向背吃刀量，单位为 mm；

② e：轴向退刀量，单位为 mm；

③ ns：为精加工路线的第一个程序段的段号；

④ nf：为精加工路线的最后一个程序段的段号；

⑤ △u：X 方向上的精加工余量，（直径/半径值）；

⑥ △w：Z 方向上的精加工余量。

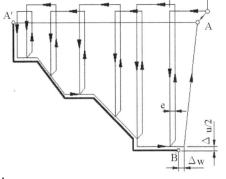

图 2-2-22 端面粗车循环 G72 加工路线示意图

（4）注意事项

① ns 程序段指令的是 Z 方向的运动，不能定义 X 方向或同时定义 Z、X 方向运动；

② 在 A′和 B 之间的刀具轨迹沿 X 和 Z 方向都必须单调变化，如图 2-2-22 所示；

③ 从 ns 到 nf 的程序段描述的是从 A′→B 的精加工形状。

任务实施

一、零件图分析

零件轮廓由圆柱面、圆弧面和倒角等组成，无尺寸公差要求，无热处理和硬度要求。装夹时可以采用三爪自定心卡盘夹紧定位，工件零点设置在右端面中心，加工起点设在毛坯直径处且离开工件右端面 1mm，换到点设在距工件零点 X 方向＋100mm，Z 方向＋100mm 处。

为保证零件粗糙度，X 方向留 0.5mm 的精车余量，背吃刀量为 1 mm，选取 35°外圆车刀。选用 φ30mm 毛坯，故 X 方向退刀量为（30－12）/2＝9，分割次数为 9/1＝9。采用 G73 指令粗加工，G70 指令精加工。

二、编制技术文件

（一）编制机械加工工艺过程卡

圆弧轴零件机械加工工艺工程卡，见表 2-2-12。

表 2-2-12 机械加工工艺过程卡

机械加工工艺过程卡	产品名称	零件名称	零件图号	材料	毛坯规格
		圆弧轴	2-2-20	45 钢	φ30×45
工序号	工序名称	工序内容	设备	工艺装备	工时
5	下料	按 φ30×45 下料	锯床		
10	车	车削各表面	CK6140	三爪卡盘、游标卡尺、外径千分尺、外圆机夹车刀、切断刀	

续　表

机械加工工艺过程卡		产品名称	零件名称	零件图号	材料	毛坯规格
			圆弧轴	2-2-20	45钢	$\phi30\times50$
工序号	工序名称	工序内容	设备	工艺装备		工时
15	钳	去毛刺		钳工台		
20	检验					
编制		审核		批准	共1页	第1页

（二）编制数控加工工序卡

圆弧轴零件数控加工工序卡,见表2-2-13。

表2-2-13　数控加工工序卡

数控加工工序卡					产品名称	零件名称	零件图号
						圆弧轴	2-2-20
工序号	程序号	材料	数量	夹具名称	使用设备		车间
10	O0001	45钢	1	三爪卡盘	CK6140		数控加工车间
工步号	工步内容		切削三要素			刀具	量具
		n(r/min)	F(mm/r)	a_p	编号	名称	名称
1	车端面	800	0.25	1	T0101	外圆车刀	游标卡尺
2	粗车外圆	800	0.25	2	T0101	外圆车刀	游标卡尺
3	精车外圆	1000	0.08	0.5	T0101	外圆车刀	外径千分尺
编制		审核		批准		共1页	第1页

（三）编制刀具卡

圆弧轴零件刀具调整卡,见表2-2-14。

表2-2-14　车削加工刀具调整卡

产品名称			零件名称	圆弧轴	零件图号	2-2-20
序号	刀具号	刀具规格	刀具参数		刀补编号	
			刀具半径	刀杆规格	半径	形状
1	T0101	外圆机夹刀	0.4	25mm×25mm		01
2	T0202	端面车刀	0.4	25mm×25mm		02
编制		审核		批准	共1页	第1页

（四）程序参考

圆弧轴零件数控加工程序卡，见表 2-2-15。

表 2-2-15 数控加工程序卡

零件图号	2-2-20		零件名称	圆弧轴	编制日期	
程序号	O0001		数控系统	FANUC 0i	编制	
程序段号	程序内容		注释			
	O0001；		程序号			
N10	T0101；		调用外圆粗车刀			
N20	M03 S800；		主轴正转，转速 800r/min			
N30	G00 X32 Z1 M08；		绝对编程，快速定位到轮廓循环起刀点			
N40	G73 U9 W1 R9；					
N50	G73 P60 Q160 U1 W0 F0.25；		X 方向留精车余量 1mm			
N60	G00 X10 Z1；		N60—N160 是精车程序			
N70	G01 Z0；					
N80	X12 Z-1；					
N90	Z-6；					
N100	G03 X12 Z-20.8 R8.6；					
N110	G01 Z-26.8；					
N120	X20；					
N130	Z-32.8；					
N140	G03 X26 Z-35.8 R3；					
N150	G01 Z-40；					
N160	X32；					
N170	M03 S1000 F0.08；		改变主轴转速，准备精加工			
N180	G00 X32 Z1；		快速定位到轮廓循环起刀点			
N190	G70 P60 Q160；		精加工开始			
N200	G00 X100 Z100 M09；		退刀			
N210	M05；					
N220	M30；					
编制		审核		日期	共 1 页	第 1 页

▶▶▶ 自测题 ◀◀◀

1. 根据图 2-2-23 所示的加工要求,以右端面中心为编程原点建立编程坐标系,制定加工方案,并编写加工程序,并比较该程序与之前的多刀车削和 G71 指令所编程序的不同之处。

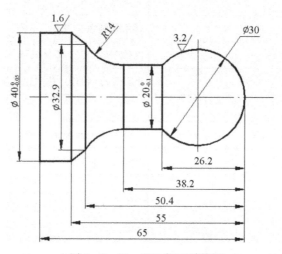

图 2-2-23 G73 加工零件图

2. 如图 2-2-24 所示零件,要求以右端面中心为编程原点建立编程坐标系,制定加工方案,并编写加工程序,槽和螺纹不加工。

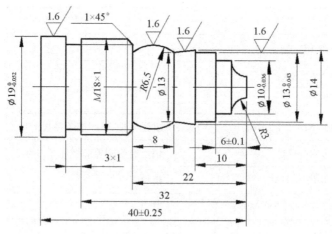

图 2-2-24 G73 加工零件图

3. 如图 2-2-25 所示零件,要求以右端面中心为编程原点建立编程坐标系,制定加工方案,并编写加工程序,槽和螺纹不加工。

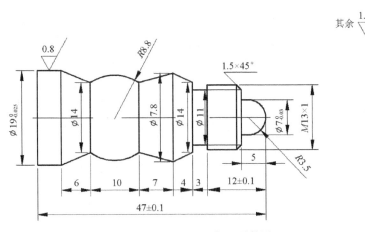

图 2-2-25　G73 加工零件图

知识拓展

一、SINUMERIK 802D 系统的基本编程指令

（一）CYCLE95——毛坯切削

（1）指令格式：

CYCLE95（NPP，MID，FALZ，FALX，FAL，FF1，FF2，FF3，VARI，DT，DAM，_VRT）

（2）功能：CYCLE95 循环可以在坐标轴平行方向加工有子程序编程的轮廓，可以进行纵向和横向加工，也可以进行内外轮廓的加工；轮廓可以包括凹凸切削成分；可以进行粗加工，也可以进行精加工和综合加工；在精加工时，循环内部自动激活刀尖半径补偿。

（3）说明：

表 2-2-16　CYCLE95 参数含义表

参数	参数含义
NPP	轮廓子程序名称
MID	进给深度（无符号输入）
FALZ	在纵向轴的精加工余量（无符号输入）
FALX	在横向轴的精加工余量（无符号输入）
FAL	根据轮廓的精加工余量（无符号输入）
FF1	非退刀槽加工的进给率
FF2	进入凹凸切削时的进给率
FF3	精加工的进给率
VARI	加工类型（范围值：1，…，12）
DT	粗加工时用于断屑的停顿时间
DAM	粗加工因断屑而中断时所经过的路径长度
_VR T	粗加工时从轮廓的退回行程，增量（无符号输入）

① NPP：用来定义轮廓的名称。在一个子程序中编程待加工的工件轮廓，以确定待加工部位的形状和位置。轮廓可以由直线或圆弧组成，可以包括凹、凸轮廓的切削。

② MID：用来定义粗加工时最大允许的进给深度，但当前粗加工中所用的实际进刀深度则由循环自动计算出来。

③ FAL，FALZ 和 FALX（精加工余量）：若要给特定轴定义不同的精加工余量，可以使用参数 FALZ 和 FALX 来定义粗加工的精加工余量，也可以通过参数 FAL 定义用于轮廓的精加工余量。

④ FF1，FF2 和 FF3（进给率）：各个加工步骤可以定义不同的进给率，如图 2-2-26 所示。

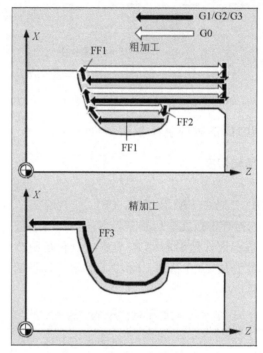

图 2-2-26　加工轨迹示意图

⑤ VARI（加工类型）：见表 2-2-17 所示。

表 2-2-17　加工类型

数值	纵向/横向	外部/内部	粗加工/精加工/综合加工
1	纵向	外部	粗加工
2	横向	外部	粗加工
3	纵向	内部	粗加工
4	横向	内部	粗加工
5	纵向	外部	精加工
6	横向	外部	精加工

数值	纵向/横向	外部/内部	粗加工/精加工/综合加工
7	纵向	内部	精加工
8	横向	内部	精加工
9	纵向	外部	综合加工
10	横向	外部	综合加工
11	纵向	内部	综合加工
12	横向	内部	综合加工

⑥ DT 和 DAM(停顿时间和路径长度)：可以用来在完成一定路径的进给后中断各个粗加工步骤以便断屑。这些参数只用于粗加工。参数 DAM 用于定义进行断屑之前的最大距离。在 DT 中可以编程在每个切削中断点的合适的停顿时间(以秒为单位)。如果未定义切削中断前的距离(DAM＝0)，则粗加工步骤中不产生中断和停顿。

⑦ _VRT(退回进给)：参数_VRT 可以用来编程在粗加工时刀具在两个轴向的退回量。如果_VRT＝0(参数未编程)，刀具将退回 1mm。

(二) 应用

采用 SINUMERIK 802D 系统对图 2－2－20 所示零件图编制数控加工程序，见表 2－2－18、表2－2－19。

表 2－2－18　数控加工程序卡(主程序)

零件图号	2－2－20	零件名称	圆弧轴	编制日期	
程序号	AB01	数控系统	SINUMERIK 802D	编制	
程序段号	程序内容		注释		
	AB01. MPF		主程序号		
N10	T1D1;		调用外圆粗车刀		
N20	M03 S800 M08 F0.25;		主轴正转，转速 800r/min		
N30	G00 X32 Z1;		定位到第一次车削切削起点		
N40	CYCLE95 (L01, 1,, 0.5, 0.5, 0.25,0.1,0.1,9,,,1);		95 循环参数设置		
N50	G0 X100;		退刀		
N60	G0 Z100;		退刀		
N70	M05;				
N80	M02;		主程序结束		
编制		审核		日期	共 1 页　　第 1 页

表 2 - 2 - 19　数控加工程序卡(子程序)

零件图号	2 - 2 - 20	零件名称	圆弧轴	编制日期	
程序号	L01	数控系统	SINUMERIK 802D	编制	
程序段号	程序内容		注释		
	L01. SPF；		子程序号		
N10	G01 X10 Z0；		精加工程序		
N20	X12 Z - 1；				
N30	Z - 6；				
N40	G03 X12 Z - 20. 8 CR＝8. 6；				
N50	G01 Z - 26. 8；				
N60	X20；				
N70	Z - 32. 8；				
N80	G03 X26 Z - 35. 8 CR＝3；				
N90	G01 Z - 40；				
N100	X30；				
N110	M17；		子程序结束		
编制		审核		日期		共 1 页	第 1 页

项目三 复杂轴类零件 数控车削工艺编程

任务一 螺纹轴零件加工工艺编程

任务内容

如图 2-3-1 所示,毛坯为 φ30mm 的 45 钢棒料,试分析其工艺并编写数控车削加工程序。

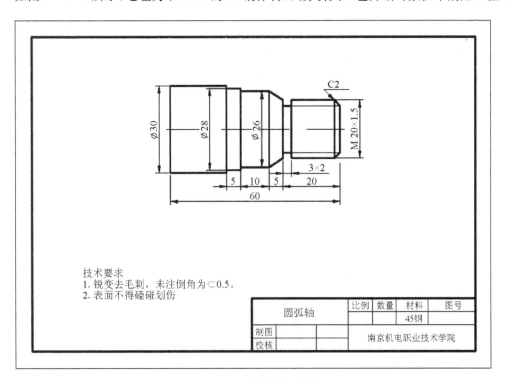

技术要求
1. 锐变去毛刺,未注倒角为⊂0.5。
2. 表面不得磕碰划伤

圆弧轴		比例	数量	材料	图号
				45钢	
制图			南京机电职业技术学院		
校核					

图 2-3-1 螺纹轴零件图

任务目标

(1) 熟练掌握常用螺纹编程指令格式并编写相应的加工程序。

(2) 重点掌握 G76 指令中各参数含义及其编程方法。

(3) 能够根据加工内容合理选择螺纹车削刀具。

(4) 合理安排数控加工工序。

⊙ 相关知识 ⊙

一、螺纹加工基础

（一）螺纹主要参数

螺纹参数如图 2-3-2 所示，有大径 $D(d)$、小径 $D_1(d_1)$、中径 $D_2(d_2)$、螺距 P（或导程 S）、牙型角 α、牙型倾角 β、螺纹升角 λ 等。

大径 $D(d)$：为与外螺纹牙顶（或内螺纹牙底）相重合的假想圆柱体的直径，即螺纹的公称直径。

小径 $D_1(d_1)$：为与外螺纹牙底（或内螺纹牙顶）相重合的假想圆柱体的直径。

中径 $D_2(d_2)$：也是一个假想圆柱体的直径，该圆柱的母线上牙型沟槽和凸起宽度相等。

牙型角 α：为轴向截面内螺纹牙型相邻两侧边的夹角，普通三角螺纹 $\alpha=60°$。

牙型倾角 β：为牙型侧边与螺纹轴线的垂线间的夹角。

螺纹升角 λ：为中径 d_2 圆柱上，螺纹线的切线与垂直于螺纹轴线的平面间的夹角。

螺纹螺距 P：为相邻两牙在中径线上对应两点间的距离。

螺纹导程 S：为在同一螺纹线上相邻两牙在中径线上对应两点的距离。

当螺纹为单线螺纹时，导程与螺距相等（$S=P$），当螺纹为多线螺纹时，导程等于螺纹线数（n）与螺距（p）的乘积，即 $S=nP$。

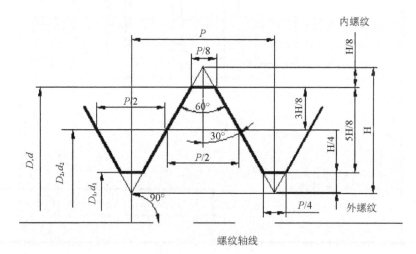

图 2-3-2 螺纹参数

（二）外螺纹参数计算

实际工作中，若已知外螺纹的公称直径和螺距，可根据基本牙型计算中径、小径尺寸，计算公式为

$$d_2=d-0.6495\times P$$
$$d_1=d-1.299\times P$$

举例：螺纹标注 M24×1.5，即螺纹公称直径为 24mm，螺纹螺距为 1.5mm。则

中径 $d_2=d-0.6495\times P=24-0.6495\times1.5=23.03$mm

小径 $d_1 = d - 1.299 \times P = 24 - 1.299 \times 1.5 = 22.05mm$

加工外螺纹时外圆轮廓应车削到的尺寸为：d＝公称直径－0.13p，即 d＝24－0.13×1.5＝23.805mm

3. 螺纹切削进给次数与背吃刀量确定

当螺纹螺距较大、牙型较深时，可分多次进给，每次进给的背吃刀量用螺纹深度减精加工背吃刀量所得的差按递减规律分配。车削螺纹时的走刀次数和背吃刀量见表 2－3－1。

表 2－3－1　米制螺纹走刀次数和背吃刀量参考表（表中背吃刀量为直径值）

牙深＝0.6495×P　P 为螺纹螺距

螺距		1.0	1.5	2.0	2.5	3.0	3.5	4.0
牙深		0.649	0.974	1.299	1.624	1.949	2.273	2.598
走刀次数和背吃刀量	1 次	0.7	0.8	0.9	1.0	1.2	1.5	1.5
	2 次	0.4	0.6	0.6	0.7	0.7	0.7	0.8
	3 次	0.2	0.4	0.6	0.6	0.6	0.6	0.6
	4 次		0.16	0.4	0.4	0.1	0.6	0.6
	5 次			0.1	0.4	0.4	0.4	0.4
	6 次				0.15	0.4	0.4	0.4
	7 次					0.2	0.2	0.4
	8 次						0.15	0.3
	9 次							0.2

（四）螺纹起点与螺纹终点轴向尺寸确定

由于车削螺纹起始需要一个加速过程，结束前有一个减速过程，为了避免在加速和减速过程中切削螺纹而影响螺距的精度，因此车螺纹时，两端必须设置足够的升速进刀段 δ_1、减速退刀段 δ_2。在实际生产中，一般 δ_1 值取 2～5mm，大螺纹和高精度的螺纹取大值。δ_2 值不得大于退刀槽的一半，一般取 1～3mm。若螺纹收尾处没有退刀槽时，一般按 45° 退刀收尾。

二、螺纹加工指令

（一）G32——螺纹切削指令

(1) 指令格式：

G32 X(U)_ Z(W)_ F_；

(2) 功能：G32 指令可车削直螺纹、锥螺纹和端面螺纹（涡形螺纹）。

(3) 说明：

① X(U)_ Z(W)_为螺纹终点坐标。

② F_为螺距。

(4) 注意事项：

① G32 进刀方式为直进式。

② 车螺纹时，主轴转速与进给速度成正比。

③ 不能使用恒表面切削速度控制 G96，而应使用恒转速切削 G97。

④ 车螺纹必须设置升速和降速段。

（5）编程实例：

① 直螺纹加工。

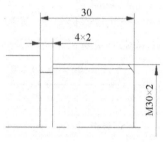

图 2-3-3　螺纹加工零件图

例 2-3-1　如图 2-3-3 所示，在车削螺纹前，外径已车削至 ϕ29.8mm，且 4×2 槽已加工完成，螺纹加工经查表知，需切削 5 次（0.9；0.6；0.6；0.4；0.1），至小径 $d=30-1.3×2=27.4$。其加工程序见表 2-3-2 所示。

对图 2-3-3 所示的螺纹应用 G32 指令编写螺纹程序，如表2-3-2所示。

表 2-3-2　数控加工程序卡

零件图号	2-3-3	零件名称	螺纹	编制日期	
程序号	O0001	数控系统	FANUC 0i	编制	
程序段号			程序内容		
N10	……				
N20	G00 X32 Z5；		螺纹进刀至切削起点		
N30	X29.1；		切进至 29.1mm		
N40	G32 Z-28 F2；		切螺纹		
N50	G00 X32；		退刀		
N60	Z5；		返回		
N70	X28.5；		切进至 28.5mm		
N80	G32 Z-28 F2；		切螺纹		
N90	G00 X32；		退刀		
N100	Z5；		返回		
N110	X27.9；		切进至 27.9mm		
N120	G32 Z-28 F2；		切螺纹		
N130	G00 X32；		退刀		
N140	Z5；		返回		
N150	X27.5；		切进至 27.5mm		
N160	G32 Z-28 F2；		切螺纹		
N170	G00 X32；		退刀		

零件图号	2 - 3 - 3	零件名称	螺纹	编制日期	
程序号	O0001	数控系统	FANUC 0i	编制	
程序段号			程序内容		
N180	Z5；		返回		
N190	X27.4；		切进至 27.4mm		
N200	G32 Z - 28 F2；		切螺纹		
N210	G00 X32；		退刀		
N220	Z5；		返回		
N230	……				

② 锥螺纹加工。

例 2 - 3 - 2　加工如图 2 - 3 - 4 所示锥螺纹,其加工程序见表 2 - 3 - 3 所示。

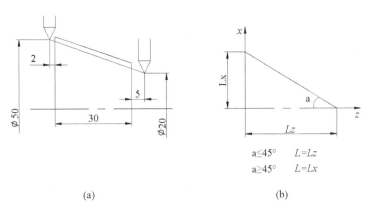

(a)　　　　　　　　　　　　(b)

图 2 - 3 - 4　锥螺纹加工零件图

表 2 - 3 - 3　数控加工程序卡

零件图号	2 - 3 - 4	零件名称	螺纹	编制日期	
程序号	O0001	数控系统	FANUC 0i	编制	
程序段号			程序内容		
	……				
N90	……		X 方向尺寸按每次吃刀深度递减,直至终点尺寸27.4		
N100	Z5；				
N110	X20；		切至尺寸		
N120	G32 X50 Z - 32 F2；		车螺纹		
N130	…				

（二）G92——螺纹加工循环

（1）指令格式：

直螺纹　G92　X(U)__ Z(W)__ F__；

锥螺纹　G92　X(U)__ Z(W)__ R__ F__；

（2）功能：G92用于螺纹加工，其循环路线与单一形状固定循环基本相同。

（3）说明：

① X(U)__ Z(W)__为螺纹终点坐标。

② R__为锥螺纹始点与终点的半径差。

③ F__为螺距。

④ 如图2-3-5所示，循环路径中，除②螺纹车削一般为进给运动外，其余①③④均为快速运动。

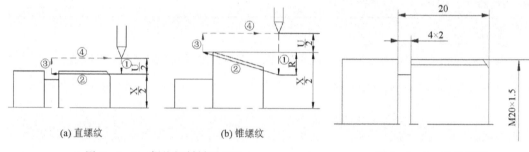

(a) 直螺纹　　　　　　　　(b) 锥螺纹

图2-3-5　螺纹切削循环G92　　　　　　图2-3-6　螺纹切削

（4）编程实例：

例2-3-3　用G92指令编写图2-3-6所示的螺纹程序，在车削螺纹前，外径已车削至 φ19.85mm，且4×2槽已加工完成，其加工程序见表2-3-4所示。

表2-3-4　数控加工程序卡

零件图号	2-3-6	零件名称	螺纹	编制日期	
程序号	O0001	数控系统	FANUC 0i	编制	
程序段号			程序内容		
N10	……				
N20	……				
N30	G00 X22 Z5；		起刀点		
N40	G92 X19.2 Z-18 F1.5；		螺纹加工第一次循环		
N50	X18.6；		螺纹加工第二次循环		
N60	X18.2；		螺纹加工第三次循环		
N70	X18.05；		螺纹加工第四次循环		
N80	G00 X100 Z150；		退刀，取消循环		
N90	……				
N100	……				

例2-3-4　用G92指令编写图2-3-7所示的螺纹程序,其加工程序见表2-3-5所示。

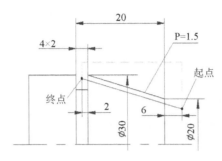

图2-3-7　螺纹切削

表2-3-5　数控加工程序卡

零件图号	2-3-7	零件名称	螺纹	编制日期	
程序号	O0001	数控系统	FANUC 0i	编制	
程序段号			程序内容		
N10	…				
N20	……				
N30	G00 X32 Z6;		起刀点		
N40	G92 X31.2 Z-18 R-7.5 F1.5;		螺纹加工第一次循环		
N50	X30.4;		螺纹加工第二次循环		
N60	X29.8;		螺纹加工第三次循环		
N70	X29.46;		螺纹加工第四次循环		
N80	X29.30;		螺纹加工第五次循环		
N90	G00 X100 Z150;		退刀,取消循环		
N100	……				
N110	……				

(三) G76——复合螺纹切削循环指令

(1) 指令格式:

G76 P$\underline{m}$ $\underline{r}$ $\underline{\alpha}$ Q△dmin R$\underline{d}$;

G76 X(u)__ Z(w)__ R$\underline{i}$ P$\underline{k}$ Q△d F L;

(2) 功能:G76指令用于多次自动循环切削螺纹。

(3) 说明:

① m:精加工重复次数,为1~99次。

② r:螺纹尾部倒角量(斜向退刀量),用00~99的两位整数表示,分别表示(0.0~9.9)L(螺距)的斜向退刀量。如:r取10,则倒角量为10×0.1×L(螺距)即1L。单位为mm。

③ α:螺纹刀尖角度(螺纹牙型角)。可以选择80°、60°、55°、30°、29°、0°六个角度中的一种,用两位整数表示。

m、r 和 α 用地址 P 同时指定。

如：P021060 表示 m＝2,r＝10×0.1×L＝L,α＝60°

④ △dmin：最小切削深度,按表 2-3-1 中最后一次的背吃刀量选择,为半径值,单位为 μm。

⑤ d：精加工余量,用半径值编程,单位为 mm。

⑥ X(u)、Z(w)：螺纹终点坐标值,单位为 mm,X 指定螺纹底径值（外螺纹时为小径值,内螺纹时为大径值）,Z 指定考虑空刀导出量后的螺纹 Z 向终点位置坐标。

⑦ u、w：螺纹底径终点相对于循环起点的增量值,如图 2-3-8、图 2-3-9 所示。

⑧ i：锥螺纹大小端半径差,与 G92 中的 R 相同,i＝0,则进行普通直螺纹切削。

⑨ k：螺纹牙型高度。按 k＝649.5P 计算,用半径值编程,单位为 μm。

⑩ △d：第一刀切削深度。按表 2-3-1 中第一次的背吃刀量选择,为半径值,单位为 μm。

⑪ L：螺距,单位为 mm。

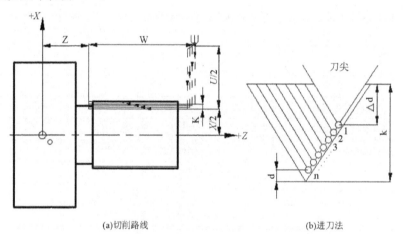

(a)切削路线   (b)进刀法

图 2-3-8 圆柱螺纹 G76 切削路线及进刀法

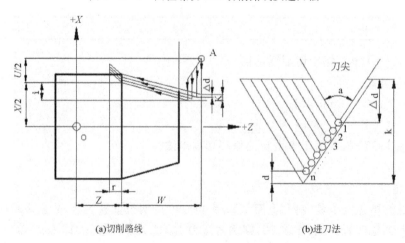

(a)切削路线   (b)进刀法

图 2-3-9 圆锥螺纹 G76 切削路线及进刀法

（4）编程实例：

例 2-3-5　用 G76 指令编写图 2-3-10 所示的螺纹程序。

现加工 M30×2 螺纹，螺纹高度为 1.3mm，螺距为 2mm，刀尖角为 60°，第一次车削背吃刀量为 0.45mm，最小背吃刀量为 0.05mm，精车余量为 0.05mm，精车削次数 1 次，螺纹车削前的圆柱尺寸为 29.8mm，且退刀槽已加工完成。其加工程序见表 2-3-6 所示。

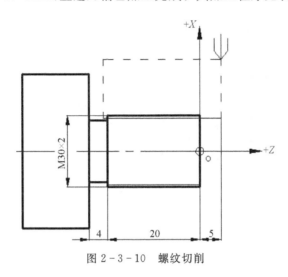

图 2-3-10　螺纹切削

表 2-3-6　数控加工程序卡

零件图号	2-3-10	零件名称	螺纹	编制日期	
程序号	O0001	数控系统	FANUC 0i	编制	
程序段号			程序内容		
N10	······				
N20	······				
N30	G00 X32 Z3；		定位到循环起点		
N40	G76 P010660 Q50 R0.2；		留精加工单边 0.2mm，最后一刀单边 0.05mm，刀尖角 60°，精加工 1 次，尾部倒角量是 0.6×2=1.2 mm		
N50	G76 X27.4 Z-22 R0 P1300 Q450 F2；		螺纹底径为 27.4mm，牙高 1.3mm，第一刀切深单边 0.45mm		
N60	G00 X100 Z100；				
N70	······				

任务实施

一、零件图分析

零件轮廓由圆柱面、倒角、退刀槽和三角螺纹等组成，无尺寸公差要求，无热处理和硬度要求。

装夹时可以采用三爪自定心卡盘夹紧定位,工件零点设置在零件右端面中心,加工起点设在毛坯直径处且离开工件右端面1mm,换刀点设在距工件零点 X 方向+100mm,Z 方向+100mm处。

为保证零件粗糙度,X 方向留0.5mm的精车余量,背吃刀量为1mm,选取90°外圆车刀。选用 $\phi30$ 毛坯,采用 G71 粗加工,G70 精加工,G76 车螺纹。

加工步骤为:平端面、外圆粗车、外圆精车、切槽、切螺纹。

二、编制技术文件

(一) 编制机械加工工艺过程卡

螺纹轴零件机械加工工艺工程卡,见表2-3-7。

表2-3-7 机械加工工艺过程卡

机械加工工艺过程卡		产品名称	零件名称	零件图号	材料	毛坯规格
			螺纹轴	2-3-1	45钢	$\phi30\times60$
工序号	工序名称	工序内容	设备	工艺装备		工时
5	下料	按$\phi30\times60$下料	锯床			
10	车	车削各表面	CK6140	三爪卡盘、游标卡尺、外径千分尺、外圆机夹车刀、切断刀		
15	钳	去毛刺		钳工台		
20	检验					
编制		审核		批准		共1页 第1页

(二) 编制数控加工工艺工序卡

螺纹轴零件数控加工工序卡,见表2-3-8。

表2-3-8 数控加工工序卡

数控加工工序卡					产品名称	零件名称	零件图号
						螺纹轴	2-3-1
工序号	程序号	材料	数量	夹具名称		使用设备	车间
10	O0001	45钢	1	三爪卡盘		CK6140	数控加工车间
工步号	工步内容		切削三要素			刀具	量具
		n(r/min)	F(mm/r)	a_p	编号	名称	名称
1	车端面	800	0.25	1	T0101	外圆车刀	游标卡尺
2	粗车外圆	800	0.25	2	T0101	外圆车刀	游标卡尺
3	精车外圆	1000	0.08	0.5	T0101	外圆车刀	外径千分尺
4	车退刀槽	450	0.05		T0102	切槽刀	游标卡尺
5	车外螺纹	500		0.5	T0103	外螺纹刀	环规
编制		审核		批准		共1页	第1页

（三）编制刀具卡

螺纹轴零件刀具调整卡,见表2-3-9。

表2-3-9　车削加工刀具调整卡

产品名称			零件名称	螺纹轴	零件图号	2-3-1
序号	刀具号	刀具规格	刀具参数		刀补编号	
			刀具半径	刀杆规格	半径	形状
1	T0101	90°外圆机夹刀	0.4	25mm×25mm		01
2	T0404	端面车刀	0.4	25mm×25mm		04
3	T0202	切槽刀	0.4	25mm×25mm		02
4	T0303	螺纹刀		25mm×25mm		03
编制		审核		批准	共1页	第1页

（四）程序参考

螺纹轴零件数控加工程序卡,见表2-3-10。

表2-3-10　数控加工程序卡

零件图号	2-3-1	零件名称	螺纹轴	编制日期	
程序号	O0001	数控系统	FANUC 0i	编制	
程序段号	程序内容		注释		
	O0001;		程序号		
N10	T0101;		调用外圆粗车刀		
N20	M03 S800 M08;		主轴正转,转速800r/min		
N30	G00 X32 Z1;		绝对编程,快速定位到轮廓循环起刀点		
N40	G71 U1 R0.5;		G71切深1.0mm,退刀量0.5mm		
N50	G71 P60 Q130 U0.4 W0.2 F0.25;		X向留精车余量0.4mm,Z向留精车余量0.2mm		
N60	G00 X16;		N60—N160是精车程序		
N70	G01 Z0 F0.08;				
N80	X19.8 Z-2;				
N90	Z-20;				
N100	X26 Z-25;				
N110	G01 Z-35;				

续　表

零件图号	2－3－1	零件名称	螺纹轴	编制日期	
程序号	O0001	数控系统	FANUC 0i	编制	
程序段号	程序内容		注释		
N120	X28；				
N130	Z－40；				
N140	G00 X100 Z100；		退刀		
N150	M03 S1000；		重新设定主轴转速		
N160	G00 X32 Z1；		定位到切削起点		
N170	G70 P60 Q130；		精加工开始		
N180	G00 X100 Z100；		退刀		
N190	T0202；		调用切槽刀		
N200	M03 S450 F0.05；		重新设定主轴转速		
N210	G00 X22；		定位		
N220	Z－20；				
N230	G01 X16；		切槽		
N240	G01 X23；				
N250	G00 X100 Z100；		退刀		
N260	T0303；		调用外螺纹刀		
N270	M03 S500；		重新设定主轴转速		
N280	G00 X22 Z3；		定位到切削起点		
N290	G76 P010660 Q80 R0.2；		留精加工单边 0.2mm,最后一刀单边 0.08mm,刀尖角 60°,精加工 1 次,尾部倒角量是 0.6×2＝1.2 mm。		
N300	G76 X18.05 Z－18 R0 P975 Q400 F1.5；		螺纹底径为 18.05mm,牙高 0.975mm,第一刀切深单边 0.4mm		
N310	G00 X100；		退刀		
N320	Z100；				
N330	M05；				
N340	M30；		结束加工		
编制		审核		日期	共 1 页　　第 1 页

>>> **自测题** <<<

1. 根据图 2-3-11 所示的加工要求,以右端面中心为编程原点建立编程坐标系,制定加工方案,并编写加工程序,巩固所学知识。

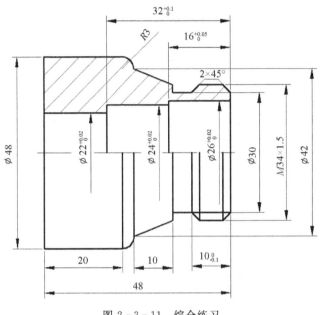

图 2-3-11　综合练习

2. 根据图 2-3-12 所示的加工要求,以右端面中心为编程原点建立编程坐标系,制定加工方案,并编写加工程序。

其余:　3.2

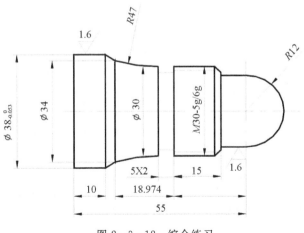

图 2-3-12　综合练习

🌀 **知识拓展**

一、SINUMERIK 802D 系统的基本编程指令

（一）CYCLE97——螺纹切削

（1）指令格式：

CYCLE97(PIT,MPIT,SPL,FPL,DM1,DM2,APP,ROP,TDEP,FAL,IANG,NSP,NRC,NID,VARI,NUMT);

（2）功能：使用螺纹切削循环可以获得在纵向和表面加工中具有恒螺距的圆形和锥形的内、外螺纹。

（3）说明：

① 螺纹可以是单头螺纹和多头螺纹。多螺纹加工时，每个螺纹依次加工。

② 自动执行进给。可以在每次恒进给量切削在或恒定切削截面积进给中选择。

③ 右手或左手螺纹是由主轴的旋转方向决定的,该方向必须在循环执行前编程好。

④ 攻螺纹时,在进给程序块中进给和主轴修调都不起作用。

（4）参数含义：

CYCLE97 各参数如图 2-3-13 所示,参数含义见表 2-3-11。

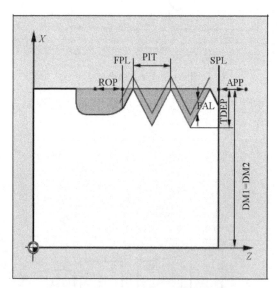

图 2-3-13　CYCLE97 参数示意图

表 2-3-11　CYCLE97 参数含义表

参数	参数含义
PIT	螺距作为数值(无符号输入)
MPIT	螺距产生于螺纹尺寸　范围值：3(用于 M3)…60(用于 M60)
SPL	螺纹起始点位于纵向轴上

参数	参数含义
FPL	螺纹终点位于纵向轴上
DM1	起始点的螺纹直径
DM2	终点的螺纹直径
APP	空刀导入量(无符号输入)
ROP	空刀退出量(无符号输入)
TDEP	螺纹深度(无符号输入)
FAL	精加工余量(无符号输入)
IANG	切入进给角 范围值:"＋"(用于在侧面的侧面进给) "－"(用于交互的侧面进给)
NSP	首圈螺纹的起始点偏移(无符号输入)
NRC	粗加工切削数量(无符号输入)
NID	停顿数量(无符号输入)
VARI	定义螺纹的加工类型范围值:1…4
NUMT	螺纹起始数量(无符号输入)

① PIT 和 MPIT(数值和螺纹尺寸):用于设定待加工螺纹螺距,无符号。螺距是一个平行于轴的数值。

② DM1 和 DM2(直径):用来定义螺纹起始点和终点的螺纹直径。如果是内螺纹,则是孔的直径。

③ SPL 和 FPL(起始点,终点):用来定义编程的起始点(SPL)和终点(FPL)纵向的坐标。

④ APP 和 ROP (空刀导入量,和空刀退出量):用于定义循环切削时螺纹刀的起始点和终点。参数 APP 和 ROP 用于循环内部计算空刀导入量和空刀导出量。循环编程起始点提前一个空刀导入量,编程终点延长一个空刀导出量。

⑤ TDEP:用于定义螺纹深度的参数。

⑥ FAL:用于定义螺纹精加工余量的参数。螺纹深度减去 FAL 设定的精加工余量后剩余的尺寸划分为几次粗切削进给。

⑦ NRC:用于定义螺纹加工时的粗加工次数。

⑧ NID:完成第一步中的粗加工以后,将取消精加工余量 FAL。然后执行 NID 参数下编程的停顿路径。

⑨ IANG(切入角):使用参数 IANG,可以定义螺纹的切入角。如果要以合适的角度进行螺纹切削,此参数的值必须设为零。如果要沿侧面切削,此参数的绝对值必须设为刀具侧面角的一半值。

进给的执行是通过参数的符号定义的。如果是正值,进给始终在同一侧面执行,如果是

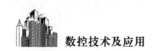
负值,在两个侧面分别执行。在两侧交替的切削类型只适用于圆螺纹。如果用于锥形螺纹的 IANG 值虽然是负,但是循环只沿一个侧面切削。

NSP(起始点偏移)和 NUMT(数量)

使用此参数可以编程角度值用来定义待切削部件的螺纹圈的起始点。这称为起始点偏移。此参数可以使用的值为 0 到＋359.9999 度之间。如果未定义起始点偏移或该参数未出现在参数列表中,螺纹起始点则自动在零度标号处,如图 2-3-14 所示。

使用参数 NUMT 可以定义多线螺纹的线数,如图 2-3-14 所示。对于单线螺纹,此参数值必须为零或在参数列表中不出现。

VARI(加工类型):使用参数 VARI 可以定义是否执行外部或内部加工及对于粗加工时的进给采取何种加工类型。VARI 参数可以有 1 到 4 的值,它们的含义见表 2-3-12。

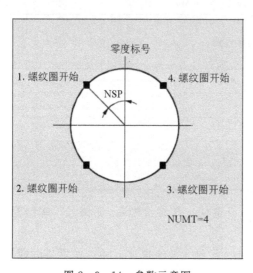

图 2-3-14　参数示意图

表 2-3-12　加工类型

数值	外部/内部	恒定进给/恒定切削截面积
1	外部	恒定进给
2	内部	恒定进给
3	外部	恒定切削截面积
4	内部	恒定切削截面积

(二) G33——恒螺距螺纹切削

(1) 指令格式:

圆柱螺纹:G33　Z＿＿K＿＿;

圆锥螺纹:G33　X＿＿Z＿＿K＿＿;锥角小于 45 度

　　　　　G33　X＿＿Z＿＿I＿＿;锥角大于 45 度

端面螺纹:G33　X＿I＿;

(2) 功能:用 G33 功能可以加工下述各种类型的恒螺距螺纹:圆柱螺纹、圆锥螺纹、外螺纹/内螺纹、单螺纹和多重螺纹、多段连续螺纹,其示意图如图 2-3-15、2-3-16、2-3-17 所示。

(3) 说明:

① G33 一直有效,直到被 G 功能组中其他的指令(G0,G1,G2,G3,…)取代为止。

② 起始点偏移 SF＝＿;

在加工螺纹中切削位置偏移以后以及在加工多头螺纹时均要求起始点偏移一位置。G33 螺纹加工中,在地址 SF 下编程起始点偏移量(绝对位置)。

指令格式:G33　X＿＿Z＿＿SF＝＿;

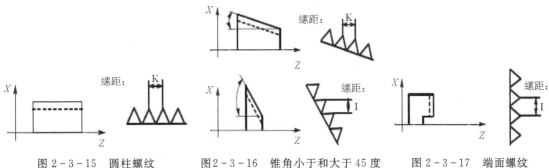

图 2-3-15　圆柱螺纹　　　图 2-3-16　锥角小于和大于 45 度　　　图 2-3-17　端面螺纹

（三）CYCLE93——切槽

（1）指令格式：

CYCLE93(SPD,DPL,WIDG,DIAG,STA1,ANG1,ANG2,RCO1,RCO2,RCI1,RCI2,
FAL1,FAL2,IDEP,DTB,VARI)；

（2）功能：切槽循环可以用于纵向和表面加工时对任何垂直轮廓单元进行对称和不对称的切槽。可以进行外部和内部切槽。

（3）参数含义：

CYCLE93 各参数如图 2-3-18 所示,参数含义见表 2-3-13。

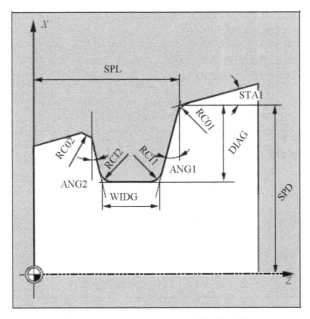

图 2-3-18　CYCLE93 参数示意图

表 2-3-13　CYCLE93 参数含义表

参数	参数含义
SPD	横向坐标轴起始点
SPL	纵向坐标轴起始点

续　表

参数	参数含义
WIDG	切槽宽度(无符号输入)
DIAG	切槽深度(无符号输入)
STA1	轮廓和纵向轴之间的角度,范围值:0<=STA1<=180度
ANG1	侧面角1:在切槽一边,由起始点决定(无符号输入) 范围值:0<=ANG1<89.999度
ANG2	侧面角2:在另一边(无符号输入) 范围值:0<=ANG2<89.999度
RCO1	半径/倒角1,外部:位于由起始点决定的一边
RCO2	半径/倒角2,外部
RCI1	半径/倒角1,内部:位于起始点侧
RCI2	半径/倒角2,内部
FAL1	槽底的精加工余量
FAL2	侧面的精加工余量
IDEP	进给深度(无符号输入)
DTB	槽底停顿时间
VARI	加工类型,范围值:1…8和11…18

(四) CYCLE94——退刀槽形状 E..F

(1) 指令格式:

CYCLE94(SPD,SPL,FORM);

(2) 功能:使用此循环,可以按 DIN509 进行形状为 E 和 F 的退刀槽切削,且要求成品直径大于 3mm。

(3) 参数含义:CYCLE94 各参数如图 2-3-19 所示,其含义见表 2-3-14。

表 2-3-14　CYCLE94 参数含义表

参数	参数含义
SPD	横向坐标轴起始点(无符号输入)
SPL	纵向坐标轴起始点(无符号输入)
FORM	形状的定义值:E(用于形状 E)　F(用于形状 F)

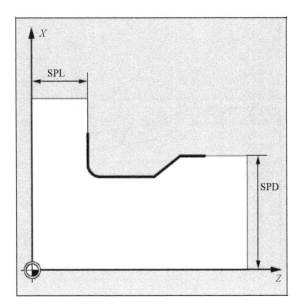

图 2-3-19 CYCLE94 参数示意图

（五）CYCLE96——螺纹退刀槽

（1）指令格式：

CYCLE96(DIATH,SPL,FORM)；

（2）功能：使用此循环，可以根据 DIN76 的要求，加工出公制 ISO 螺纹的退刀槽。

（3）参数含义：见表 2-3-15。

表 2-3-15　CYCLE96 参数含义表

参数	参数含义
DIATH	螺纹的额定直径
SPL	纵向轴加工的起始点
FORM	形状定义值：A(A 型)　　B(B 型)　　C(C 型)　　D(D 型)

（六）CYCLE98——链螺纹

（1）指令格式：

CYCLE98 (PO1，DM1，PO2，DM2，PO3，DM3，PO4，DM4，APP，ROP，TDEP，FAL，IANG，NSP，NRC，NID，PP1，PP2，PP3，VARI，NUMT)；

（2）功能：此循环可以加工几个链接的柱螺纹或者锥螺纹，加工时，在纵向使用恒螺距而在端面加工时使用不同螺距。

（3）参数含义：CYCLE98 各参数如图 2-3-20 所示，其含义见表 2-3-16。

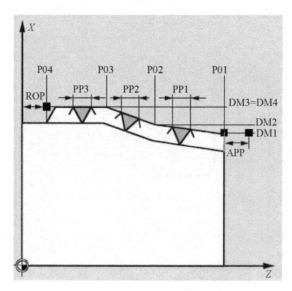

图 2 - 3 - 20　CYCLE98 参数示意图

表 2 - 3 - 16　CYCLE98 参数含义表

参数	参数含义	参数	参数含义
PO1	纵向轴上的螺纹起始点	FAL	精加工余量(无符号输入)
DM1	起始点处的螺纹直径	IANG	切入角,范围值:"+"(侧面切削) "一"(侧面交替切削)
PO2	纵向轴上的第一相交点	NSP	第一圈螺纹的起始点偏移(无符号输入)
DM2	第一相交点处的直径	NRC	粗切削数量(无符号输入)
PO3	第二相交点	NID	停顿次数(无符号输入)
DM3	第二相交点处的直径	PP1	作为数值的螺距1(无符号输入)
PO4	纵向轴上的螺纹终点	PP2	作为数值的螺距2(无符号输入)
DM4	终点处直径	PP3	作为数值的螺距2(无符号输入)
APP	切入路径(无符号输入)	VARI	螺纹加工类型　范围值:1…4
ROP	收尾路径(无符号输入)	NUMT	螺纹起始数量(无符号输入)
TDEP	螺纹深度(无符号输入)		

二、应用

采用 SINUMERIK 802D 系统对图 2 - 3 - 1 所示零件编制数控加工程序,程序卡见表 2 - 3 - 17、表 2 - 3 - 18。

表 2 - 3 - 17 数控加工程序卡(主程序)

零件图号	2 - 3 - 1	零件名称	螺纹轴	编制日期	
程序号	AB01	数控系统	SINUMERIK 802D	编制	
程序段号	程序内容		注释		
	AB01. MPF		主程序号		
N10	T1D1;		调用外圆粗车刀		
N20	M03 S800 M08 F0.25;		主轴正转,转速 800r/min		
N30	G00 X32 Z1;		定位到第一次车削切削起点		
N40	CYCLE95(L01,1,,0.5,0.5,0.25,0.1,0.1,9,,,1);		95 循环参数设置		
N50	G0 X100;		退刀		
N60	G0 Z100;		退刀		
N70	T0202;		调用切槽刀		
N80	M03 S450 F0.05;		重新设定主轴转速		
N90	G00 X22;		定位		
N100	Z-20;				
N110	G01 X16;		切槽		
N120	G00 X100 Z100;		退刀		
N130	T0303;		调用外螺纹刀		
N140	M03 S500;		重新设定主轴转速		
N150	G00 X22 Z3;		定位到切削起点		
N160	CYCLE97(1.5,,0,-17,20,20,3,1,0.975,0.08,0,0,5,2,3,1);		97 螺纹参数设置		
N170	G00 X100;		退刀		
N180	Z100;				
N190	M02;		结束加工		
编制		审核	日期	共 1 页	第 1 页

表 2 - 3 - 18 数控加工程序卡(子程序)

零件图号	2 - 3 - 1	零件名称	螺纹轴	编制日期	
程序号	L01	数控系统	SINUMERIK 802D	编制	
程序段号	程序内容		注释		
	L01. SPF		子程序号		
N10	G01 X16 Z0;		精加工程序		
N20	X19.8 Z-2;				

续 表

零件图号	2-3-1	零件名称	螺纹轴	编制日期	
程序号	L01	数控系统	SINUMERIK 802D	编制	
程序段号	程序内容		注释		
N30	Z-20;				
N40	X26 Z-25;				
N50	G01 Z-35;				
N60	X28;				
N70	Z-40;				
N80	G0 X30;				
N90	M17;		子程序结束		
编制		审核		日期	共1页 第1页

任务二 传动轴零件加工工艺编程

任务内容

用数控车床加工如图 2-3-21 所示零件,零件材料为 45 钢,毛坯为:$\phi50\times97$mm。按零件图样要求完成零件节点、基点坐标计算,设定工件坐标系,制定正确的工艺方案,选择合理的刀具和切削工艺参数,编制数控加工程序。

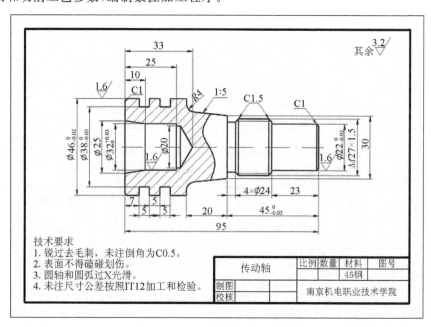

图 2-3-21 传动轴零件图

任务目标

（1）掌握内孔车削方法、孔精度检验方法。

（2）能够根据加工内容合理选择螺纹车削刀具、内孔车削刀具、槽加工刀具。

（3）能应用工艺知识合理安排复杂零件数控加工工艺。

（4）熟练应用 G71、G70、G76 等指令编写零件加工程序。

相关知识

一、内孔车削工艺知识

（一）内孔车削刀具

1. 内孔车刀类型及几何形状

内孔车刀可分为通孔车刀和盲孔车刀，如图 2-3-22 所示。为了减小径向切削力，防止振动，通孔车刀的主偏角一般取 60°～75°，副偏角取 15°～30°。盲孔车刀的主偏角取 90°～93°，副偏角取 6°～10°，刀尖在刀杆的最前端，刀尖到刀杆外端的距离应小于孔半径。通孔车刀用于车削通孔，盲孔车刀用于车削盲孔或阶梯孔，其车削方法与车外圆基本相同，只是进刀和退刀的方向相反。通孔与盲孔车削示意图，如图 2-3-23 所示。

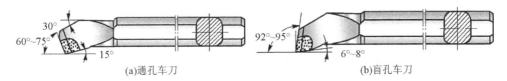

(a)通孔车刀 (b)盲孔车刀

图 2-3-22 内孔车刀

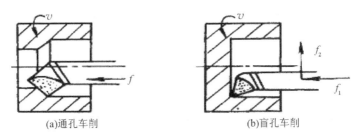

(a)通孔车削 (b)盲孔车削

图 2-3-23 内孔车削示意图

2. 内孔车刀安装

内孔车刀安装时，应注意：

（1）刀尖应与工件中心等高或稍高。如果装得低于中心，由于切削抗力的作用，容易将刀柄压低而产生"扎刀"现象，可造成孔径扩大；

（2）刀柄伸出刀架不宜过长，一般比被加工孔长 5～6mm；

（3）刀柄基本平行于工件轴线，否则在车削到一定深度时刀柄后半部容易碰到工件孔口。

（二）孔尺寸精度检验

孔的尺寸精度要求较低时，可采用钢直尺、内卡钳或游标卡尺内测头测量。精度要求较高时，可采用以下方法：

（1）塞规。如图 2-3-24(a) 所示，用塞规检验孔径时，当过端进入孔内，而止端不进入孔内，说明工件孔径合格。

（2）内径百分表。如图 2-3-24(b) 所示，测量时，内径百分表应在孔内摆动，在直径方向应找出最大尺寸，轴向应找出最小尺寸，这两个重合尺寸，就是孔的实际尺寸。

(a)塞规   (b)内径百分表

图 2-3-24 内孔量具

二、切槽工艺

（一）切槽刀具

常用的切槽刀有外圆切槽刀[如图 2-3-25(a) 所示]和内孔切槽刀（如图 2-3-25(b) 所示）和端面切槽刀，其中端面切槽刀可由外圆切槽刀刃磨而成。

(a) 外圆切槽刀   (b) 内孔切槽刀

图 2-3-25 切槽加工刀具

切槽刀具以横向进给为主，由前端的主切削刃和两侧的副切削刃组成。以外圆切槽刀为例，切槽刀的前角一般取 $5°\sim20°$，主后角取 $6°\sim8°$，两个副后角为 $1°\sim3°$，主偏角为 $90°$，两个副偏角为 $1°\sim1.5°$。切槽刀的刀头部分长度取槽深＋(2~3)mm。

（二）槽加工方法

车削加工的槽，其类型按照槽的宽度不同，可分为宽槽和窄槽；按照槽深度不同，可分为深槽和浅槽；根据槽数不同，有单槽和多槽。对于不同的槽，要根据槽的特点，选择不同的加工方法。

1. 窄浅槽加工方法

精度要求不高时，可采用与槽等宽的刀具，用 G01 指令直接切入一次成形的方法加工，如图 2-3-26(a) 所示。精度要求较高时，采用 G01 指令切到槽底后，可用 G04 指令使刀具作短暂停留，以修整槽底。

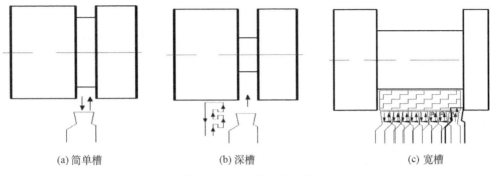

(a)简单槽 (b)深槽 (c)宽槽

图 2-3-26 槽加工方式

2. 窄深槽或切断加工方法

对于宽度不大,但深度较深的槽,常采用分层进刀的方式,刀具在切入工件一定深度后,停止进刀并回退一段距离,以利于断屑和排屑,如图 2-3-26(b)所示往复进退刀切至深度。

3. 宽槽加工方法

通常把大于一个切槽刀宽度的槽称为宽槽,当其槽宽、槽深、表面质量要求较高时,常先采用排刀方式对宽槽进行粗切,之后将切槽刀沿槽的一侧切至槽底,精加工槽底至槽的另一侧,其进刀方式如图 2-3-26(c)所示。

三、切槽加工指令

(一) G74——端面切槽、深孔钻削循环指令

(1)指令格式:

G74 R$\underline{e}$;

G74 X(u)__ Z(w)__ P$\triangle i$ Q$\triangle k$ R$\underline{\triangle d}$ F$\underline{(f)}$;

(2)说明:

① e:退刀量,由参数设定;

② $\triangle i$:X 方向每次切削移动量,为半径值,无正负号;

③ $\triangle k$:Z 方向每次切削深度,无正负号;

④ $\triangle d$:切削到终点时的退刀量(若没有指定可视为 0)

⑤ F:刀具切削进给速度。

(3)注意:

指令格式中的 X(u)和 $\triangle i$ 值省略,则可以用来进行深孔钻削循环加工。

动作过程如图 2-2-27 所示。

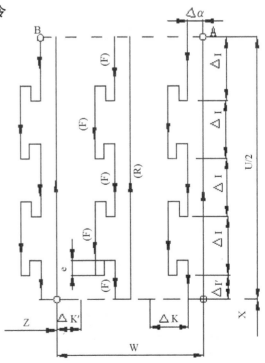

图 2-2-27 G74 循环方式

$(0 < \triangle K' <= \triangle K)$ $(0 < \triangle I' <= \triangle I)$

（二）G75—径向切槽循环指令

（1）指令格式：

G75 Re；

G75 X(u)＿ Z(w)＿ P△i Q△k R△d F(f)；

（2）说明：

① e：分层切削每次退刀量，由参数设定；

② u：X 方向终点指标；

③ w：Z 方向终点指标；

④ △i：X 方方向每次切入量，为半径值，无正负号；

⑤ △k：Z 方向每次的移动量，无正负号；

⑥ △d：切削到终点时的退刀量（若没有指定可视为 0）

⑦ F：刀具切削进给速度。

（3）编程实例：

例 2 - 3 - 6 用 G75 指令编写图 2 - 3 - 28 所示零件加工程序。

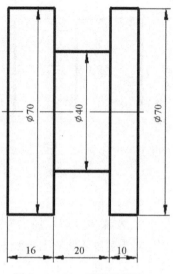

图 2 - 3 - 28 宽槽示例图

编程原点设在工件右端面中心点处。假设 φ70 外圆已加工完成，所用的割槽刀刀宽为 4mm，左刀尖为编程点，应用 G75 编写 φ40 宽槽加工程序，具体见表 2 - 3 - 19 所示。

表 2 - 3 - 19　宽槽程序

零件图号	2 - 3 - 28	零件名称		编制日期	
程序号	O0001	数控系统	FANUC 0i	编制	
程序内容			程序说明		
N10	T0202；		调用切槽刀，刀宽 4mm		
N20	M03 S400；		转速 400r/min		
N30	G00 X72 Z - 14.1；		定位到循环起点，Z 方向留 0.1mm		
N40	G75 R1；				
N50	G75 X40.2 Z - 29.9 P3000 Q3500 R0 F0.08；		槽底留 0.4mm，X 方向切深 3mm，Z 方向每刀余量 3.5mm		
	G01 X72 Z - 14；		精加工定位		
	X40 F0.05；		槽底精加工		
	Z - 30；				
N60	X75；		退刀		
N70	G00 X100 Z150；				
N80	M05；				
N90	M30；				

任务实施

一、零件图分析

零件轮廓由外轮廓和内轮廓组成,加工内容包括外圆车削、切槽、螺纹和镗孔加工,加工内容较丰富,需要选用外圆车刀、外切槽刀、外螺纹刀以及镗孔刀等刀具。由于毛坯长97mm,所以需要二次装夹才能完成零件加工。每次装夹时都可以采用三爪自定心卡盘夹紧定位,工件零点设置在右端面中心,加工起点设在毛坯直径处且离开工件右端面1mm,换刀点设在距工件零点 X 方向＋150mm, Z 方向＋100mm 处。

为保证零件粗糙度, X 方向留0.5mm的精车余量,背吃刀量为1mm,采用G71粗加工,G70精加工,G76车螺纹。

加工步骤为:

(1)先粗精车左端外形;

(2)车 $5×\phi 38$ mm 两槽;

(3)粗精镗孔;

(4)调头校正,手工车端面,保证总长95mm,钻中心孔,顶上顶针;

(5)粗精车右端外轮廓;

(6)车 $4×\phi 24$ mm 槽;

(7)加工 $M27×1.5$ 外螺纹。

二、编制技术文件

（一）编制机械加工工艺过程卡

传动轴零件机械加工工艺工程卡,见表 2－3－20。

表 2－3－20　机械加工工艺过程卡

机械加工工艺过程卡		产品名称	零件名称	零件图号	材料	毛坯规格
			传动轴	2－3－21	45 钢	$\phi 50×98$
工序号	工序名称	工序内容	设备	工艺装备		工时
5	下料	按$\phi 50×98$下料	锯床			
10	车	车削各表面	CK6140	三爪卡盘、游标卡尺、外径千分尺、外圆机夹车刀、切断刀		
15	钳	去毛刺		钳工台		
20	检验					
编制		审核		批准		共1页　第1页

（二）编制数控加工工序卡

传动轴零件数控加工工序卡,见表 2－3－21。

表 2 - 3 - 21　数控加工工序卡

数控加工工序卡				产品名称	零件名称	零件图号
					传动轴	2 - 3 - 21
工序号	程序号	材料	数量	夹具名称	使用设备	车间
10	O0001	45 钢	1	三爪卡盘	CK6140	数控加工车间
工步号	工步内容		切削三要素			刀具		量具

工步号	工步内容	n(r/min)	F(mm/r)	a_p	编号	名称	名称
1	车左端面	800	0.2	1	T0101	外圆车刀	游标卡尺
2	粗车左端外圆	800	0.25	2	T0101	外圆车刀	游标卡尺
3	精车左端外圆	1000	0.08	0.5	T0101	外圆车刀	外径千分尺
4	切槽	450	0.05		T0303	切槽刀	游标卡尺
5	钻孔	400	0.03			钻头	游标卡尺
6	粗镗左端孔	800	0.2	1	T0404	镗孔刀	内径千分尺
7	精镗左端孔	1000	0.08	0.4	T0404	镗孔刀	内径千分尺
8	调头装夹并校正						
9	车右端面	800	0.2	1	T0101	外圆车刀	游标卡尺
10	粗车右端外圆	800	0.25	2	T0101	外圆车刀	游标卡尺
11	精车右端外圆	1000	0.08	0.5	T0101	外圆车刀	外径千分尺
12	切槽	600	0.2		T0303	切槽刀	游标卡尺
13	粗、精车螺纹	600			T0202	外螺纹车刀	环规
编制		审核		批准		共 1 页	第 1 页

（三）编制刀具卡

传动轴零件刀具调整卡,见表 2 - 3 - 22。

表 2 - 3 - 22　车削加工刀具调整卡

产品名称			零件名称	圆弧轴	零件图号	2 - 3 - 21
序号	刀具号	刀具规格	刀具参数		刀补编号	
			刀具半径	刀杆规格	半径	形状
1	T0101	外圆机夹刀	0.4	25mm×25mm		01
2	T0202	60°外螺纹刀	0.4	25mm×25mm		02
3	T0303	3mm 切槽刀		25mm×25mm		03
4	T0404	镗孔刀	0.4	25mm×25mm		04
编制		审核		批准		共 1 页	第 1 页

（四）程序参考

（1）采用 FANUC 0i 系统对图 2-3-21 零件编制数控加工程序，见表 2-3-23 和表 2-3-24。

表 2-3-23　数控加工程序卡

零件图号	2-3-21	零件名称	传动轴（左端）	编制日期	
程序号	O0001	数控系统	FANUC 0i	编制	
程序段号	程序内容		注释		
	O0001；		程序号		
N10	T0101；		调用外圆粗车刀		
N20	M03 S800 M08；		主轴正转，转速 800r/min		
N30	G00 X52 Z1；		绝对编程，快速定位到轮廓循环起刀点		
N40	G71 U1 R0.5；		G71 切深 1.0mm，退刀量 0.5mm		
N50	G71 P60 Q90 U0.5 W0.1 F0.25；		X 向留精车余量 0.5mm，Z 向留精车余量 0.1mm		
N60	G01 X44；		N60—N90 是精车程序		
N70	G01 Z0 F0.08；		左端外圆精车程序		
N80	X46 Z-1；				
N90	Z-36；				
N100	G00 X100 Z100；		退刀		
N110	M03 S1000；		重新设定主轴转速		
N120	G00 X32 Z1；		定位到切削起点		
N130	G70 P60 Q90；		精加工开始		
N140	G00 X100 Z100；		退刀		
N150	M05；		主轴停止		
N160	M00；		程序暂停		
N170	T0303；		调用切槽刀		
N180	M03 S450 F0.05；		重新设定主轴转速		
N190	G00 X55 Z-22；		进到车槽起点		
N200	G01 X38.2；		车槽		
N210	G00 X50；		退刀		
N220	Z-21；		定位		
N230	G01 X38；		车槽		
N240	Z-22；		定位		
N250	G00 X50；		退刀		

续　表

零件图号	2-3-21	零件名称	传动轴（左端）	编制日期	
程序号	O0001	数控系统	FANUC 0i	编制	
程序段号	程序内容		注释		
N260	Z-12；		定位		
N270	G01 X38.2；		车槽		
N280	G00 X50；		退刀		
N290	Z-11；		定位		
N300	G01 X38；		车槽		
N310	Z-12；		精车槽底		
N320	G00 X100；		退刀		
N330	Z100；		退刀		
N340	M05；		主轴停		
N350	M00；		程序暂停		
N360	M03 S800 T0404；		转速 800r/min，换 4 号内镗孔刀		
N370	G00 X19.5 Z5；		定位到内径粗车循环起点		
N380	G71 U1 R0.5；		粗车内径		
N390	G71 P400 Q440 U-0.4 W0.1 F0.2；				
N400	G01 X25；		内径车削循环起点，N400—N440 是精车程序		
N410	Z0；				
N420	X22.016 Z-10；				
N430	Z-25；				
N440	X20；				
N450	G00 Z100；		退刀		
N460	X100；		退刀		
N470	M05；		主轴停		
N480	M00；		程序暂停		
N490	M03 S1000 F0.08；		重新设定主轴转速		
N500	G41 G1 X28 Z5；		定位到内径精车循环起点		
N510	G70 P400 Q440；		精车内径		
N520	G00 Z100；		退刀		

续 表

零件图号	2-3-21	零件名称	传动轴(左端)	编制日期	
程序号	O0001	数控系统	FANUC 0i	编制	
程序段号	程序内容		注释		
N530	G40 X100;		退刀		
N540	M05;		主轴停		
N550	M30;		程序暂停		
编制		审核		日期	共1页　第1页

表2-3-24 数控加工程序卡

零件图号	2-3-21	零件名称	传动轴(左端)	编制日期	
程序号	O0002	数控系统	FANUC 0i	编制	
程序段号	程序内容		注释		
	O0002		程序号		
N10	T0101;		调用外圆粗车刀		
N20	M03 S800 M08;		主轴正转,转速800r/min		
N30	G00 X52 Z1;		绝对编程,快速定位到轮廓循环起刀点		
N40	G71 U1 R0.5;		G71切深1.0mm,退刀量0.5mm		
N50	G71 P60 Q160 U0.5 W0.1 F0.25;		X向留精车余量0.5mm,Z向留精车余量0.1mm		
N60	G01 X20;		N60—N160是精车程序		
N70	G01 Z0 F0.08;				
N80	X21.992 Z-1;		倒角		
N90	Z-23;				
N100	X24;				
N110	X26.8 Z-24.5;		倒角		
N120	Z-45;				
N130	X30;				
N140	X33.28 Z-61.398;				

续 表

零件图号	2－3－21	零件名称	传动轴（左端）	编制日期	
程序号	O0002	数控系统	FANUC 0i	编制	
程序段号	程序内容			注释	
N150	G02 X41.24 Z－65 R4；				
N160	G01 X50；				
N170	G00 X150；			退刀	
N180	Z10；			退刀	
N190	M05；			主轴停	
N200	M00；			程序暂停	
N210	M03 S1000 F0.08；			改变主轴转速	
N220	G42 G0 X51 Z5；			定位到精车起点	
N230	G70 P60 Q160；			精车右端外圆	
N240	G40 G0 X150 Z10；			退刀	
N250	M05；			主轴停	
N260	M00；			程序暂停	
N270	T0303；			调用切槽刀	
N280	M03 S450 F0.05；			改变主轴转速	
N290	G00 Z－45；				
N300	X32；			进到车槽起点	
N310	G1 X24；			车槽	
N320	X27；			退刀	
N330	Z－42.5；			定位	
N340	G1 X24 Z－45；			倒角	
N350	G0 X150；			退刀	
N360	Z10；			退刀	
N370	M5；			主轴停	
N380	M00；			程序暂停	
N390	T0202；			换外圆螺纹刀	
N400	M3 S600；			改变主轴转速	

零件图号	2-3-21	零件名称	传动轴(左端)	编制日期	
程序号	O0002	数控系统	FANUC 0i	编制	
程序段号	程序内容		注释		
N410	G00 X29 Z-18;		定位到螺纹切削起点		
N420	G76 P010160 Q80 R0.1;		车外螺纹		
N430	G76 X25.05 Z-42 R0 P975 Q400 F1.5;				
N440	G00 X100;		退刀		
N450	Z10;		退刀		
N460	M05;		主轴停		
N470	M30;		程序暂停		
编制		审核		日期	共1页　　第1页

(2) 采用 SINUMERIK 802D 系统对图 2-3-21 零件编制数控加工程序,见表 2-3-25 至表 2-3-29。

表 2-3-25　数控加工程序卡(主程序)

零件图号	2-3-21	零件名称	传动轴(左端)	编制日期	
程序号	O0001	数控系统	SINUMERIK 802D	编制	
程序段号	程序内容		注释		
N10	AB01.MPF;		程序号		
N20	T1D1;		调用外圆粗车刀		
N30	M03 S800 M08 F0.25;		主轴正转,转速 800r/min		
N40	G00 X32 Z1;		绝对编程,快速定位到轮廓循环起刀点		
N50	CYCLE95 (L01,1, ,0.5,0.5, 0.25,0.1,0.1,1, , ,1);		左端外圆粗车循环参数设置		
N60	G0 X100;		退刀		
N70	G0 Z100;		退刀		
N80	M03 S1000;		改变主轴转速		
N90	G00 X32 Z1;		定位到精车循环起点		
N100	CYCLE95 (L01,1, ,0.5,0.5, 0.25,0.1,0.1,5, , ,1);		左端外圆精车循环参数设置		

续 表

零件图号	2-3-21	零件名称	传动轴(左端)	编制日期	
程序号	O0001	数控系统	SINUMERIK 802D	编制	
程序段号	程序内容		注释		
N110	G00 X100;		退刀		
N120	Z100;		退刀		
N130	M05;		主轴停止		
N140	M00;		程序暂停		
N150	T3D1;		调用切槽刀		
N160	M03 S450 F0.05;		重新设定主轴转速		
N170	G00 X55 Z-22;		进到车槽起点		
N180	G01 X38.2;		车槽		
N190	G00 X50;		退刀		
N200	Z-21;		定位		
N210	G01 X38;		车槽		
N220	Z-22;		定位		
N230	G00 X50;		退刀		
N240	K-Z-12;		定位		
N250	G01 X38.2;		车槽		
N260	G00 X50;		退刀		
N270	Z-11;		定位		
N280	G01 X38;		车槽		
N290	Z-12;		精车槽底		
N300	G00 X100;		退刀		
N310	Z100;		退刀		
N320	M05;		主轴停		
N330	M00;		程序暂停		
N340	M03 S800 T4D1;		转速 800r/min,换 4 号内镗孔刀		
N350	G00 X19.5 Z5;		定位到内径粗车循环起点		
N360	CYCLE95(L02,1, ,0.5,0.5,0.25,0.1,0.1,3, , ,1);		粗车内径		

续　表

零件图号	2-3-21	零件名称	传动轴(左端)	编制日期	
程序号	O0001	数控系统	SINUMERIK 802D	编制	
程序段号	程序内容		注释		
N370	G00 Z100;		退刀		
N380	X100;		退刀		
N390	M05;		主轴停		
N400	M00;		程序暂停		
N410	M03 S1000 F0.08;		重新设定主轴转速		
N420	G41 G1 X28 Z5;		定位到内径精车循环起点		
N430	CYCLE95(L02,1,,0.5,0.5,0.25,0.1,0.1,7,,,1);		精车内径		
N440	G00 Z100;		退刀		
N450	G40 X100;		退刀		
N460	M05;		主轴停		
N470	M30;		程序暂停		
编制		审核		日期		共1页	第1页

表2-3-26　数控加工程序卡(子程序)

零件图号	2-3-21	零件名称	传动轴(左端外)	编制日期	
程序号	L01	数控系统	SINUMERIK 802D	编制	
程序段号	程序内容		注释		
程序段号	程序内容		注释		
	L01.SPF;		子程序号		
	G01 X44 Z0 F0.08;		左端外圆精车程序		
	X46 Z-1;				
	Z-36;				
	G0 X50;		退到毛坯位置		
	M17;		子程序结束		
编制		审核		日期		共1页	第1页

表 2 - 3 - 27　数控加工程序卡(子程序)

零件图号	2 - 3 - 21	零件名称	传动轴(左端内孔)	编制日期	
程序号	L02	数控系统	SINUMERIK 802D	编制	
程序段号	程序内容		注释		
	L02. SPF;		子程序号		
	G01 X25 Z0;		左端孔精加工程序		
	X22. 016 Z - 10;				
	Z - 25;				
	X20;				
	M17;		子程序结束		
编制		审核		日期		共 1 页	第 1 页

表 2 - 3 - 28　数控加工程序卡

零件图号	2 - 3 - 21	零件名称	传动轴(右端)	编制日期	
程序号	AB02	数控系统	SINUMERIK 802D	编制	
程序段号	程序内容		注释		
AB02	程序号				
N10	T1D1;		调用外圆粗车刀		
N20	M03 S800 M08 F0. 25;		主轴正转,转速 800r/min		
N30	G00 X52 Z1;		绝对编程,快速定位到轮廓循环起刀点		
N40	CYCLE95 (L03, 1, , 0. 5, 0. 5, 0. 25,0. 1,0. 1,1, , ,1);		右端外圆粗车循环参数设置		
N50	G00 X150;		退刀		
N60	Z10;		退刀		
N70	M05;		主轴停止		
N80	M00;		程序暂停		
N90	M03 S1000 F0. 08;		改变主轴转速		
N100	G42 G0 X51 Z5;		定位到精车循环起点		
N110	CYCLE95 (L03, 1, , 0. 5, 0. 5, 0. 25,0. 1,0. 1,9, , ,1);		左端外圆精车循环参数设置		
N120	G40　G0 X150 Z10;		退刀		
N130	M05;		主轴停止		
N140	M00;		程序暂停		

零件图号	2-3-21	零件名称	传动轴(右端)	编制日期	
程序号	AB02	数控系统	SINUMERIK 802D	编制	
程序段号	程序内容		注释		
N150	T3D1;		调用切槽刀		
N160	M03 S450 F0.05;		改变主轴转速		
N170	G00 Z-45;				
N180	X32;		进到车槽起点		
N190	G1 X24;		车槽		
N200	X27;		退刀		
N210	Z-42.5;		定位		
N220	G1 X24 Z-45;		倒角		
N230	G0 X150;		退刀		
N240	Z10;		退刀		
N250	M5;		主轴停		
N260	M00;		程序暂停		
N270	T0202;		换外圆螺纹刀		
N280	M3 S600;		改变主轴转速		
N290	G00 X29 Z-18;		定位到螺纹切削起点		
N300	CYCLE97(1.5, ,-23,-41,27,27, 3,1,0.975,0.08,0,0,5,2,3,1);		车外螺纹		
N310	G00 X100;		退刀		
N320	Z10;		退刀		
N330	M05;		主轴停		
N340	M30;		程序暂停		
编制		审核	日期	共1页	第1页

表 2-3-29 数控加工程序卡(子程序)

零件图号	2-3-21	零件名称	传动轴(右端外)	编制日期	
程序号	L03	数控系统	SINUMERIK 802D	编制	
程序段号	程序内容		注释		
程序段号	程序内容		注释		
	L03.SPF		子程序号		
N10	G01 X20 Z0;		右端外圆精加工程序		

续　表

零件图号	2-3-21	零件名称	传动轴(右端外)	编制日期	
程序号	L03	数控系统	SINUMERIK 802D	编制	
程序段号	程序内容		注释		
N20	X21.992 Z-1;				
N30	Z-23;				
N40	X24;				
N50	X26.8 Z-24.5;				
N60	Z-45;				
N70	X30;				
N80	X33.28 Z-61.398;				
N90	G02 X41.24 Z-65 CR=4;				
N100	G01 X50;				
N110	M17;		子程序结束		
编制		审核		日期	共1页 第1页

>>> **自测题** <<<

1. 根据图 2-3-29 所示的加工要求,制定加工方案,并编写加工程序。

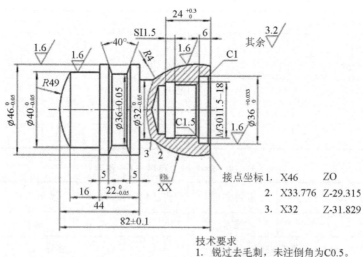

接点坐标
1. X46　　　Z0
2. X33.776　Z-29.315
3. X32　　　Z-31.829

技术要求
1. 锐过去毛刺,未注倒角为C0.5。
2. 表面不得磕碰划伤。
3. 圆轴和圆弧过X光滑。
4. 未注尺寸公差按照IT12加工和检验。

图 2-3-29　综合练习1(数控职业技能鉴定国家题库)

2. 根据图 2-3-30 所示的加工要求,制定加工方案,并编写加工程序。

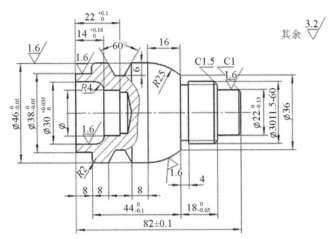

技术要求
1. 锐过去毛刺,未注倒角为C0.5。
2. 表面不得磕碰划伤。
3. 圆轴和圆弧过X光滑。
4. 未注尺寸公差按照IT12加工和检验。

图 2-3-30　综合练习 2(数控职业技能鉴定国家题库)

3. 根据图 2-3-31 所示的加工要求,制定加工方案,并编写加工程序。

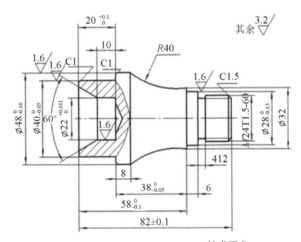

技术要求
1. 锐过去毛刺,未注倒角为C0.5。
2. 表面不得磕碰划伤。
3. 圆轴和圆弧过X光滑。
4. 未注尺寸公差按照IT12加工和检验。

图 2-3-31　综合练习 3(数控职业技能鉴定国家题库)

模块三 数控铣削工艺编程

项目一 槽零件数控铣削工艺编程

任务一 十字槽零件加工工艺编程

任务内容

如图 3-1-1 所示的十字槽零件,毛坯为 100mm×100mm×20mm 的铝块,四个侧面及底面已精加工,试编制十字槽的数控铣削加工程序。

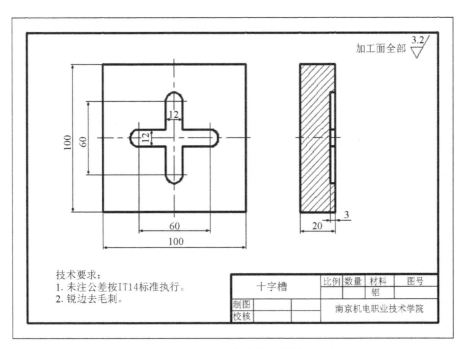

图 3-1-1 十字槽零件图

任务目标

（1）掌握槽类零件铣削加工用刀具、量具选择；

（2）掌握槽、键槽的加工方法；

（3）掌握数控铣削常用编程指令 G00、G01、G54—G59、G90、G91 功能及其应用；

（4）掌握数控铣削编程方法；

（5）具备铣削槽、键槽数控加工工艺设计及程序编制的能力。

🔵 相关知识

一、数控铣削加工工艺基础

(一) 数控铣削刀具

1. 常用铣刀种类及工艺特点

数控铣削常用刀具如图 3-1-2 所示，主要有：

(a) 铣刀实物图   (b) 铣刀类型

图 3-1-2 铣刀类型

(1) 面铣刀：主要用于面积较大的平面铣削和较平坦的立体轮廓的多坐标加工。

(2) 立铣刀、键槽刀：广泛用于加工平面类零件。

(3) 模具铣刀：广泛用于加工空间曲面零件。

(4) 鼓形铣刀：用于变斜角面近似加工。

(5) 成形铣刀：加工特定形状的平面类零件。

2. 铣刀的选择

选取铣刀时，要使刀具的尺寸、结构与被加工工件表面形状和尺寸相适应。

(1) 加工较大的平面时应选择面铣刀。

(2) 加工平面零件周边轮廓、凹槽、较小的台阶面应选择立铣刀。

(3) 加工空间曲面、模具型腔或凸模成形表面选择模具铣刀。

(4) 加工封闭的键槽选择键槽铣刀。

(5) 加工变斜角零件的变斜角面应选择鼓形铣刀。

(6) 加工立体型面和变斜角轮廓外形应选择球头铣刀、鼓形铣刀。

（7）加工各种直的或圆弧形的凹槽、斜角面、特殊孔等应选用成形铣刀。

3. 工具系统结构形式

数控铣削加工用刀具系统如图 3-1-3 所示，由铣刀和刀柄系统组成，刀柄系统的锥柄部分为 BT40，与数控铣削机床的主轴锥度配合。刀柄系统端部的两个键槽与主轴端面的两个键配合，从而将主轴的旋转运动传递给刀柄系统。数控铣刀通过弹簧夹头与刀柄系统相连，从而将主轴的运动通过刀柄传递给刀具，令刀具跟随主轴做同速的旋转运动。铣刀与主轴的连接如图 3-1-4 所示。

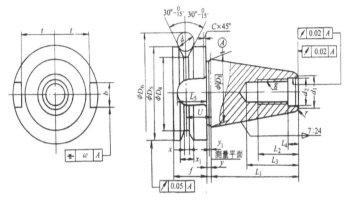

图 3-1-3　铣工具系统

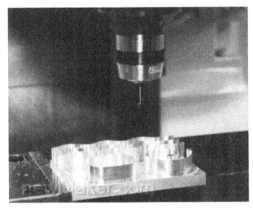

图 3-1-4　铣刀安装

（二）数控铣削通用夹具

通用夹具是指已经标准化、无需调整或稍加调整就可以用来装夹不同工件的夹具。三爪卡盘、四爪卡盘、平口钳和万能分度头等都是数控铣削通用夹具。如图 3-1-5 所示为虎钳、图 3-1-6 所示为万能分度头。

（三）数控铣床坐标系

1. 机床坐标轴的确定

（1）Z 坐标轴。

规定：传递切削动力的主轴轴线为 Z 坐标轴。根据该规定，立式铣床的 Z 坐标轴沿主轴轴线方向，垂直于工作台，并且向上的方向为 Z 坐标轴正方向。

图 3-1-5 虎钳

图 3-1-6 万能分度头

(2) X 坐标轴。

X 坐标轴是水平的,且垂直于 Z 坐标轴,平行于工件的装夹面。

① 如果 Z 坐标是垂直的(主轴是立式的)。对单立柱机床规定:当人站在机床面前(工作位置)面向刀具主轴朝立柱看,$+X$ 坐标方向指向右方。

② 如果 Z 坐标是水平的(主轴是卧式的)规定:当从主要刀具主轴后端向工件看时,$+X$ 坐标方向指向右方,

(3) Y 轴。

确定了 Z、X 轴后,按右手直角笛卡尔坐标系确定立式铣床的 Y 轴为前后方向,且 Y 轴的正方向朝里。立式、卧式铣床坐标系示意图见图 3-1-7、图 3-1-8。

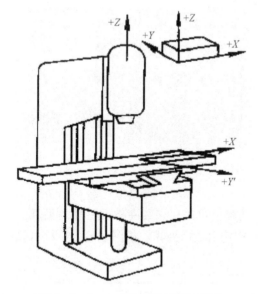
图 3-1-7 立式铣床坐标系示意图

图 3-1-8 卧式铣床坐标系示意图

实际机床是工作台运动,而刀具是不作 X、Y 向运动的。所以对于工件动而刀具不动的机床,其坐标系用 X'、Y'、Z' 表示,刀具运动与工件运动是相对的,所以,不管是谁在动,一律看作以刀具动来判断坐标轴该运动的方向,如果机床是工作台运动的,不要紧,还是看成是

刀具运动,系统会自动进行转换,将刀的运动转换为工作台的反方向运动。

2. 数控铣床坐标系原点(机床原点)

数控机床坐标系原点在机床装配、调试时就已确定下来了,是数控机床进行加工运动的基准点,由机床制造厂家确定。机床坐标系原点是机床坐标系中一个固定不变的极限点,即运动部件回到正向极限的位置。

在数控铣床上,机床坐标系原点一般取在 X、Y、Z 三个直角坐标轴正方向的极限位置上。即在机床的右、后、上角处。如图 3-1-9 的 N 点。

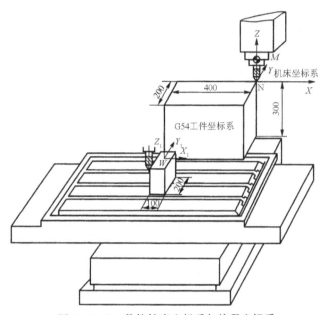

图 3-1-9　数控铣床坐标系与编程坐标系

3. 数控铣床参考点

数控机床参考点的位置在每个轴上都是通过减速行程开关粗定位,然后由编码器零位电脉冲精定位的。

数控机床参考点相对于机床原点的值是一个可设定的参数值,由厂家测量并输入系统中,一般不得改变。

数控铣床的机床坐标系原点和机床零点(参考点)是重合的。机床启动后,让机床执行"回零"(或"回机床参考点")操作,使各轴都移至机床零点,从而在数控系统内部建立机床坐标系原点。

4. 编程坐标系(工件坐标系)及其原点

数控机床总是按照自己的坐标系做相应的运动,但实际加工很少在机床坐标系中工作。因为编程人员在编程时,还不可能知道工件在机床坐标系中的确切位置,因而也就无法在机床坐标系中取得编程所需要的相关几何数据信息,当然也就无法进行编程。为了使得编程人员能够直接根据图纸进行编程,通常可以在工件上选择确定一个与机床坐标系有一定关系的坐标系,这个坐标系即称为编程坐标系或工件坐标系,其原点即为编程原点或工件原点,编程坐标系的坐标轴的正方向与机床坐标系坐标轴的正方向一致。如图 3-1-9 所示。

编程原点(工件坐标系原点)选择遵循的原则：

(1) 编程原点选择应尽可能与图纸上的尺寸基准(设计基准)、工艺基准相重合；

(2) 所选择的原点应便于数学计算，能简化程序的编制；

(3) 所选择的原点应使得产生的加工误差最小。

铣削类零件的编程原点一般选在作为设计基准或工艺基准的端面或孔轴线上。对称零件通常将原点选在对称面或对称中心上。Z 向原点一般取在工件上平面，以便于检查程序。

二、FANUC 0i 系统数控铣削常用编程指令

（一）绝对编程 G90、增量编程 G91

数控铣削指定刀具位置的方式有绝对值方式与增量值方式。

1. G90——绝对坐标编程

指编程指令中所指定的刀具移动终点坐标值 X、Y、Z 是以工件坐标系原点(编程坐标系原点)为基准来计算。

2. G91——增量坐标编程

指编程指令中所指定的刀具移动终点坐标值 X、Y、Z 是以前一点为基准来计算，再根据终点相对于始点的方向判断正负，与坐标轴同向取正、反向取负。

例 3 - 1 - 1 如图 3 - 1 - 10 所示，已知刀具中心轨迹为 O→A →B→C，采用绝对值方式与增量值方式编程时，各动点的坐标分别如下。

G90 编程时：

O(0,0)、A(10,20)、B(30,40)、C(20,60)

G91 编程时：

O(0,0)、A(10,20)、B(20,20)、C(−10,20)

(3) G90、G91 应用

图 3 - 1 - 10 绝对、增量坐标

在编程中采用哪种方式都是可行的，但却有方便与否之区别。

例 3 - 1 - 2 当加工尺寸如图 3 - 1 - 11 所示，由一个固定基准给定时，显然采用绝对指令方式(G90)是方便的。而当加工尺寸如图 3 - 1 - 12 所示，给出了各孔之间的间距时，采用增量指令方式则比较方便。

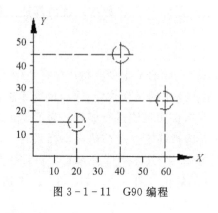

图 3 - 1 - 11 G90 编程

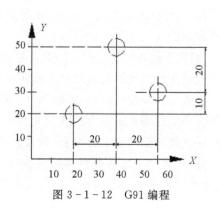

图 3 - 1 - 12 G91 编程

（二）G00——快速定位

（1）功能：使刀具从当前位置以快速移动速度移动到程序段中指定的目标位置。G00移动速度是机床系统设定的空行程速度，与程序段中的进给速度无关。

（2）格式：

G00 X__Y__Z__；其中，X、Y、Z为刀具移动到的目标点坐标。

（3）说明：

① G00 的移动速度由数控系统参数设定，在操作时可通过机床上的进给倍率开关调节快慢。

② G00 指令主要用于刀具快速接近或离开工件，即刀具空运行，不参与对工件的切削加工。

③ G00 是模态指令，一旦指定，直到被同组中其他指令（如 G01、G02/G03）取代为止一直有效。

④ G00 快速定位过程无特定轨迹，可沿如图 3-1-13 所示的直线 AE、直角线 ACE、ABCE、ADCE、折线 AFCE 从 A 点定位到 E 点，在未知 G00 轨迹的情况下，应尽量不采用三轴联动定位，避免刀具与工件或夹具发生碰撞。

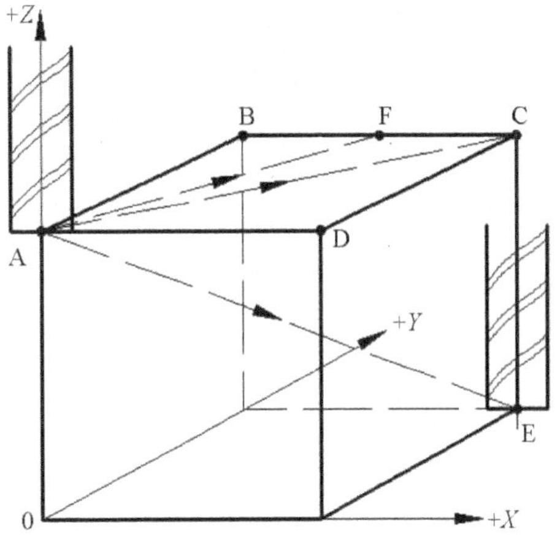

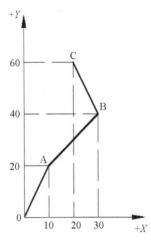

图 3-1-13　G00 快速定位轨迹

（三）G01——直线插补

（1）功能：使刀具以给定的进给速度（F 值）从刀具当前点沿直线切削加工到指令给出的目标点位置。

（2）格式：

G01 X__Y__Z__F__；

其中 X、Y、Z：刀具移动到的目标点坐标；

F：刀具切削进给速度，单位可由 G94、G95 指定。G94 表示每分钟进给量，单位为 mm/min 或 in/min。G95 表示每转进给量，单位为 mm/r 或 in/r。

注：G94 是数控机床的初始状态，即数控机床通电后默认的状态。

（3）说明：

① 程序中第一条 G01 指令中（或 G01 指令之前的程序段中）必须指定 F 代码，否则会出现"无进给速度报警"或以 G00 的速度切削加工而造成撞刀。

② G01 指令、F 代码、X、Y、Z 代码是模态有效的。一旦指定，直到被同组中其他指令（如 G00、G02/G03）取代为止一直有效。

例 3-1-3　如图 3-1-14 所示，刀具从 O 点开始沿 O──→A──→B──→C 插补，程序编制如下。

（1）绝对坐标编程：

G90 G01 X10 Y20 F100；O──→A

G01 X30 Y40；A──→B

图 3-1-14　例图

G01 X20 Y60；B ——→C

（2）增量坐标编程：

G91 G01 X10 Y20 F100；O ——→A

G01 X20 Y20；A ——→B

G01 X－10 Y20；B ——→C

（四）G54—G59——工件坐标系设置（零点偏置）

（1）功能　设定工件坐标系 X、Y、Z 轴原点在机床坐标系中的位置坐标。操作者在实际加工前，应测量工件坐标系原点与机床坐标系原点之间的偏置值，并在数控系统中预先设定，这个值叫作"工件零点偏置"。G54—G59 用来存放这些偏差值。

G54——加工坐标系 1

G55——加工坐标系 2

G56——加工坐标系 3

G57——加工坐标系 4

G58——加工坐标系 5

G59——加工坐标系 6

例 3－1－4　如图 3－1－15 所示的工件坐标系原点与机床原点之间在 X、Y、Z 轴的偏差值 X_3、Y_3、Z_3 经对刀准确测量后设置在参数页的 G55 中，在程序段写入 G55，则在移动刀具时，工件零点偏置便加到机床坐标系上，并按此来控制刀具运动。

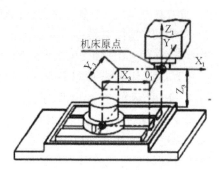

图 3－1－15　工件坐标系设置

（2）说明：

① 工件坐标系原点与机床原点之间在 X、Y、Z 轴的偏差值在对刀时通过 MDI 方式输入到机床系统参数页的 G54—G59 中（任选一个），系统自动记忆，在机床重新开机时仍然存在。

② 在实际加工程序编制工作中，常遇到下列情况：

a. 箱体零件上有多个加工面；

b. 同一个加工面上有几个加工区，如图 3－1－16 所示；

c. 在同一机床工作台上安装几个相同的加工零件。

此时，对各加工零件、各加工区或加工面，允许用 G54—G59 指令分别设定工件坐标系，编程时加以调用。

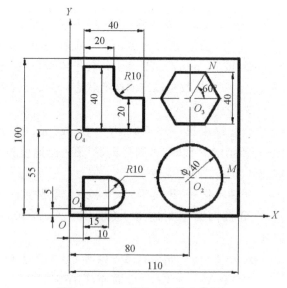

图 3－1－16　多个工件零点设置

例 3－1－5　如图 3－1－16 所示在一个面上加工多个二维槽，每个槽有各自的尺寸基准，为便于编程，设定四个工件坐标系，分别用 G54、G55、G56、G57 四个原点偏置寄存器存放 O_1、O_2、O_3、O_4 四个工件原点相对于机床坐标系原点的偏移值,以简化程序。

(五) 选择尺寸单位

(1) 功能:

G20——设定英寸(in)输入,G21——设定毫米(mm)输入。

(2) 格式:

G20 或 G21

(3) 说明:

① G20、G21 必须在程序的开头以单独程序段指定。

② 该组指令为模态指令。

③ 一般系统初始状态为 G21 状态,编程时 G21 可省略。

三、数控铣削编程应注意的几点

(一) 铣削刀位点(形成编程轨迹)、切削点(形成零件轮廓)

刀位点是指在加工程序编制中,用以表示刀具特征的点,也是加工的基准点。对于圆柱铣刀,如立铣刀、面铣刀、键槽刀等,其刀位点一般取在刀具底部端面与刀具轴线的交点处(即刀具端面中心点);对于钻头,镗刀(类似于车刀),刀位点分别为其钻尖、刀尖;对于球头铣刀,刀位点则位于球心,铣削刀具的刀位点如图 3-1-17 所示。

图 3-1-17 刀具刀位点

对于不具备刀具补偿(半径补偿)功能的数控机床,数控系统是按照刀位点的运动轨迹来运动的,所以程序编制时是用刀具的刀位点的运动来描述刀具的运动,运动所形成的轨迹为程序编制轨迹。实际切削加工时,则是刀具的切削点实现切削加工(对于平底铣刀,主要切削点在铣刀的圆周上),刀具切削点的运动形成零件轮廓,如图 3-1-18 所示。刀具的切削点(零件轮廓)与刀具的刀位点(编程轨迹)之间相差一个刀具半径,因此,程序编制时需根据零件轮廓计算出刀位点的运动轨迹坐标,对于外轮廓铣削,通常要将轮廓上的点向轮廓外偏移一个刀具半径;对于槽、型腔内轮廓铣削,则要将轮廓上的点向轮廓内偏移一个刀具半径,以获得编程刀位点的轨迹。

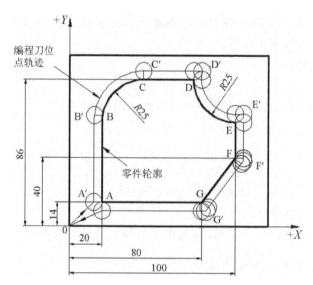

图 3-1-18　零件轮廓轨迹与编程刀位点运动轨迹

（二）初始平面、安全平面

1. 初始平面

是程序开始时刀具的初始位置所在的平面。起刀点是加工零件时刀具相对于零件运动的起点，数控程序是从这一点开始执行的。起刀点在坐标系中的高度，一般称为起始高度，所在的平面称为起始平面，其位置一般选在距离工件上表面 50mm 的位置。起始平面一般高于安全平面。

2. 安全平面

对于铣削加工，起刀点和退刀点必须离开加工零件上表面一个安全高度，以保证刀具在停止状态时，不与加工零件和夹具发生碰撞。在安全高度位置，刀具中心（或刀尖）所在的平面也称为安全平面，如图 3-1-19 所示，它一般被定义为高出被加工零件的最高点 5～10mm 左右，刀具处于安全平面时，可以以 G00 速度进行移动。

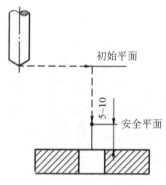

图 3-1-19　初始平面、安全平面

3. 进刀平面

刀具以快速（G00）下刀至要切到工件材料时变成以进刀速度下刀，此速度转折点的位置即为进刀平面，也成为 R 平面，其高度为进刀高度，也称为接近高度，一般距离工件加工平面 5mm 左右。

4. 退刀平面

零件或加工零件的某区域加工结束后，刀具以切削进给速度离开工件表面一段距离后转为快速返回初始平面，此转折位置即为退刀平面，其高度为退刀高度。

上述平面中，初始平面通常也设定为返回平面，进刀平面和退刀平面可以设定在安全平面上，也可设定的低于安全平面。刀具在加工零件过程中，首先定位在初始平面，后快速下刀至安全平面（或进刀平面），然后以进给速度下刀至切削深度平面，进行零件加工。一个区域加工完毕后,先退刀至安全平面,然后快速运动到下一个区域进行下刀和加工。在完成零件的加工后,抬刀至返回平面。

5. 安全距离

刀具在接近工件的过程中保持到工件表面的距离。从这个位置开始到切削刀轨起始点之间从接近速度转化为进刀速度进给。安全距离包括水平安全距离和垂直安全距离。

(1)水平安全距离。指沿水平方向刀具与工件的侧面之间的安全距离。是围绕工件侧面的一个安全带。应输入一个大于或等于刀具半径的值。

(2)垂直安全距离。刀具朝工件的上表面移动接近工件时,由接近速度转为进给速度的位置,即上述的安全平面高度。

(三)刀具的下刀与进退刀方式

1. 进刀、退刀

对于铣削加工,刀具切入工件的方式,不仅影响加工质量,同时直接关系到加工的安全。一般进、退刀位置应选在不太重要的位置,并且使刀具沿零件轮廓的侧向或沿切线方向进刀和退刀,如图 3-1-20(a)所示,尽量避免法线方向进刀和退刀,以免产生刀痕。

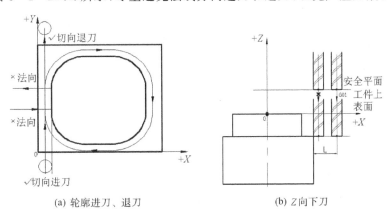

(a) 轮廓进刀、退刀　　　　　(b) Z 向下刀

图 3-1-20　进刀、退刀方式

2. 下刀

刀具从安全平面高度下降到切削高度时,应离开工件毛坯边缘一个距离,如图 3-1-20(b)所示的 L,不能直接贴着加工零件轮廓直接下刀,以免发生危险。下刀运动过程不能用快速 G00 运动,而要用直线插补(G01)运动。

任务实施

一、零件图分析

(一)零件结构分析

如图 3-1-1 所示,该零件属于板类零件,加工内容为十字槽。

(二)尺寸分析

该零件图尺寸完整,槽长 72mm 按 IT14 等级执行。

槽宽 12mm,加工精度等级为 IT14。

槽深为 3mm，加工精度等级为 IT14。

（三）表面粗糙度分析

十字槽侧面、底面的表面粗糙度要求均为 $3.2\mu m$。

二、设计数控铣削加工工序

（一）加工装备选择

选择 VMC-800 立式数控铣床，系统为 FNAUC 0i Mate-MD。

（二）工艺装备选择

1. 刀具选择

根据零件图分析可知，槽宽 12mm 十字槽铣削加工，可选择 $\phi12$ 的键槽铣刀。

2. 量具选择

该零件的尺寸精度要求并不高，选用 0~150mm、精度 0.01mm 的游标卡尺即可满足槽尺寸及槽深度的精度测量。

3. 夹具选择

该板类零件可采用平口钳定位夹紧。

（三）确定工步、走刀路线

1. 工步

查阅机械加工工艺手册，满足零件轮廓各侧面和底平面尺寸精度和表面粗糙度 $3.2\mu m$ 要求的加工方案为粗铣。

2. 走刀路线

深度进给可采取两种方式，一种是先打一个工艺孔，然后从工艺孔进刀；一种是采用斜线下切的进刀方式。

三、编制技术文件

（一）数控加工工序卡编制

十字槽零件数控加工工序卡，见表 3-1-1。

表 3-1-1　十字槽数控加工工序卡

数控加工工序卡				产品名称	零件名称	零件图号
					十字槽	3-1-1
工序号	程序号	材料	数量	夹具名称	使用设备	车间
15	O2001	铝	1	平口钳	VMC-800	数控加工车间
工步号	工步内容		切削三要素			刀具		量具
		$n(r/min)$	$F(mm/r)$	a_p	编号	名称	名称
10	铣长 72、宽 12 直槽	800	100	3	T1	$\phi12$ 键槽刀	游标卡尺
编制		审核		批准		共 1 页	第 1 页

（二）刀具调整卡

十字槽零件刀具调整卡，见表 3 - 1 - 2。

表 3 - 1 - 2 十字槽零件刀具调整卡

产品名称			零件名称	十字槽	零件图号	3 - 1 - 1
序号	刀具号	刀具规格	刀具参数		刀补编号	
			刀具半径	刀杆规格	半径	形状
1	T1	键槽铣刀	$\phi12$	100		
编制		审核		批准	共 1 页	第 1 页

（三）数控加工程序编制

编程原点选在工件上表面中心处，加工程序见表 3 - 1 - 3。

表 3 - 1 - 3 十字槽数控加工程序卡

零件图号	3 - 1 - 1	零件名称	十字槽	编制日期	
程序号	O2001	数控系统	FANUC 0i Mate	编制	
程序段号	程序内容		注释		
N10	M03 S800；		主轴正转，转速 800r/min		
N20	G54 G90 G00 X30 Y0；		设置编程原点，刀具 X、Y 向定位		
N30	G00 Z5；		刀具快速定位到安全平面		
N40	G01 Z - 3 F50；		刀具进刀至 Z - 3mm 处		
N50	G01 X - 30 F100；		加工 72mm 长的横向槽		
N60	G01 X0；		返回十字槽中心		
N70	G01 X0 Y30；		加工纵向槽		
N80	G01 Y - 30；		加工 72mm 长的纵向槽		
N90	G01 X0 Y0；		返回十字槽中心		
N100	G00 Z50；		抬刀		
N110	M05；		主轴停止		
N120	M30；		程序结束		
编制		审核		日期	共 1 页 第 1 页

◉ 小 结

借助十字槽零件介绍了槽、键槽的加工方法、铣削编程的基础知识、数控铣削 G00、G01、G54—G59、G90、G91、G21、G20 指令功能及其应用。要求熟悉数控铣削编程刀位点、切削点及两者之间的关系,掌握应用指令编写直槽程序的方法。

>>> **自测题** <<<

一、选择题

1. 在 G00 程序段中,( )值不起作用。

A. S B. F C. T D. X

2. 刀具快速向 X 正方向移动 20mm,向 Y 负方向移动 10mm 的程序为( )。

A. G90 G01 X20 Y10; B. G91 G01 X20 Y10;

C. G91 G00 X20 Y−10; D. G91 G00 X20 Y10;

3. 执行程序段 N10 G90 G01 X30 Z8;

　　　　　　　　N20 Z17;

Z 方向的实际移动量为( )。

A. 9mm B. 8mm C. 17mm D. 25mm

4. 直线插补指令为( )。

A. G02 B. G03 C. G01 D. G09

5. 辅助功能 M00 的作用是( )。

A. 条件停止 B. 程序结束 C. 无条件停止 D. 单程序段

6. 数控机床的编程基准是( )。

A. 机床零点 B. 工件零点

C. 机床参考点 D. 机床参考点及工件原点

7. 在 CRT/MDI 面板功能键中,用于参数设置的键是( )。

A. ALARM B. PARAM C. SYSTEM D. DGNOS

8. 英文词汇"BOTTON"的中文含义是( )。

A. 硬键 B. 软键 C. 开关 D. 按钮

9. 当数控机床的故障排除后,按( )键清除报警。

A. RESET B. PAPAM C. GRAPH D. MACRO

10. 进给保持功能有效时,( )。

A. 主轴停止 B. 加工结束 C. 进给停止 D. 程序结束

二、编程题

1. 如图 3−1−21 所示的方槽零件,毛坯为 100mm×100mm×20mm 的铝块,四个侧面及底面已精加工,试编制方槽零件的数控加工工序卡、数控铣削刀具调整卡、数控加工程序卡。

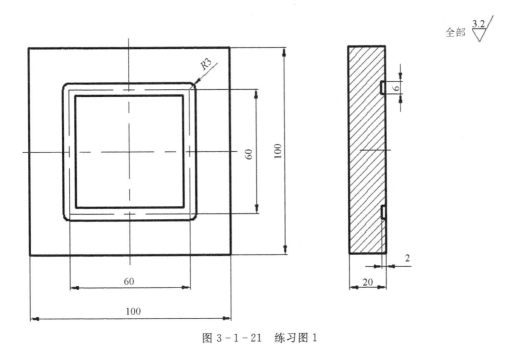

图 3-1-21 练习图 1

2. 如图 3-1-22 所示的品字槽零件,毛坯为 100mm×100mm×20mm 的铝块,四个侧面及底面已精加工,试编制品字槽零件的数控加工工序卡、数控铣削刀具调整卡、数控加工程序卡。

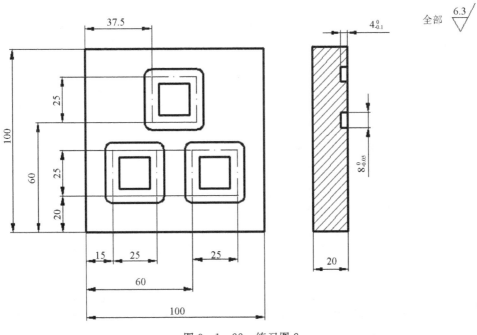

图 3-1-22 练习图 2

 知识拓展

一、SINUMERIK 802D 系统的基本编程指令

(一)绝对值编程与增量值编程

在 SINUMERIK 802D 系统中,指定绝对值和增量值编程的方式有两种。一种是用 G90 和 G91 指令来指定绝对值和增量值编程方式,编程方法与 FANUC 0i 系统相同;另一种是通过在程序段中设定 AC(绝对值)、IC(增量值)的编程方式,其编程格式分别为:＝AC(　　),＝IC(　　),数值是写在"(　　)"内。

例 3－1－6　编写图 3－1－14(右图)中 OA、AB、BC 轨迹程序如下。

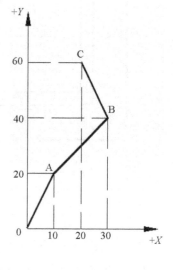

G90、G91 方式:

OA　G01 G90 X10 Y20;绝对编程

AB　G91 G01 X20 Y20;增量编程

AC、IC 方式:

AB　G01 G91 X20 Y20;绝对编程

BC　G01 X－10 Y＝AC(60);X 是增量尺寸,Y 是绝对尺寸

(二)G00——快速定位

格式:G00 X__Y__Z__;直角坐标系

　　　G00 RP＝__AP＝__;极坐标系,RP 表示极坐标半径,即定位点到极点的距离;AP 表示极坐标角度,即定位点与极点连线与所在平面中的横坐标之间的夹角,如图 3－1－23 所示。

(三)G01——直线插补

格式:G01 X__Y__Z__F__;直角坐标系

　　　G01 RP＝__AP＝__F__;极坐标系

　　　G01 RP＝__AP＝__Z__F__;柱面坐标系

(四)G54—G59——工件坐标系设置(零点偏置)

G54——第 1 可设定零点偏置;

G55——第 2 可设定零点偏置;

G56——第 3 可设定零点偏置;

G57——第 4 可设定零点偏置;

G58——第 5 可设定零点偏置;

G59——第 6 可设定零点偏置;

G53——取消可设定零点偏置,非模态指令;

G500——取消可设定零点偏置,模态指令。

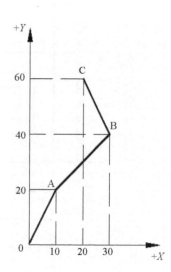

图 3－1－23　极坐标系

二、应用

用 SINUMERIK 802D 系统对图 3-1-1 十字槽零件编程,数控加工程序如表 3-1-4 所示。

表 3-1-4　十字槽数控加工程序卡

零件图号	3-1-1	零件名称	十字槽	编制日期	
程序号	SHIZICAO.MPF	数控系统	SINUMERIK 802D	编制	
程序段号	程序内容		注释		
N10	M03 S800;		主轴正转,转速 800r/min		
N20	G54 G90 G00 X30 Y0;		设置编程原点,刀具 X、Y 向定位		
N30	G00 Z5;		刀具快速定位到安全平面		
N40	G01 Z-3 F50;		刀具进刀至 Z-3mm 处		
N50	G01 X-30 F100;		加工 72mm 长的横向槽		
N60	G01 X0;		返回十字槽中心		
N70	G01 X0 Y30;		加工纵向槽		
N80	G01 Y-30;		加工 72mm 长的纵向槽		
N90	G01 X0 Y0;		返回十字槽中心		
N100	G00 Z50;		抬刀		
N110	M05;		主轴停止		
N120	M30;		程序结束		
编制		审核		日期		共 1 页	第 1 页

任务二　圆弧槽板零件加工工艺编程

任务内容

如图 3-1-24 所示的圆弧槽板零件,毛坯为 100mm×100mm×20mm 的铝块,四个侧面及底面已精加工,试编制圆弧槽板零件的数控加工程序。

任务目标

(1) 掌握 FANUC 0i 系统圆弧插补指令功能及其编程;

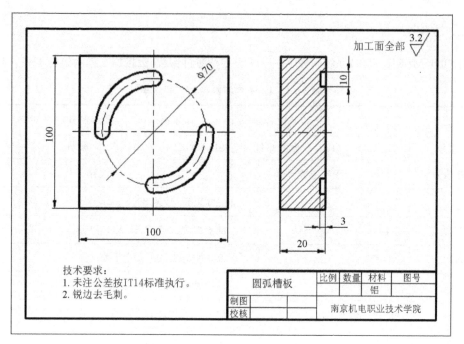

图 3-1-24　圆弧槽板零件图

（2）掌握插补平面选择指令 G17、G18、G19 的用法；

（3）熟悉螺旋线插补指令的功能及其编程格式；

相关知识

一、FANUC 0i 系统数控铣削常用编程指令

（一）G17、G18、G19——平面选择

如图 3-1-25 所示，由 X、Y、Z 轴组成空间的三个平面，即 XY 平面、YZ 平面、XZ 平面，$G17$、$G18$、$G19$ 分别用来选择直线、圆弧插补的平面。

G17——选择 XY 平面；

G18——选择 ZX 平面；

G19——选择 YZ 平面。

（二）G02、G03——圆弧插补

（1）功能：使刀具从圆弧起点（刀具当前点）开始以给定的进给速度（F 值）沿圆弧移动到程序段中指定的目标位置（圆弧终点）。

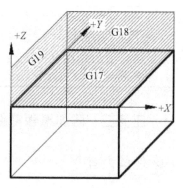

图 3-1-25　插补平面选择

G02 为顺时针圆弧（CW）插补，G03 为逆时针圆弧（CCW）插补。

（2）顺、逆圆弧判断方法：沿圆弧所在平面的垂直轴的负向看，顺时针方向走刀的为 G02，逆时针方向走刀的为 G03，如图 3-1-26 所示。

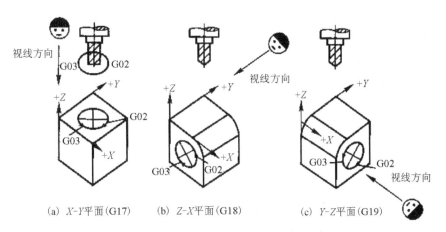

(a) X-Y平面(G17)　　(b) Z-X平面(G18)　　(c) Y-Z平面(G19)

图 3-1-26　圆弧顺、逆判断

（3）格式：

① 半径编程法：

G02(G03) G17 X__Y__R__F__；

G02(G03) G18 X__Z__R__F__；

G02(G03) G19 Y__Z__R__F__；

其中，X、Y、Z 为圆弧的终点坐标，R 为圆弧半径。

② 圆心编程法：

G02(G03) G17 X__Y__I__J__F__；

G02(G03) G18 X__Z__I__K__F__；

G02(G03) G19 Y__Z__J__K__F__；

其中，X、Y、Z 为圆弧终点的坐标；I、J、K 为圆心相对于圆弧起点的增量坐标。

（4）说明：

① 由于具有相同的起点，终点和半径的圆弧段有 2 条，如图 3-1-27 所示，所以规定圆弧的圆心角 $\alpha \leqslant 180$ 时，半径编程时的 R 取正值，即用"＋R"编程。圆弧的圆心角 $\alpha > 180$ 时，R 取负值，即用"－R"编程。

② 具有相同的起点和终点的整圆有无数个，如图 3-1-28 所示，整圆编程时一般不使用半径编程法，而用圆心编程(I、J、K 编程)法。

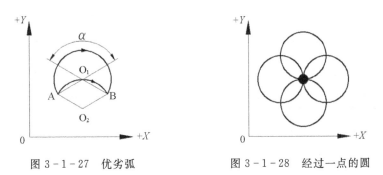

图 3-1-27　优劣弧　　　　　图 3-1-28　经过一点的圆

（5）应用举例：

例 3-1-7 编写如图 3-1-29 中 AB 段与 BC 段的圆弧加工程序。

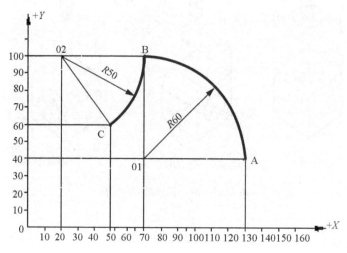

图 3-1-29 圆弧编程示例图

① AB 段圆弧：

• 半径编程法：

G03 G17 G90 X70 Y100 R60 F100；

• 圆心编程法：

G03 G17 G90 X70 Y100 I-60 J0 F100；

② BC 段圆弧：

• 半径编程法：

G02 G17 G90 X50 Y60 R50 F100；

• 圆心编程法：

G02 G17 G90 X50 Y60 I-50 J0 F100；

（三）G02、G03——螺旋线插补

（1）功能：在圆弧插补同时，做垂直于插补平面的直线轴同步运动，构成螺旋线插补运动，如图 3-1-30 所示。G02、G03 分别表示顺时针、逆时针螺旋线插补，顺、逆方向的判断与圆弧插补相同。

（2）格式：

① XY 平面螺旋线：

G17 G02(G03) X_Y_I_J_Z_K_F_；

② ZX 平面螺旋线：

G18 G02(G03) X_Z_I_K_Y_J_F_；

③ YZ 平面螺旋线：

G19 G02(G03) Y_Z_J_K_X_I_F_；

（3）说明：

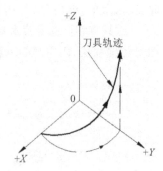

图 3-1-30 螺旋线插补

① X、Y、Z 为螺旋线的终点坐标。

② I、J、K 为圆心在对应的平面上,相对螺旋线起点在 X、Y、Z 方向的增量坐标。

③ K 为螺旋线导程,为正值。

任务实施

一、零件图分析

(一)零件结构分析
如图 3-1-24 所示,该零件属于板类零件,加工内容为 2 个圆弧槽。

(二)尺寸分析
该零件图尺寸完整,主要尺寸如下:

槽宽 10mm,加工精度等级为 IT14。

槽深为 3 mm,加工精度等级为 IT14,槽位于 $\phi70$ 圆周上。

(三)表面粗糙度分析
圆弧槽侧面、底面的表面粗糙度要求均为 $3.2\mu m$。

二、设计数控铣削加工工序

(一)加工装备选择
选择 VMC-800 立式数控铣床,系统为 FNAUC 0i Mate-MD。

(二)工艺装备选择
1. 刀具选择

根据零件图分析可知,槽宽 10mm 圆弧槽铣削加工,可选择 $\phi10$ 的键槽铣刀。

2. 量具选择

该零件的尺寸精度要求并不高,选用 0~150mm、精度 0.01mm 的游标卡尺即可满足槽尺寸及槽深度的精度测量。

3. 夹具选择

该板类零件可采用平口钳定位夹紧。

(三)确定工步、走刀路线
1. 工步

查阅机械加工工艺手册,满足零件轮廓各侧面和底平面尺寸精度和表面粗糙度 $3.2\mu m$ 要求的加工方案为粗铣。

2. 走刀路线

平面进给时,为了使槽获得较好的表面质量,采用顺铣方式铣削;深度进给采取先打工艺孔,然后从工艺孔进刀方式。

三、编制技术文件

(一)数控加工工序卡编制
圆弧槽板零件数控加工工序卡,见表 3-1-5。

表 3-1-5　圆弧槽板数控加工工序卡

数控加工工序卡				产品名称	零件名称	零件图号
					圆弧槽板	3-1-24
工序号	程序号	材料	数量	夹具名称	使用设备	车间
15	O2002	铝	1	平口钳	VMC-800	数控加工车间
工步号	工步内容	切削三要素			刀具		量具
		n(r/min)	F(mm/r)	a_p	编号	名称	名称
10	铣宽 10mm、深 3mm 直槽	800	100	3	T1	$\phi10$ 键槽刀	游标卡尺
编制		审核		批准		共 1 页	第 1 页

（二）刀具调整卡

圆弧槽板零件刀具调整卡,见表 3-1-6。

表 3-1-6　圆弧槽板零件刀具调整卡

产品名称			零件名称	圆弧槽板	零件图号	3-1-24
序号	刀具号	刀具规格	刀具参数		刀补编号	
			刀具半径	刀杆规格	直径	长度
1	T1	键槽铣刀	$\phi10$	100		
编制		审核		批准		共 1 页	第 1 页

（三）数控加工程序编制

编程原点选在工件上表面中心处,加工程序见表 3-1-7。

表 3-1-7　圆弧槽板数控加工程序卡

零件图号	3-1-24	零件名称	圆弧槽板	编制日期	
程序号	O2002	数控系统	FANUC 0i Mate	编制	
程序段号	程序内容		注释		
N10	M03 S800;		主轴正转,转速 800r/min		
N20	G54 G90 G00 X0 Y35;		设置编程原点,刀具 X、Y 向定位		
N30	G00 Z5;		刀具快速定位到安全平面		

零件图号	3-1-24	零件名称	圆弧槽板	编制日期	
程序号	O2002	数控系统	FANUC 0i Mate	编制	
程序段号	程序内容		注释		
N40	G01 Z-3 F50；		刀具进刀至 Z-3mm 处		
N50	G03 X-35 Y0 R35 F100；		圆弧插补位于 ϕ70 圆周上的槽		
N60	G01 Z5；		刀具抬刀至安全平面		
N70	G00 X0 Y-35；		快速定位至另一槽		
N80	G01 Z-3 F50；		刀具进刀至 Z-3mm 处		
N90	G03 X35 Y0 R35 F100；		圆弧插补位于 ϕ70 圆周上的另一槽		
N100	G00 Z50；		抬刀至初始平面		
N110	M05；		主轴停止		
N120	M30；		程序结束		
编制		审核		日期	共1页　　第1页

小　结

借助圆弧槽板零件介绍了 FANUC 0i 系统中圆弧插补指令的功能及编程格式、平面选择的功能及螺旋线插补指令的功能及编程格式。通过本任务的学习,要求掌握应用圆弧插补指令编写圆弧槽程序的方法。

▷▷▷ 自测题 ◁◁◁

一、选择题

1. 数控铣床开机默认的加工平面时(　　)。

A. XY 平面　　　　　B. ZX 平面　　　　　C. YZ 平面　　　　　D. 无默认平面

2. 铣削一个 XY 平面上的圆弧时,圆弧起点为(20,0),终点为(-20,0),半径为30,圆弧起点至终点的旋转方向为逆时针,则程序为(　　)。

A. G90 G17 G03 X-20 Y0 R30 F100；　　　　B. G90 G18 G03 X-20 Y0 R30 F100；

C. G90 G17 G03 X-20 Y0 R-30 F100；　　　D. G90 G18 G02 X-20 Y0 R-30 F100；

3. 顺时针圆弧插补指令为(　　)。

A. G03　　　　　B. G01　　　　　C. G02　　　　　D. G04

4. 整圆编程时,应采用(　　)编程方式。

A. 半径、终点　　　B. 圆心、起点　　　C. 半径、起点　　　D. 圆心、终点

5. 轮廓位于 ZX 平面上,则程序中平面选择应选(　　)。

A. G17　　　　　B. G19　　　　　C. G18　　　　　D. G21

6. 在 FANUC 0i 系统中,程序段 G03 X__Y__I__J__F__中的 I 和 J 表示(　　)。

A. 圆心相对于起点的位置　　　　　　　B. 起点相对圆心的位置

C. 圆心的绝对位置　　　　　　　　　　D. 圆心相对终点的位置

7. 采用半径编程法编制圆弧插补程序段时,当圆弧所对应的圆心角(　　)180°时,半径 R 取正值。

A. 大于　　　　　　B. 大于或等于　　　　C. 小于　　　　　　D. 小于或等于

8. 在 XY 平面上,某圆弧的圆心坐标为(10,0),半径为 60,则刀具从起点(70,0)沿圆弧切削到终点(10,60)的程序指令为(　　)。

A. G02 X10 Y60 I60.0 F100　　　　　　B. G03 X10 Y60 I－60.0 F100

C. G02 X70 Y0 J60.0 F100　　　　　　D. G02 X70 Y0 J－60.0 F100

9. 在下列的数控系统中,(　　)是应用于数控铣床的控制系统。

A. FANUC－6M　　　　　　　　　　　　B. FANUC－6T

C. FANUC－330D　　　　　　　　　　　D. FANUC 0T

10. 圆弧插补指令 G02 X__Y__R__F__中,X 和 Y 后的值表示圆弧的(　　)。

A. 起点坐标值　　　　　　　　　　　　B. 终点坐标值

C. 圆心坐标值　　　　　　　　　　　　D. 圆心相对起点的坐标值

11. 在下列加工准备功能指令中,(　　)表示选择 YZ 平面内进行圆弧插补。

A. G16　　　　　　B. G17　　　　　　　C. G18　　　　　　D. G19

12. G02 X20 Y20 R－10 F100 所加工的是(　　)。

A. 整圆　　　　　　　　　　　　　　　B. 圆心角≤180°的圆弧

C. 圆心角≥180°的圆弧　　　　　　　　D. 180°<圆心角<360°

13. 编制整圆程序时(　　)。

A. 可以用相对坐标 I 或 J 指定圆心　　　B. 可以用半径 R 编程

C. 必须用绝对坐标 I 或 J 编程　　　　　D. A 或 B 皆可

14. 辅助功能中与主轴有关的 M 指令是(　　)。

A. M06　　　　　　B. M09　　　　　　　C. M08　　　　　　D. M05

15. G02 指令与下列的(　　)指令不是同一组的。

A. G01　　　　　　B. G03　　　　　　　C. G04　　　　　　D. G00

二、编程题

1. 如图 3－1－31 所示的 U 型槽零件,毛坯为 100mm×100mm×20mm 的铝块,四个侧面及底面已精加工,试编制 U 型槽零件的数控加工工序卡、数控铣削刀具调整卡、数控加工程序卡。

2. 如图 3－1－32 所示的 B 字槽零件,毛坯为 80mm×80mm×20mm 的铝块,四个侧面及底面已精加工,试编制 B 字槽零件的数控加工工序卡、数控铣削刀具调整卡、数控加工程序卡。

3. 如图 3－1－33 所示的平面凸轮槽零件,毛坯为 ϕ200mm×20mm 的铝块,圆周侧面及底面已精加工,试编制平面凸轮槽零件的数控加工工序卡、数控铣削刀具调整卡、数控加工程序卡。

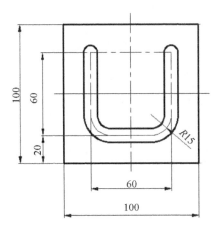
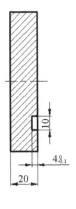

图 3-1-31 练习图 1

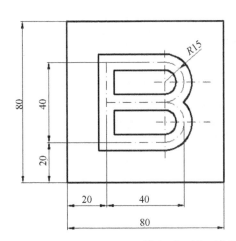
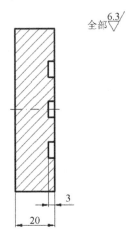

图 3-1-32 练习图 2

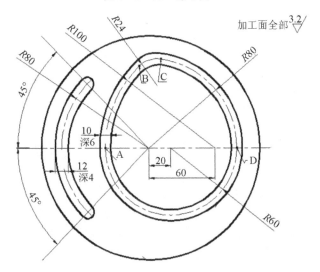

图 3-1-33 练习图 3

🔵 **知识拓展**

一、SINUMERIK 802D 系统的基本编程指令

（一）G17、G18、G19——平面选择

平面选择指令 G17、G18、G19 的功能、编程格式与 FANUC 0i 系统相同。

（二）G02、G03——圆弧插补

以 XY 平面为例，圆弧插补的格式如下。

格式：G17 G02(G03) X__Y__I__J__；圆心和终点

　　　G17 G02(G03) X__Y__CR=__；半径和终点

　　　G17 G02(G03) X__Y__AR=__；张角和终点

　　　G17 G02(G03) AR=__I__J__；张角和圆心

　　　G17 G02(G03) AP=__RP=__；极坐标和极点圆弧

（三）G02、G03——螺旋线插补

以 XY 平面为例，螺旋线插补的格式如下。

格式：G17 G02(G03) X__Y__I__J__TURN=__；圆心和终点

　　　G17 G02(G03) X__Y__CR=__TURN=__；半径和终点

　　　G17 G02(G03) X__Y__AR=__TURN=__；张角和终点

　　　G17 G02(G03) AR=__I__J__TURN=__；张角和圆心

　　　G17 G02(G03) AP=__RP=__TURN=__；极坐标和极点圆弧

TURN 表示螺旋线的导程，为正值。

二、应用

用 SINUMERIK 802D 系统对图 3-1-24 所示的圆弧槽板零件编程，数控加工程序如下。

表 3-1-8　圆弧槽板数控加工程序卡

零件图号	3-1-24	零件名称	圆弧槽板	编制日期	
程序名	YUANHU. MPF	数控系统	SINUMERIK 802D	编制	
程序段号	程序内容			注释	
N10	M03 S800；			主轴正转，转速 800r/min	
N20	G54 G90 G00 X0 Y35；			设置编程原点，刀具 X、Y 向定位	
N30	G00 Z5；			刀具快速定位到安全平面	
N40	G01 Z-3 F50；			刀具进刀至 Z-3mm 处	
N50	G03 X-35 Y0 CR=35 F100；			圆弧插补位于 φ70 圆周上的槽	
N60	G01 Z5；			刀具抬刀至安全平面	

零件图号	3-1-24	零件名称	圆弧槽板	编制日期	
程序名	YUANHU. MPF	数控系统	SINUMERIK 802D	编制	
程序段号	程序内容		注释		
N70	G00 X0 Y-35；		快速定位至另一槽		
N80	G01 Z-3 F50；		刀具进刀至 $Z-3$mm 处		
N90	G03 X35 Y0 CR＝35 F100；		圆弧插补位于 $\phi70$ 圆周上的另一槽		
N100	G00 Z50；		抬刀至初始平面		
N110	M05；		主轴停止		
N120	M30；		程序结束		
编制		审核	日期	共 1 页	第 1 页

项目二　轮廓零件数控铣削工艺编程

任务一　U形台零件加工工艺编程

🔆 任务内容

如图 3-2-1 所示的 U 形台零件,毛坯为 80mm×80mm×20mm 的 45 钢,试编制 U 形台零件的数控加工程序。

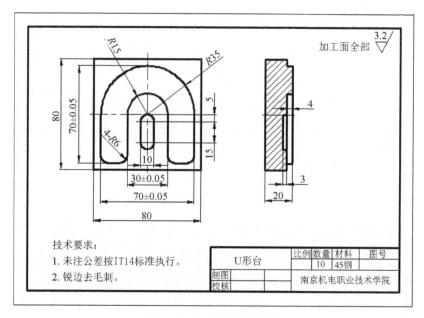

图 3-2-1　U形台零件图

🔆 任务目标

(1) 了解平面铣削方法、平面铣削刀具;

(2) 了解外轮廓铣削方法、轮廓铣削刀具;

(3) 掌握数控铣削编程方法——中心轨迹法编程特点及编程方法;

(4) 掌握刀具半径补偿指令 G41、G42、G40 的功能及其应用;

(5) 理解并掌握数控铣削编程方法——刀具半径补偿编程法的特点及编程方法;

(6) 具备平面轮廓零件数控铣削加工工艺设计及程序编制的能力。

相关知识

一、中心轨迹编程法

（一）中心轨迹编程法

在不具备刀具半径补偿功能的数控铣床上加工零件轮廓时，由于铣刀具有一定的半径，刀具中心（刀位点）轨迹与零件轮廓（刀具切削点轨迹）不重合（两者之间相差了一个刀具半径），所以编程时，对于外轮廓铣削，要将轮廓向外偏置一个刀具半径，如图 3 - 2 - 2(a)所示；对于内轮廓铣削，则要将轮廓向内偏置一个刀具半径，如图 3 - 2 - 2(b)所示，以获得刀位点运动轨迹，按此轨迹编程，获得正确的轮廓。这种将轮廓向内或向外手工偏置一个刀具半径，获得刀位点运动轨迹的编程方法称为中心轨迹编程法。

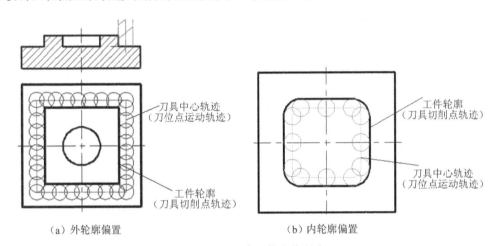

（a）外轮廓偏置　　　　　　　　　　（b）内轮廓偏置

图 3 - 2 - 2　中心轨迹编程法

（二）中心轨迹法编程

例 3 - 2 - 1　用 $\phi10$ 立铣刀、采用中心轨迹法编制如图 3 - 2 - 1 所示零件外轮廓的精加工程序，轨迹图如图 3 - 2 - 3 所示，加工程序如下所示。

O1234；

M03 S800；

G54 G90 G17 G00 X40 Y48；

G00 Z5；

G01 Z - 4 F50；

G01 Y - 29 F100；

G02 X29 Y - 40 R11；

G01 X21 Y - 40；

G02 X9 Y - 29 R11；

G01 X9 Y0；

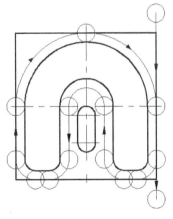

图 3 - 2 - 3　精加工轨迹图

G03 X - 9 Y0 R9；

G01 X - 9 Y - 29；

G02 X - 21 Y - 40 R11；

G01 X - 29；

G02 X - 40 Y - 29 R11；

G01 X - 40 Y0；

G02 X40 Y0 R40；

G01 X40 Y - 46；

G00 Z50；

M05；

M30；

(三) 中心轨迹法特点

中心轨迹法是数控铣削加工最根本的方法,但也存在局限性,主要表现在两方面:一方面是用中心轨迹法编制较复杂零件轮廓程序时,很难手工计算出复杂轮廓偏置一个刀具半径后的轨迹坐标,导致无法编写出程序;另一方面,当刀具在批量加工中发生刀具磨损时,必然会带来零件轮廓尺寸精度的变化,采用中心轨迹法编写的程序要实现精度的控制,必须通过修改程序才能实现,这将给编程和加工带来巨大的工作量,有时还很难实现。

二、刀具半径补偿编程法

(一) 刀具半径补偿功能的作用

目前,大多数的数控系统都具备刀具半径补偿功能,当编制程序时,只需按照零件轮廓编程,在程序中加入让刀具自动根据零件轮廓偏移一个刀具半径的指令(刀具半径补偿指令),并通过控制面板上的键盘(CRT/MDI)方式,人工将刀具半径值输入到参数页中,CNC系统便能根据提供的零件轮廓形状、刀具偏移的方向、刀具的半径值自动计算出零件轮廓偏移一个刀具半径后的中心轨迹,并使系统按此中心轨迹运动。如图 3 - 2 - 4 所示,使用刀具半径补偿指令后,CNC 系统控制刀具中心按图中的细实线运动轨迹加工。刀具半径补偿功能简化了程序的编制,同时也为精度的控制带来方便。

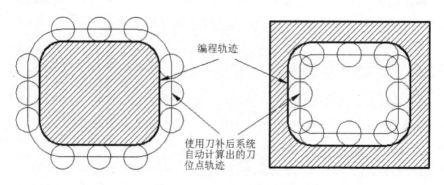

编程轨迹

使用刀补后系统自动计算出的刀位点轨迹

图 3 - 2 - 4　刀具半径补偿

（二）G41、G42、G40——刀具半径补偿指令

（1）功能：

① G41——刀具半径左补偿指令。

假定工件不动,沿刀具走刀方向看,刀具位于工件轮廓的左边,称为刀具半径左补偿,简称左刀补,判断方法如图3-2-5(a)所示。

② G42——刀具半径右补偿指令。

假定工件不动,沿刀具走刀方向看,刀具位于工件轮廓的右边,称为刀具半径右补偿,简称右刀补,判断方法如图3-2-5(b)所示。

③ G40——取消刀具半径补偿指令。

使用G40指令后,G41、G42指令无效。

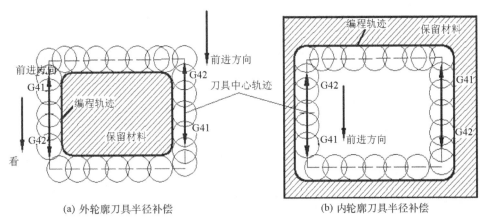

（a）外轮廓刀具半径补偿　　　　　　　　（b）内轮廓刀具半径补偿

图3-2-5　刀具半径左、右补偿

（2）指令格式：

G17 G41(G42)G01(G00)X__Y__D__;

G18 G41(G42)G01(G00)X__Z__D__;

G19 G41(G42)G01(G00)Y__Z__D__;

其中,X__Y__：刀具半径补偿起始点（即轮廓切入点,是轮廓上的点坐标）。

D：刀具补偿号。如D1表示刀具半径值R放在参数页中的D1寄存器号码中。

G40 G01(G00) X__Y__;

其中,X__Y__：刀补取消点坐标。一般在轮廓外,是刀具刀位点的坐标。

（3）说明：

① G41、G42、G40是模态有效的,直到被同组G代码取消为止一直有效。G40是机床开机时的初始状态。

② 建立刀具半径补偿过程：

· 建立刀补的过程只能通过G01或G00运动来实现,而不能通过圆弧运动（G02、G03）来建立。即与G41、G42共段的只能是G01、G00指令,而不能是G02、G03指令。刀补建立后的程序段中则无此限制,因为G41、G42是模态有效的,刀补建立后的程序段中可以不写G41、G42,也就不违背这条注意点。

• 在起刀点 P_0 向轮廓起始点 A 运动建立刀补的过程中,要保证起刀点 P_0 与轮廓起始点 A 间的垂直距离(该垂直距离规定为与第一段轮廓切向相垂直的方向上的距离)应大于一个刀具半径。如图 3-2-6(a)、(b)中的垂直于 AB 和 AD 的直线段 P_0A_1 要保证大于一个刀具半径,才能正确建立刀补。所以编程时的起刀点(下刀定位点)P_0 一定要充分考虑刀补时的该要求。

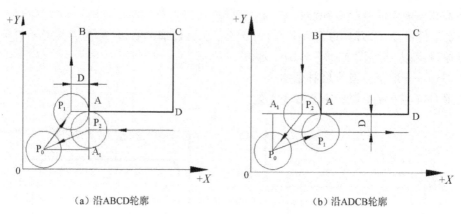

(a) 沿ABCD轮廓   (b) 沿ADCB轮廓

图 3-2-6   刀补建立、取消过程

③ 刀具半径补偿状态过程:

在刀具半径补偿启动开始后的刀具半径补偿状态中,如果存在有两段以上非移动指令(如 G04、G92 等)或存在非指定平面轴的移动指令段,则可能产生进刀不足或进刀超差而出现过切现象。如图 3-2-7 所示,如果出现下列程序段:

N0080 G41 G01 X20 Y20 D1;(建立刀补)

N0090 G00 Z5;

N0100 G01 Z-2 F50;

N0110 G01 X20 Y50;(D 点)

则将出现如图 3-2-7 所示的刀具轨迹($P_0\rightarrow$

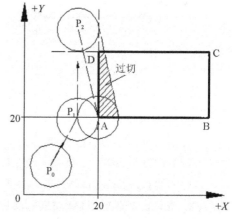

图 3-2-7   刀补状态过程

A→P_2)而产生过切现象。

④ 取消刀具半径补偿过程:

• 取消刀补的过程只能通过 G01 或 G00 运动来实现,而不能通过圆弧运动(G02、G03)来取消。即与 G40 共段的只能是 G01、G00 指令,而不能是 G02、G03 指令。

• 刀补终点(A)与取消刀补点(P_0 也是起刀点)之间的垂直距离(图 3-2-6)A_1A 应大于一个刀具半径,否则会出现干涉报警。为了满足取消刀补和建立刀补的顺利进行,起刀点 P_0 的位置要兼顾两个方向的垂直距离大于或等于刀具半径 R。(FANUC 系统要大于一个刀具半径)

(三) 刀补应用

1. 实现零件尺寸精度控制

因刀具磨损、重磨或更换新刀具而引起刀具直径改变后,通过刀具半径补偿功能编制的加工程序,可以不必修改程序,只需在刀具参数设置页中输入变化后的刀具半径(或直径)值即可实现对尺寸精度的控制。

2. 同一程序实现凹凸模零件加工

用刀具半径补偿编制的同一个轮廓程序,通过改变刀具半径补偿指令(刀具偏置的方向),可方便实现凹凸模具的加工。这对于需要凹凸模配合的零件加工来说,是很方便的。

3. 用刀具半径补偿功能编制的零件轮廓程序,在刀具不改变的情况下,可通过修改刀具半径值实现轮廓的粗精加工,即通过扩大刀补实现粗加工。(这种方法建议尽量不使用,因为这样做不利于产品的批量生产加工)

例 3 - 2 - 2　试用 ϕ10 铣刀,应用刀具半径补偿指令编制如图 3 - 2 - 8 所示内、外轮廓面的精加工程序。其程序见表 3 - 2 - 1 所示。

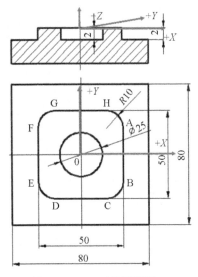

图 3 - 2 - 8　刀补例题图

表 3 - 2 - 1　例 3 - 2 - 2 程序

程序段号	程序内容	注释
	O1236;	程序名
N10	M03 S1000;	主轴正转,转速 1000r/min
N20	G54 G90 G17 G00 X50 Y50;	设置编程原点,刀具 X、Y 向定位在工件外
N30	G00 Z5;	刀具 Z 向快速定位到安全平面
N40	G01 Z - 3 F50;	刀具进刀至 Z - 3mm 处,速度为 50mm/min
N50	G01 G41 X25 Y15 D1 F100;	刀具向 A 点运动过程建立左刀补
N60	G01 X25 Y - 15;	直线插补 A ——→ B
N70	G02 X15 Y - 25 R10;	圆弧插补 B ——→ C
N80	G01 X - 15;	直线插补 C ——→ D
N90	G02 X - 25 Y - 15 R10;	圆弧插补 D ——→ E
N100	G01 Y15;	直线插补 E ——→ F
N110	G02 X - 15 Y25 R10;	圆弧插补 F ——→ G
N120	G01 X15;	直线插补 G ——→ H
N130	G02 X25 Y15 R10;	圆弧插补 H ——→ A
N140	G01 Y - 15;	直线插补,轮廓闭合
N150	G01 G40 X50;	刀具沿 XY 平面退离工件,并取消刀补
N160	G00 Z5;	退刀至安全平面

续 表

程序段号	程序内容	注释
N170	G00 X0 Y0;	刀具定位至内轮廓中间
N180	G01 Z - 3 F50;	刀具进刀至 $Z - 3$mm 处
N190	G01 G41 X12.5 Y0 D1 F100;	刀具向整圆起点直线运动,并建立刀具左补偿
N200	G03 X12.5 Y0 I - 12.5 J0;	圆心编程法整圆加工
N210	G01 G40 X0 Y0;	刀具退离,向圆腔中心运动过程中取消刀补
N220	G00 Z50;	抬刀至初始平面
N230	M05;	主轴停止
N240	M30;	程序结束

任务实施

一、零件图分析

（一）零件结构分析

如图 3 - 2 - 1 所示,该零件属于板类零件,加工内容为平面、由直线和圆弧组成的外轮廓、宽 10mm 的直槽。

（二）尺寸分析

该零件图尺寸完整,各尺寸分析如下:

直槽：长 25mm、宽 10mm、深 3mm 按 IT14 等级执行。

U 形台轮廓：70 ± 0.05,经查表,加工精度等级为 IT9。

30 ± 0.05,经查表,加工精度等级均为 IT10。

其他尺寸精度等级按 IT14 执行。

（三）表面粗糙度分析

U 形台轮廓和直槽的所有加工面的表面粗糙度要求均为 $3.2 \mu m$,经济性能良好。

二、拟订工艺路线

（一）工件定位基准确定

以工件底面和两侧面为定位基准。

（二）加工方法选择

U 形台零件的加工面为外轮廓面、直槽及平面,加工表面的最高精度等级为 IT9,表面粗糙度为 $3.2 \mu m$。加工方法为粗铣、精铣。

（三）工艺路线拟订

（1）按 85mm×85mm×25mm 下料。

（2）在普通铣床上铣削 6 个面,铣床 80mm×80mm×20mm。

（3）去毛刺。

（4）在数控铣削机床上铣削 U 形台轮廓和直槽。

（5）去毛刺。

（6）检验。

三、设计数控铣削加工工序

（一）加工装备选择

选择 VMC‐800 立式数控铣床，系统为 FNAUC 0i Mate‐MD。

（二）工艺装备选择

1. 刀具选择

根据零件图分析可知，直槽宽为 10mm，可选择 φ10 的键槽铣刀。根据 U 形台开口圆弧 R15，U 形台轮廓铣削可选择 φ16 立铣刀。

2. 量具选择

该零件的尺寸精度要求并不高，选用 0～150mm、精度 0.01mm 的游标卡尺即可满足直槽和 U 形台尺寸及深度的精度测量。

3. 夹具选择

该板类零件可采用平口钳定位夹紧，工件高出平口钳上表面的高度应大于 5mm，即要选择合适的垫铁来将工件垫高。

（三）确定工步、走刀路线

1. 工步

查阅机械加工工艺手册，满足 U 形台轮廓侧面、底平面尺寸精度和表面粗糙度的加工方案为粗铣—精铣；满足直槽精度和表面粗糙度要求的加工方案为粗铣。

2. 走刀路线

U 形台轮廓切入、切出走刀路线如图 3‐2‐9 所示。

四、编制技术文件

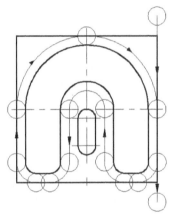

图 3‐2‐9　U 形台走刀路线

（一）机械加工工艺过程卡编制

U 形台零件机械加工工艺过程卡见表 3‐2‐2。

表 3‐2‐2　U 形台机械加工工艺过程卡

机械加工工艺过程卡		产品名称	零件名称	零件图号	材料	毛坯规格
			U 形台	3‐2‐1	45 钢	85mm× 85mm× 25mm
工序号	工序名称	工序内容	设备	工艺装备		工时
5	下料	85mm×85mm ×25mm	锯床			
10	铣面	铣削 6 个面，保证 80mm×80mm ×20mm	普铣	平口钳、面铣刀、游标卡尺		

续 表

机械加工工艺过程卡		产品名称	零件名称	零件图号	材料	毛坯规格
			U 形台	3-2-1	45 钢	85mm× 85mm× 25mm
工序号	工序名称	工序内容	设备	工艺装备		工时
15	钳	去毛刺		钳工台		
20	数控铣	铣 U 形台、直槽	VMC-800	平口钳、φ10 的键槽铣刀、φ16 立铣刀、游标卡尺		
25	钳	去毛刺		钳工台		
30	检验					
编制		审核		批准	共 1 页	第 1 页

（二）数控加工工序卡编制

U 形台零件数控加工工序卡,见表 3-2-3。

表 3-2-3 U 形台数控加工工序卡

数控加工工序卡				产品名称	零件名称	零件图号
					U 形台	3-2-1
工序号	程序号	材料	数量	夹具名称	使用设备	车间
20	O2003 O2004	45 钢	10	平口钳	VMC-800	数控加工车间
工步号	工步内容	切削三要素			刀具		量具
		n(r/min)	F(mm/r)	a_p	编号	名称	名称
1	粗铣 U 形台	600	150	3.5	T1	φ16 立铣刀	游标卡尺
2	精铣 U 形台	1000	100	0.5	T1	φ16 立铣刀	游标卡尺
3	粗铣宽 10mm、长 25mm 直槽	600	100	3	T2	φ10 键槽铣刀	游标卡尺
编制		审核		批准		共 1 页	第 1 页

（三）刀具调整卡

U 形台零件刀具调整卡,见表 3-2-4。

表 3-2-4 U 形台数控铣削刀具调整卡

产品名称				零件名称	U 形台	零件图号	3-2-1
序号	刀具号	刀具规格		刀具参数		刀补编号	
				刀具半径	刀杆规格	直径	长度
1	T1	立铣刀		φ16	100	D01=8.0	
2	T2	键槽铣刀		φ10	100		
编制		审核		批准		共 1 页	第 1 页

（四）数控加工程序编制

U 形台零件的编程原点选在工件上表面中心处，铣削 U 形台轮廓、直槽的加工程序见表 3 - 2 - 5 和表 3 - 2 - 6。

表 3 - 2 - 5 U 形台数控铣削加工程序

零件图号	3 - 2 - 1	零件名称	U 形台	编制日期	
程序号	O2003	数控系统	FANUC 0i Mate	编制	
程序段号	程序内容		注释		
	O2003；		程序号（ϕ16 立铣刀进行 U 形台轮廓铣削）		
N10	M03 S600；		主轴正转，转速 600r/min		
N20	G56 G90 G00 X50 Y40.3；		设置编程原点，刀具 X、Y 向定位		
N30	G00 Z5；		刀具快速定位到安全平面		
N40	G01 Z - 4 F50；		刀具进刀至 Z - 4mm 处		
N50	G01 X - 48.5 F100；		工件余量去除		
N60	G01 Y0；				
N70	G02 X48.5 Y0 R48.5；				
N80	G00 Z5；				
N90	X0 Y - 50；				
N100	G01 Z - 4 F50；				
N110	G01 Y - 38.2；				
N120	G01 X9；				
N130	G01 X - 9；				
N140	G01 X0；				
N160	G01 Y0；				
N170	G00 Z3；				
N180	G00 X50；		刀具定位到工件（50,0）处		
N190	G01 Z - 4 F50；		进刀		
N200	G01 X40.2；		准备进行轮廓粗加工，留 0.2mm 精加工余量		
N210	G01 X40.2 Y - 29；		直线插补到 $R6$ 圆弧粗加工起点		
N220	G02 X29 Y - 40.2 R11.2；		顺圆弧插补粗加工		
N230	G01 X21 Y - 40.2；		直线插补		
N240	G02 X9.8 Y - 29 R11.2；		$R6$ 顺圆弧插补粗加工		
N250	G01 Y0；		直线插补		

续　表

零件图号	3-2-1	零件名称	U 形台	编制日期	
程序号	O2003	数控系统	FANUC 0i Mate	编制	
程序段号	程序内容			注释	
N260	G03 X-9.8 Y0 R9.8；			R15 逆圆弧插补粗加工	
N270	G01 X-9.8 Y-29；			直线插补	
N280	G02 X-21 Y-40.2 R11.2；			R6 顺圆弧插补粗加工	
N290	G01 X-29；			直线插补	
N300	G02 X-40.2 Y-29 R11.2；			R6 顺圆弧插补粗加工	
N310	G01 Y0；			直线插补	
N320	G02 X40.2 Y0 R40.2；			R35 顺圆弧插补粗加工	
N330	G01 G41 X35 Y0 D01 S1000；			建立刀补，转速 1000r/min，设置 D01＝8.0 进行轮廓精加工	
N340	G01 Y-29；			直线插补	
N350	G02 X29 Y-35 R6；			R6 圆弧插补精加工	
N360	G01 X21；			直线插补	
N370	G02 X15 Y-29 R6；			R6 圆弧插补精加工	
N380	G01 X15 Y0；			直线插补	
N390	G03 X-15 Y0 R15；			R15 圆弧插补精加工	
N400	G01 Y-29；			直线插补	
N410	G02 X-21 Y-35 R6；			R6 圆弧插补精加工	
N420	G01 X-29；			直线插补	
N430	G02 X-35 Y-29 R6；			R6 圆弧插补精加工	
N440	G01 Y0；			直线插补	
N450	G02 X35 Y0 R35；			R35 圆弧插补精加工	
N460	G01 Y-10；			轮廓闭合	
N470	G01 G40 X50；			取消刀补，刀具 XY 向退离工件	
N480	G00 Z50；			Z 向抬刀至初始平面	
N490	M05；			主轴停止	
N500	M30；			程序结束	
编制		审核		日期		共 1 页	第 1 页

表 3 - 2 - 6　U 形台数控铣削加工程序

零件图号	3 - 2 - 1	零件名称	U 形台	编制日期	
程序号	O2004	数控系统	FANUC 0i Mate	编制	
程序段号	程序内容		注释		
	O2004；		程序号（φ10 键槽铣刀进行直槽铣削）		
N10	M03 S600；		主轴正转,转速 600r/min		
N20	G56 G90 G00 X0 Y - 5；		设置编程原点,刀具 X、Y 向定位		
N30	G00 Z5；		刀具快速定位到安全平面		
N40	G01 Z - 7 F50；		刀具进刀至 Z - 7mm 处		
N50	G01 Y - 20 F100；		加工 25mm 长的直槽		
N60	G01 Z5；		退刀至安全平面		
N70	G00 Z50；		抬刀至初始平面		
N80	M05；		主轴停止		
N90	M30；		程序结束		
编制		审核		日期		共 1 页	第 1 页

小　结

本任务介绍了数控铣削中心轨迹编程法和刀具半径补偿编程法的特点、应用,刀具半径补偿指令 G41、G42、G40 的功能、格式以及刀补应用过程中的注意事项。通过 U 形台零件的数控加工工艺设计与程序编制,要求熟悉数控铣削编程中中心轨迹法和刀补编程法在程序编制中的综合应用,并能掌握刀补在实际生产加工中的应用。

>>> 自测题 <<<

一、选择题

1. 刀具切削点的线速度方向与进给方向相同的是（　　）。

A. 顺铣　　　　　　B. 逆铣　　　　　　C. 对称铣　　　　　　D. 周铣

2. 为实现外轮廓顺铣加工,在主轴正转情况下,刀具的运动应该采取（　　）。

A. 顺时针　　　　　B. 逆时针　　　　　C. A、B 皆可　　　　　D. 无法实现

3. 在数控铣床上铣削一个正方形外轮廓,由于刀具磨损,铣刀直径比原来小了 1mm,则加工后的正方形尺寸（　　）

A. 大了 1mm　　　　B. 小了 1mm　　　　C. 大了 0.5mm　　　　D. 小了 0.5mm

4. 假设刀具半径为 r,零件精加工余量单边为 Δ,则最后一次粗加工的半径补偿值应设置为(　　)

A. Δ　　　　　　　B. r　　　　　　　C. r+Δ　　　　　　　D. r+2Δ

5. 铣削一个正方形型腔(内轮廓),假设使用的刀具为直径 12mm 的键槽铣刀,现刀具参数页中设置的刀补值为 6.1,则在该补偿值下,加工出的实际轮廓与零件轮廓相比(　　)。

A. 小 0.1mm　　　　B. 大 0.1mm　　　　C. 大 0.2mm　　　　D. 小 0.2mm

6. 数控铣削程序中,用来指定刀具半径补偿值的代码是(　　)。

A. H　　　　　　　B. M　　　　　　　C. D　　　　　　　D. T

7. 下列指令中,可取消刀具半径补偿功能的是(　　)。

A. G41　　　　　　B. G40　　　　　　C. G43　　　　　　D. G49

8. 加工零件内轮廓时,如果沿顺时针方向描述刀具运动轨迹,则应采用(　　)。

A. G41　　　　　　B. G42　　　　　　C. G40　　　　　　D. A、B 均可

9. 据图 3-2-10 所标的走刀方向,写出加工工件所必需的刀补指令,左、右分别为(　　)。

A. G41、G42　　　　B. G42、G41　　　　C. G41、G41　　　　D. G42、G42

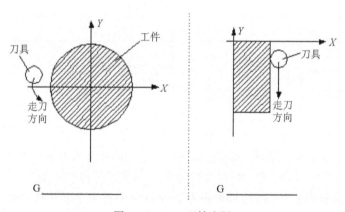

图 3-2-10　刀补应用

10. 如图 3-2-11 所示,刀具起点在圆中心,沿图所标方向应用刀补编写切削整圆的加工程序为(　　)。

A. G01 G41 X12.5 Y0 D01;
　 G03 X12.5 Y0 I-12.5 J0;

B. G01 G42 X12.5 Y0 D01;
　 G03 X12.5 Y0 I-12.5 J0;

C. G01 G41 X12.5 Y0 D01;
　 G02 X12.5 Y0 I-12.5 J0;

D. G01 G42 X12.5 Y0 D01;
　 G02 X12.5 Y0 I-12.5 J0;

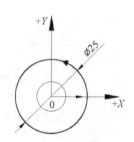

图 3-2-11　例图

二、编程题

1. 如图 3-2-12 所示的零件,毛坯为 $80mm \times 80mm \times 20mm$ 的铝块,四个侧面及底面已精加工,试采用刀具半径补偿指令编制该零件内外轮廓的精加工程序。

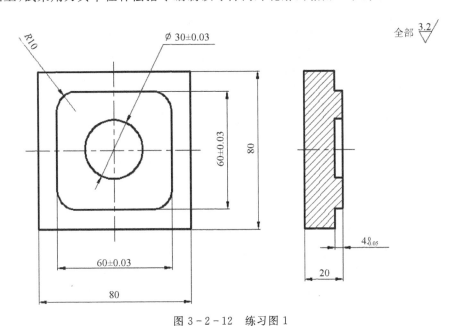

图 3-2-12 练习图 1

2. 如图 3-2-13 所示的型芯零件,毛坯为 $80mm \times 80mm \times 20mm$ 的铝块,四个侧面及底面已精加工,试采用中心轨迹法、刀具半径补偿编程法编制该零件内外轮廓的粗、精加工程序。

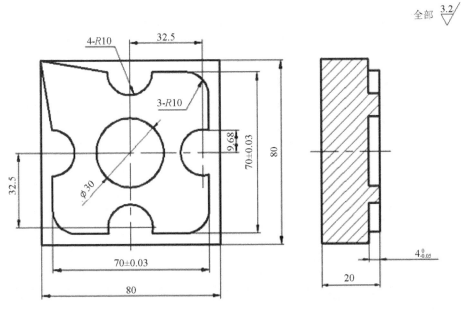

图 3-2-13 练习图 2

3. 如图 3-2-14 所示的凸台零件,毛坯为 $\phi 80 \times 20$ 的铝块,圆周侧面及底面已精加工,试采用中心轨迹法、刀具半径补偿编程法编制该零件外凸台轮廓的粗、精加工程序。

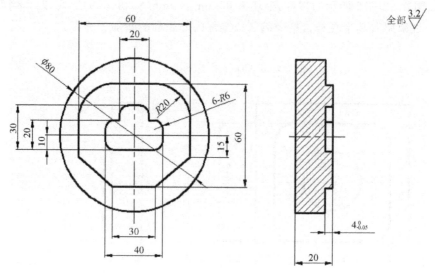

图 3-2-14　练习图 3

知识拓展

一、SINUMERIK 802D 系统的刀具半径补偿编程指令

SINUMERIK 802D 系统的刀具半径补偿编程指令有 3 个,分别是 G41、G42、G40,编程的格式和功能与 FANUC 0i 系统相同。但在 SINUMERIK 802D 系统中,也有其不同于 FANUC 0i 系统之处。

(1) 在 SINUMERIK 802D 系统中,一个刀具可以配套有 9 个(分别为 01～09)不同补偿的数据组(可用于多个切削刃),这 9 个不同的数据组用 D 及其相应的序号(如 D01、D02—D09)来表示。若没有编写 D 指令,则 D1 自动生效;若编写 D0,则刀具补偿值无效。

(2) 刀具补偿方向偏移指令 G41 和 G42 可以相互变换,无须在其中再写入 G40 指令。原补偿方向的程序段在其轨迹终点处按矢量的正常状态结束,然后在其新的补偿方向开始进行补偿(在起始点按正常状态)。

(3) 可以在补偿运行过程中变换补偿号 D,补偿号变换后,在新补偿号程序段的段起始点处,新刀具半径就已经生效,但整个变化需等到程序段结束才能发生,这些修改值由整个程序段连续执行,圆弧插补时也一样。

(4) 如果通过程序结束指令 M2,而不是用 G40 指令结束补偿运行,则最后的程序段以补偿矢量正常位置坐标结束,不进行补偿移动,程序以此刀具位结束。

二、应用

用 SINUMERIK 802D 系统对图 3-2-1 所示的 U 形台零件进行编程,其数控加工程序见表 3-2-7、表 3-2-8。

表 3-2-7 U 形台数控铣削加工程序

零件图号	3-2-1	零件名称	U 形台	编制日期	
程序号	UTAI. MPF	数控系统	SINUMERIK 802D	编制	
程序段号	程序内容		注释		
	UTAI. MFP		程序名(φ16 立铣刀进行 U 形台轮廓铣削)		
N10	M03 S600;		主轴正转,转速 600r/min		
N20	G56 G90 G00 X50 Y40.3;		设置编程原点,刀具 X、Y 向定位		
N30	G00 Z5;		刀具快速定位到安全平面		
N40	G01 Z-4 F50;		刀具进刀至 Z-4mm 处		
N50	G01 X-48.5 F100;		工件余量去除		
N60	G01Y0;				
N70	G02 X48.5 Y0 R48.5;				
N80	G00 Z5;				
N90	X0 Y-50;				
N100	G01 Z-4 F50;				
N110	G01 Y-38.2;				
N120	G01 X9;				
N130	G01 X-9;				
N140	G01 X0;				
N160	G01 Y0;				
N170	G00 Z3;				
N180	G00 X50;		刀具定位到工件(50,0)处		
N190	G01 Z-4 F50;		进刀		
N200	G01 X40.2;		准备进行轮廓粗加工,留 0.2mm 精加工余量		
N210	G01 X40.2 Y-29;		直线插补到 R6 圆弧粗加工起点		
N220	G02 X29 Y-40.2 R11.2;		顺圆弧插补粗加工		
N230	G01 X21 Y-40.2;		直线插补		
N240	G02 X9.8 Y-29 R11.2;		R6 顺圆弧插补粗加工		
N250	G01 Y0;		直线插补		
N260	G03 X-9.8 Y0 R9.8;		R15 逆圆弧插补粗加工		
N270	G01 X-9.8 Y-29;		直线插补		
N280	G02 X-21 Y-40.2 R11.2;		R6 顺圆弧插补粗加工		

续　表

零件图号	3－2－1	零件名称	U 形台	编制日期	
程序号	UTAI. MPF	数控系统	SINUMERIK 802D	编制	
程序段号	程序内容		注释		
N290	G01 X－29；		直线插补		
N300	G02 X－40.2 Y－29 R11.2；		R6 顺圆弧插补粗加工		
N310	G01 Y0；		直线插补		
N320	G02 X40.2 Y0 R40.2；		R35 顺圆弧插补粗加工		
N330	G01 G41 X35 Y0 D01 S1000；		建立刀补，转速 1000r/min，设置 D01＝8.0 进行轮廓精加工		
N340	G01 Y－29；		直线插补		
N350	G02 X29 Y－35 R6；		R6 圆弧插补精加工		
N360	G01 X21；		直线插补		
N370	G02 X15 Y－29 R6；		R6 圆弧插补精加工		
N380	G01 X15 Y0；		直线插补		
N390	G03 X－15 Y0 R15；		R15 圆弧插补精加工		
N400	G01 Y－29；		直线插补		
N410	G02 X－21 Y－35 R6；		R6 圆弧插补精加工		
N420	G01 X－29；		直线插补		
N430	G02 X－35 Y－29 R6；		R6 圆弧插补精加工		
N440	G01 Y0；		直线插补		
N450	G02 X35 Y0 R35；		R35 圆弧插补精加工		
N460	G01 Y－10；		轮廓闭合		
N470	G01 G40 X50；		取消刀补，刀具 XY 向退离工件		
N480	G00 Z50；		Z 向抬刀至初始平面		
N490	M05；		主轴停止		
N500	M30；		程序结束		
编制		审核		日期	共 1 页　　第 1 页

表 3-2-8　U 形台数控铣削加工程序

零件图号	3-2-1	零件名称	U 形台	编制日期	
程序号	UTAI. MPF	数控系统	SINUMERIK 802D	编制	
程序段号	程序内容		注释		
	ZHICAO. MPF		程序名（ϕ10 键槽铣刀进行直槽铣削）		
N10	M03 S600；		主轴正转，转速 600r/min		
N20	G54 G90 G00 X0 Y-5；		设置编程原点，刀具 X、Y 向定位		
N30	G00 Z5；		刀具快速定位到安全平面		
N40	G01 Z-7 F50；		刀具进刀至 Z-7mm 处		
N50	G01 Y-20 F100；		加工 25mm 长的直槽		
N60	G01 Z5；		退刀至安全平面		
N70	G00 Z50；		抬刀至初始平面		
N80	M05；		主轴停止		
N90	M30；		程序结束		
编制		审核		日期	共 1 页　　第 1 页

任务二　型芯零件加工工艺编程

任务内容

如图 3-2-15 所示的型芯零件，毛坯为 80mm×80mm×20mm 的 45 钢，试编制型芯零件的数控加工程序。

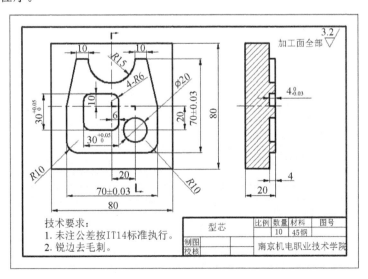

图 3-2-15　型芯零件图

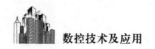 任务目标

(1) 正确选择内轮廓铣削进给路线、铣削刀具；

(2) 理解铣削用量及其选择；

(3) 熟练掌握刀具半径补偿指令及其应用；

(4) 理解子程序的功能、指令及其用法；

(5) 具备应用子程序及刀补功能编制数控铣削程序的能力。

相关知识

一、轮廓铣削进给路线

数控铣削进给路线选择对零件的加工精度和表面质量有着直接的影响。合理的进给路线能满足零件加工精度、表面粗糙度的要求；进给路线最短，空行程最少；数值计算简单，程序段少，编程工作量小。

（一）顺铣与逆铣铣削方式

数控铣削内外轮廓时，有顺铣和逆铣两种方式。

1. 顺铣

如图 3-2-16(a)所示，铣刀切削点的线速度方向(F_f)与工件进给方向(v_f)相同时为顺铣。顺铣的特点如下。

(1) 顺铣时，刀齿的切削厚度是从最大值开始降到零，刀齿切入工件时的冲击力较大，尤其工件待加工表面是毛坯或者有硬皮时，刀刃从外部通过工件的硬化表层，易产生较大的磨损。

(2) 顺铣时，作用于工件上的切削分力 F_N 始终压下工件，这对工件的夹紧有利。

2. 逆铣

如图 3-2-16(b)所示，铣刀切削点的线速度方向(F_f)与工件进给方向(v_f)相反时为逆铣。顺铣的特点如下。

(1) 逆铣时，每个刀齿的切削厚度由零增至最大，切削刃并非绝对锋利，铣刀刃口处总有圆弧存在，刀齿不能立刻切入工件，而是在已加工表面上挤压滑行，使该表面的硬化现象严重，影响了表面质量，也使刀齿的磨损加剧。

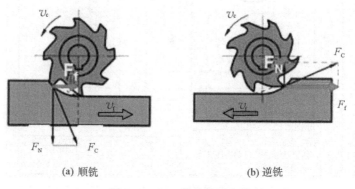

(a) 顺铣   (b) 逆铣

图 3-2-16　数控铣削方式

（2）逆铣时,作用于工件上的垂直切削分力 F_N 向上,有将工件抬起的趋势,易引起振动,影响工件的夹紧。铣薄壁和刚度差工件时影响更大。

（二）数控铣削顺、逆铣与进给的关系

铣削外轮廓时,如图 3-2-17(a)所示,铣刀的切削点线速度方向与工件的进给方向一致时,刀具的进给方向是沿着工件外轮廓顺时针方向进给的;如图 3-2-17(b)所示,铣刀的切削点线速度方向与工件的进给方向相反时,刀具的进给方向是沿着工件外轮廓逆时针方向进给的。

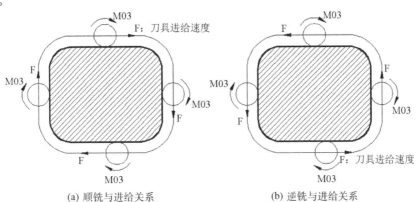

(a) 顺铣与进给关系　　　　　　(b) 逆铣与进给关系

图 3-2-17　铣削外轮廓时顺、逆铣与进给的关系

铣削内轮廓时,如图 3-2-18(a)所示,铣刀的切削点线速度方向与工件的进给方向一致时,刀具的进给方向是沿着工件内轮廓逆时针方向进给的;如图 3-2-18(b)所示,铣刀的切削点线速度方向与工件的进给方向相反时,刀具的进给方向是沿着工件外轮廓顺时针方向进给的。

综上所述,铣削外轮廓时,刀具沿外轮廓顺时针方向编程走刀为顺铣,沿外轮廓逆时针方向编程走刀为逆铣;铣削内轮廓时,刀具沿内轮廓逆时针方向编程走刀为顺铣,沿内轮廓顺时针方向编程走刀为逆铣。

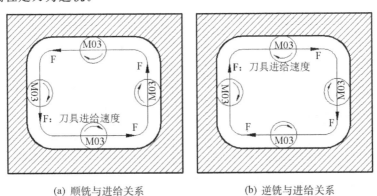

(a) 顺铣与进给关系　　　　　　(b) 逆铣与进给关系

图 3-2-18　铣削内轮廓时顺、逆铣与进给的关系

（三）内外轮廓铣削进给路线

1. 内槽（型腔）的进给路线

内槽是指以封闭曲线为边界的平底凹槽,采用平底立铣刀加工,刀具的圆角半径应满足

内槽(型腔)的图样要求。加工内槽(型腔)的三种进给路线分别如下：

(1) 行切法。行切法走刀路线如图 3-2-19(a)所示，行切法的特点是刀位点计算较简单，进给路线较环切法短，但行切法会在每两次进给的起点和终点留下痕迹，影响内侧壁的表面质量。

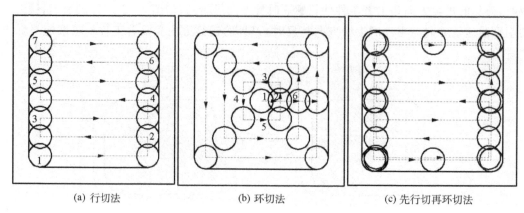

(a) 行切法　　　　　(b) 环切法　　　　　(c) 先行切再环切法

图 3-2-19　内槽(型腔)进给路线

(2) 环切法。环切法走刀路线如图 3-2-19(b)所示，环切法的特点是表面质量好于行切法，但环切法需要自内向外扩展轮廓线，刀位点计算较行切法复杂。

(3) 行切再环切法。行切再环切法走刀路线如图 3-2-19(c)所示，即先用行切法切去中间大部分余量，最后沿轮廓环切一周，既能使总的进给路线较短，又能获得较好的表面质量。

2. 外圆、内圆铣削进给路线

(1) 如图 3-2-20(a)所示，当用圆弧插补方式铣削外圆柱面时，要安排刀具从圆弧切入点的切向进入圆周铣削加工，加工完毕后，也不要直接在切点处抬刀，应沿切线方向多运动一段距离，离开切点再抬刀，以免取消刀补时，刀具与工件表面相碰，造成工件报废。

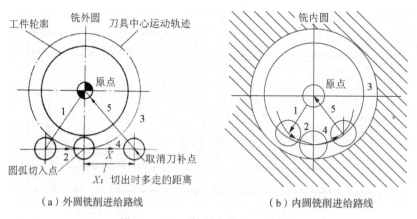

(a) 外圆铣削进给路线　　　　　(b) 内圆铣削进给路线

图 3-2-20　铣削内外圆进给路线

(2) 如图 3-2-20(b)所示，当用圆弧插补方式铣削内圆槽时，也要遵循从切向切入、切出的原则，最好安排从圆弧过渡到圆弧的加工路线，提高内圆槽侧面的加工精度和表面质量。

3. 不规则内外轮廓铣削进给路线

（1）铣削平面外轮廓时，在刀具切入工件时，应避免沿零件外轮廓的法向切入，而应沿切削起始点的延伸线逐渐切入工件，保证零件曲线的平滑过渡。同理，在切离工件时，也应避免在切削终点处直接抬刀，要沿着切削终点延伸线逐渐切离工件，如图 3－2－21(a)所示。

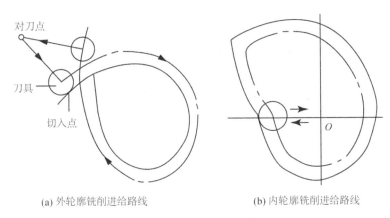

(a) 外轮廓铣削进给路线　　　　(b) 内轮廓铣削进给路线

图 3－2－21　内外轮廓切入、切出进给路线

（2）铣削封闭的内轮廓表面时，同铣削外轮廓一样，刀具同样不能沿轮廓的法向切入和切出。

① 若内轮廓曲线允许外延，则应沿切削起始点延伸线或切线方向切入、切出。

② 若内轮廓曲线不允许外延，刀具只能沿内轮廓曲线的法向切入、切出，此时刀具的切入、切出点应尽量选在内轮廓曲线两几何元素的交点处，如图 3－2－21(b)所示。

③ 当内轮廓几何元素相切无交点时，为防止刀补取消时在轮廓拐角处留下凹口，刀具切入、切出点应远离拐角，如图 3－2－22 所示。

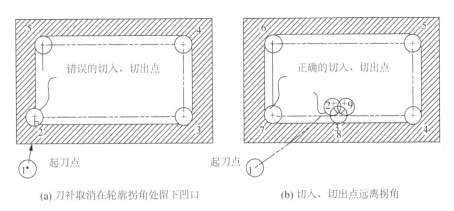

(a) 刀补取消在轮廓拐角处留下凹口　　　　(b) 切入、切出点远离拐角

图 3－2－22　无交点内轮廓切入、切出进给路线

二、铣削用量选择

切削用量包括切削速度（主轴转速）、进给速度、背吃刀量。切削用量的大小对切削力、切削功率、刀具磨损、加工质量和加工成本均有显著影响。数控加工中选择切削用量时，要

根据零件的加工方法、加工精度和表面质量要求、工件材料、选用的刀具和使用的数控设备,在保证加工质量和刀具耐用度的前提下,充分发挥机床性能和刀具切削性能,查切削用量手册并结合实践经验,正确合理地选择切削用量。

(一) 背吃刀量和侧吃刀量

背吃刀量 ap 是指平行于铣刀轴线的切削层尺寸,单位为 mm。端铣时为切削层的深度,周铣时为切削层的宽度。

侧吃刀量 ae 是指垂直于铣刀轴线的切削层尺寸,端铣时为被加工表面的宽度,周铣时为切削层的深度。

当零件表面粗糙度 Ra 为 0.8～3.2 时,应分粗铣、半精铣、精铣三步进行。半精铣的吃刀量取 1.5～2.0mm,精铣时周铣侧吃刀量取 0.3～0.5mm,端铣背吃刀量取 0.5～1.0mm。

为提高切削效率,端铣刀应尽量选择较大的直径,切削宽度取刀具直径的 1/3～1/2,切削深度应大于冷硬层的厚度。

(二) 进给速度

进给速度 v_f 是单位时间内工件与铣刀沿进给方向的相对位移,单位为 mm/min。它与铣刀转速 n、铣刀齿数 z 及每齿进给量 f_z(单位为 mm/z)的关系为

$$v_f = f_z z n$$

铣刀每齿进给量 f_z 可参考表 3-2-9 选取。

表 3-2-9 铣刀每齿进给量 f_z

材料	每齿进给量 f_z(mm/z)			
	粗铣		精铣	
	高速钢铣刀	硬质合金铣刀	高速钢铣刀	硬质合金铣刀
钢	0.1～0.15	0.10～0.25	0.02～0.05	0.10～0.15
铸铁	0.12～0.20	0.15～0.30		

进给速度是影响刀具耐用度的主要因素,在确定进给速度时,要综合考虑零件的加工精度、表面粗糙度、刀具及工件的材料等因素,参考切削用量手册选取。

(三) 切削速度

切削速度可用经验公式计算,也可根据已经选好的背吃刀量、进给速度及刀具耐用度,在机床允许的切削速度范围内查取,或参考有关切削用量手册选用。

主轴转速 n 主要根据允许的切削速度选取,计算公式为

$$n = \frac{1000V}{\pi d}, (d \text{ 为切削刃选定处所对应的工件或刀具的回转直径})$$

切削用量选择一般遵循如下原则:

粗加工时一般以提高生产率为主,在考虑机床进给机构和刀具的强度、刚度等因素的情况下,通常选择较大的背吃刀量和进给量,采用较低的切削速度。

半精加工和精加工时,应在保证加工质量的前提下,兼顾切削效率、经济性和加工成本,通常选择较小的背吃刀量和进给速度,在刀具切削性能许可时尽可能提高切削速度。

三、子程序

（一）子程序功能

（1）一个零件中有几处形状相同时，则相同的形状用子程序描述；

（2）一个加工程序中，重复的刀具运动轨迹可用子程序描述（主要出现在粗、精加工中）。

（二）子程序的结构

O××××；　　　　　　　　　子程序号

······}　　　　　　　　重复的刀具轨迹或相同的形状描述

M99；　　　　　　　　子程序结束

（三）主程序调用子程序格式

M98　调用子程序

M99　子程序结束

调用子程序的程序称为"主程序"。主程序调用子程序时的指令段格式为

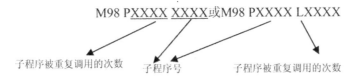

（四）说明

（1）M98 程序段中，不得有其他指令出现。

（2）M99 表示子程序结束，并返回主程序。

（3）如果采用 P 后加八位数字的格式，表示调用次数的前四位数字的 0 可以省略不写，但子程序号前的 0 不可省略，当不指定重复次数时，子程序只调用一次。

（4）采用带 L 的格式，子程序号及调用次数前的 0 可省略不写，如果只调用子程序一次，则地址 L 及其后的数字可省略。

（五）子程序嵌套

子程序调用可以嵌套 4 级。当主程序调用子程序时，它被认为是一级子程序。子程序的嵌套如图 3 - 2 - 23 所示。

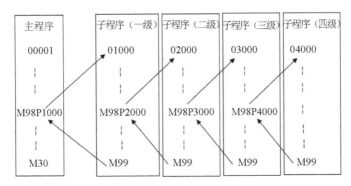

图 3 - 2 - 23　子程序嵌套

（六）子程序范例及运行分析

例 3－2－3 试用子程序编写如图 3－2－24 所示型腔的粗精加工程序。其加工程序及程序运行流程如下。

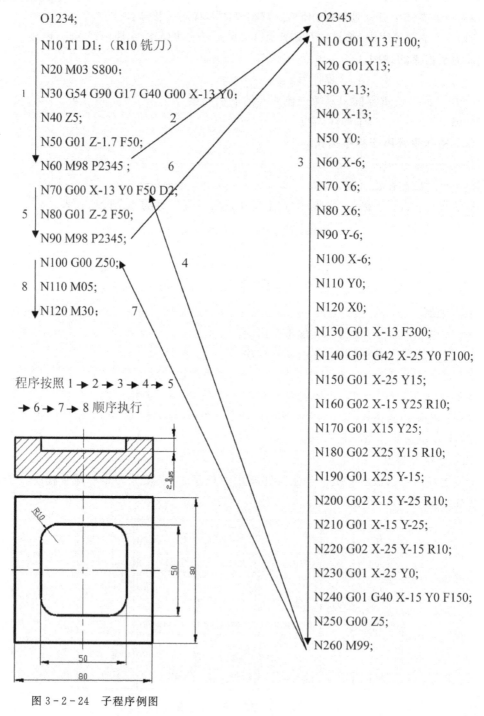

O1234;

N10 T1 D1：（R10 铣刀）

N20 M03 S800；

1 ┃ N30 G54 G90 G17 G40 G00 X-13 Y0；

N40 Z5；　　　　　　　2

N50 G01 Z-1.7 F50；

N60 M98 P2345；　　　6

N70 G00 X-13 Y0 F50 D2；

5 ┃ N80 G01 Z-2 F50；

N90 M98 P2345；

N100 G00 Z50；　　　4

8 ┃ N110 M05；

N120 M30；　　　7

O2345

N10 G01 Y13 F100；

N20 G01 X13；

N30 Y-13；

N40 X-13；

N50 Y0；

3 ┃ N60 X-6；

N70 Y6；

N80 X6；

N90 Y-6；

N100 X-6；

N110 Y0；

N120 X0；

N130 G01 X-13 F300；

N140 G01 G42 X-25 Y0 F100；

N150 G01 X-25 Y15；

N160 G02 X-15 Y25 R10；

N170 G01 X15 Y25；

N180 G02 X25 Y15 R10；

N190 G01 X25 Y-15；

N200 G02 X15 Y-25 R10；

N210 G01 X-15 Y-25；

N220 G02 X-25 Y-15 R10；

N230 G01 X-25 Y0；

N240 G01 G40 X-15 Y0 F150；

N250 G00 Z5；

N260 M99；

程序按照 1 ➡ 2 ➡ 3 ➡ 4 ➡ 5

➡ 6 ➡ 7 ➡ 8 顺序执行

图 3－2－24　子程序例图

⊙ 任务实施

一、零件图分析

（一）零件结构分析

如图 3-2-15 所示，该零件属于板类零件，加工内容为平面、由直线和圆弧组成的外轮廓、方槽及 $\phi 20$ mm 的内圆槽。

（二）尺寸分析

该零件图尺寸完整，各尺寸分析如下。

外轮廓：70 ± 0.03，经查表，加工精度等级为 IT9。

方槽：$30_0^{+0.05}$，经查表，加工精度等级为 IT9。

深度：$4_{-0.03}^{0}$，经查表，加工精度等级均为 IT9。

其他尺寸精度等级按 IT14 执行。

（三）表面粗糙度分析

外轮廓、方槽及内圆槽的所有加工面的表面粗糙度要求均为 $3.2\mu m$，经济性能良好。

二、拟订工艺路线

（一）工件定位基准确定

以工件底面和两侧面为定位基准。

（二）加工方法选择

型芯零件的加工面为外轮廓面、方槽及内圆槽，加工表面的最高精度等级为 IT9，表面粗糙度为 $3.2\mu m$，其加工方法为粗铣、精铣；方槽深度精度等级为 IT9，表面粗糙度为 $3.2\mu m$，其底面加工方法为粗铣、精铣。

（三）工艺路线拟订

（1）按 85mm×85mm×25mm 下料。

（2）在普通铣床上铣削 6 个面，铣床 80mm×80mm×20mm。

（3）去毛刺。

（4）在数控铣削机床上铣削外轮廓、方槽及内圆槽。

（5）去毛刺。

（6）检验。

三、设计数控铣削加工工序

（一）加工装备选择

选择 VMC-800 立式数控铣床，系统为 FNAUC 0i Mate-MD。

（二）工艺装备选择

1. 刀具选择

根据零件图分析可知，方槽转角圆弧为 R6，可选择 $\phi 10$ 的键槽铣刀。外轮廓及内圆槽可选择 $\phi 16$ 立铣刀。

2. 量具选择

该零件的尺寸精度要求并不高,选用 0~150mm、精度 0.01mm 的游标卡尺即可满足外轮廓、方槽及内圆槽尺寸及深度的精度测量。

3. 夹具选择

该板类零件可采用平口钳定位夹紧,选择合适的垫铁来将工件垫高,使工件高出平口钳上表面 5mm 以上。

(三) 确定工步、走刀路线

1. 工步

查阅机械加工工艺手册,满足外轮廓、方槽、内圆槽侧面尺寸精度和表面粗糙度的加工方案为粗铣—精铣;满足方槽深度精度和表面粗糙度要求的加工方案为粗铣—精铣。

2. 走刀路线

外轮廓沿切向安排切入、切出进给路线;方槽铣削采用先行切再环切一周进给路线;内圆槽采用圆弧切入、切出走刀路线。

四、编制技术文件

(一) 机械加工工艺过程卡编制

型芯零件机械加工工艺过程卡见表 3-2-10。

表 3-2-10　型芯零件机械加工工艺过程卡

机械加工工艺过程卡		产品名称	零件名称	零件图号	材料	毛坯规格
			型芯	3-2-15	45 钢	85×85×25
工序号	工序名称	工序内容	设备	工艺装备		工时
5	下料	85×85×25	锯床			
10	铣面	铣削 6 个面,保证 80×80×20	普铣	平口钳、面铣刀、游标卡尺		
15	钳	去毛刺		钳工台		
20	数控铣	铣外轮廓、方槽及内圆槽	VMC-800	平口钳、φ10 的键槽铣刀、φ16 立铣刀、游标卡尺		
25	钳	去毛刺		钳工台		
30	检验					
编制		审核		批准		共 1 页　第 1 页

(二) 数控加工工序卡编制

型芯零件数控加工工序卡,见表 3-2-11。

表 3 – 2 – 11　型芯零件数控加工工序卡

数控加工工序卡				产品名称	零件名称		零件图号
					型芯		3 – 2 – 15
工序号	程序号	材料	数量	夹具名称	使用设备		车间
20	O2005 O2006 O2007	45 钢	10	平口钳	VMC – 800		数控加工车间
工步号	工步内容	切削三要素			刀具		量具
		n(r/min)	F(mm/r)	a_p	编号	名称	名称
1	粗铣外轮廓	600	150	3.5	T1	φ16 立铣刀	游标卡尺
2	精铣外轮廓	1000	100	0.5	T1	φ16 立铣刀	游标卡尺
3	粗铣宽 30mm、 长 30mm 方槽	800	100	3	T2	φ10 键槽铣刀	游标卡尺
4	精铣宽 30mm、 长 30mm 方槽	1000	100	0.5	T2	φ10 键槽铣刀	游标卡尺
5	粗铣内圆槽	600	150	3.5	T1	φ16 立铣刀	游标卡尺
6	精铣内圆槽	1000	100	0.5	T1	φ16 立铣刀	游标卡尺
编制		审核		批准		共 1 页	第 1 页

（三）刀具调整卡

型芯零件刀具调整卡,见表 3 – 2 – 12。

表 3 – 2 – 12　型芯零件数控铣削刀具调整卡

产品名称			零件名称	型芯	零件图号	3 – 2 – 15
序号	刀具号	刀具规格	刀具参数		刀补编号	
			刀具半径	刀杆规格	直径	长度
1	T1	立铣刀	φ16	100	D01＝8.0	
2	T2	键槽铣刀	φ10	100	D02＝8.0	
编制		审核		批准	共 1 页	第 1 页

（四）数控加工程序编制

型芯零件的编程原点选在工件上表面中心处,铣削外轮廓、内圆槽及方槽的加工程序见表 3 – 2 – 13、表 3 – 2 – 14、表 3 – 2 – 15 和表 3 – 2 – 16。

表 3 - 2 - 13　型芯零件外轮廓数控铣削加工程序

零件图号	3 - 2 - 15	零件名称	型芯	编制日期	
程序号	O2005	数控系统	FANUC 0i Mate	编制	
程序段号	程序内容		注释		
	O2005；		程序号（φ16 立铣刀进行外轮廓铣削）		
N10	M03 S600；		主轴正转，转速 600r/min		
N20	G56 G90 G00 X50 Y0；		设置编程原点，刀具 X、Y 向定位		
N30	G00 Z5；		刀具快速定位到安全平面		
N40	G01 Z - 4 F50；		刀具进刀至 Z - 4mm 处		
N50	G01 X43.5 F100；		工件余量去除，侧面留 0.5mm 精加工余量		
N60	G01 Y - 43.5；		Y 向进刀粗加工		
N70	G01 X - 43.5；		X 向进刀粗加工		
N80	G01 Y43.5；		Y 向进刀粗加工		
N90	G01 X43.5；		X 向进刀粗加工		
N100	G01 Y0；		Y 向进刀粗加工		
N110	G01 X35 Y35；		右侧斜线余量去除		
N120	G01 Y43.5；		空刀退刀		
N130	G01 X0 Y43.5；		空刀进刀		
N140	G01 Y28.5；		圆弧粗加工		
N150	G01 Y43.5；		空刀退刀		
N160	G01 X - 35 Y43.5；		空刀进刀		
N170	G01 X - 43.5 Y0；		左侧斜线余量去除		
N180	G01 Z5；		抬刀		
N190	G00 X50 Y50；		定位到刀补起始点		
N200	G01 Z - 4 F50；		Z 向下刀		
N210	G01 G41 X25 D01 S1000；		建立刀补，转速 1000r/min，设置 D01 = 8.0 进行轮廓精加工		
N220	G01 Y35；		直线插补		
N230	G01 X35 Y0；		直线插补		
N240	G01 Y - 25；		直线插补		
N250	G02 X25 Y - 35 R10；		R10 圆弧插补精加工		
N260	G01 X - 25；		直线插补		

零件图号	3-2-15	零件名称	型芯	编制日期	
程序号	O2005	数控系统	FANUC 0i Mate	编制	
程序段号	程序内容		注释		
N270	G02 X-35 Y-25 R10;		R10 圆弧插补精加工		
N280	G01 Y0;		直线插补		
N290	G01 X-25 Y35;		直线插补		
N300	G01 X-15;		直线插补		
N310	G03 X15 Y35 R15;		R15 圆弧插补精加工		
N320	G01 X25;		轮廓闭合		
N330	G01 G40 X50 Y50;		取消刀补,刀具 XY 向退离工件		
N340	G00 Z50;		Z 向抬刀至初始平面		
N350	M05;		主轴停止		
N360	M30;		程序结束		
编制		审核		日期	共1页 第1页

表 3-2-14 型芯零件内圆槽数控铣削加工程序

零件图号	3-2-15	零件名称	型芯	编制日期	
程序号	O2006	数控系统	FANUC 0i Mate	编制	
程序段号	程序内容		注释		
	O2006;		程序号(φ16 铣刀进行内圆槽铣削)		
N10	M03 S600;		主轴正转,转速 600r/min		
N20	G56 G90 G00 X20 Y-20;		设置编程原点,刀具在内圆槽中心定位		
N30	G00 Z5;		刀具快速定位到安全平面		
N40	G01 Z-4 F50;		刀具进刀至 Z-4mm 处		
N50	G01 G41 X30 Y-20 D01 S1000 F100;		建立刀补,转速 1000r/min,设置 D01=8.0 进行轮廓精加工		
N60	G03 X30 Y-20 I-10 J0;		整圆插补		
N70	G01 G40 X20 Y-20;		取消刀补,刀具 XY 向退向内槽中心		
N80	G01 Z5;		退刀至安全平面		

续　表

零件图号	3－2－15	零件名称	型芯	编制日期	
程序号	O2006	数控系统	FANUC 0i Mate	编制	
程序段号	程序内容			注释	
N90	G00 Z50；		抬刀至初始平面		
N100	M05；		主轴停止		
N110	M30；		程序结束		
编制		审核		日期	共 1 页　　第 1 页

表 3－2－15　型芯零件方槽数控铣削加工程序

零件图号	3－2－15	零件名称	型芯	编制日期	
程序号	O2007	数控系统	FANUC 0i Mate	编制	
程序段号	程序内容			注释	
	O2007；			程序号（φ10 键槽铣刀进行方槽铣削）	
N10	M03 S800；			主轴正转，转速 800r/min	
N20	G56 G90 G00 X－9 Y－5；			设置编程原点，刀具 X、Y 向定位	
N30	G00 Z5；			刀具快速定位到安全平面	
N40	G01 Z－3.5 F50；			刀具进刀至 Z－3.5mm 处，深度第一层加工	
N50	M98 P2008；			调用子程序进行粗加工（余量去除）	
N60	G01 Z－4 F50；			刀具进刀至 Z－4mm 处，深度第二层加工	
N70	M98 P2008；			调用子程序进行粗加工（余量去除）	
N80	G01 G41 X6 D02 S1000；			建立刀补，转速 1000r/min，设置 D02＝5.0 进行轮廓精加工	
N90	G01 Y4；			直线插补	
N100	G03 X0 Y10 R6；			圆弧插补	
N110	G01 X－18；			直线插补	
N120	G03 X－24 Y4 R6；			圆弧插补	
N130	G01 Y－14；			直线插补	
N140	G03 X－18 Y－20 R6；			圆弧插补	
N150	G01 X0 Y－20；			直线插补	
N160	G03 X6 Y－14 R6；			圆弧插补	

零件图号	3-2-15	零件名称	型芯	编制日期	
程序号	O2007	数控系统	FANUC 0i Mate	编制	
程序段号	程序内容		注释		
N170	G01 Y-5；		直线插补		
N180	G01 G40 X-9；		取消刀补至方槽中心		
N190	G00 Z50；		抬刀至初始平面		
N200	M05；		主轴停止		
N210	M30；		程序结束		
编制		审核		日期	共 1 页　第 1 页

表 3-2-16　型芯零件方槽子程序

零件图号	3-2-15	零件名称	型芯	编制日期	
程序号	O2008	数控系统	FANUC 0i Mate	编制	
程序段号	程序内容		注释		
	O2008；		子程序号（φ10 键槽铣刀进行方槽铣削）		
N10	G01 X-6.5 Y-5 F100；				
N20	G01 Y-2.5；				
N30	G01 X-11.5；				
N40	G01 Y-7.5；				
N50	G01 X-6.5；				
N60	G01 Y-5；				
N70	G01 X0.5；				
N80	G01 Y4.5；				
N90	G01 X-18.5；				
N100	G01 Y-14.5；				
N110	G01 X0.5；				
N120	G01 Y-5；				
N130	G01 X-9；				
N140	M99；		子程序结束		
编制		审核		日期	共 1 页　第 1 页

小 结

本任务介绍了数控铣削内槽型腔的走刀路线及其特点,铣削用量的选择方法,子程序的功能、组成格式、子程序的调用格式以及应用子程序编程方法和主程序调用子程序的工作过程。通过型芯零件的数控加工工艺设计与程序编制,要求熟悉数控铣削内槽型腔的走刀路线安排及应用子程序编制简化程序的方法。

>>> 自测题 <<<

一、选择题

1. 数控精铣时,一般应选用(　　　)。

A. 较小的背吃刀量、较高的主轴转速、较低的进给速度

B. 较大的背吃刀量、较低的主轴转速、较高的进给速度

C. 较小的背吃刀量、较低的主轴转速、较高的进给速度

D. 较大的背吃刀量、较高的主轴转速、较高的进给速度

2. 在数控铣削键槽时,应选择(　　　)。

A. 立铣刀　　　　　　B. 键槽刀　　　　　　C. 面铣刀　　　　　　D. 球头刀

3. 在数控铣床上,不考虑进给丝杠间隙的情况下,为提高加工质量,宜采用(　　　)

A. 内、外轮廓均为逆铣　　　　　　　　　B. 外轮廓逆铣,内轮廓顺铣

C. 外轮廓顺铣,内轮廓逆铣　　　　　　　D. 内、外轮廓均为顺铣

4. 在凹槽拐角处,为了避免产生过切,通常采取的措施是(　　　)

A. 降低进给速度　　　　　　　　　　　　B. 降低主轴转速

C. 提高主轴转速　　　　　　　　　　　　D. 提高进给速度

5. 在零件上出现某些重复的轮廓时,这些轮廓可采取(　　　)进行程序简化。

A. 主程序　　　　　　B. 子程序　　　　　　C. 程序　　　　　　D. 调用程序

6. 程序段"M98 P52002"的含义是(　　　)。

A. 调用 O2002 子程序 1 次　　　　　　　B. 调用 P2002 程序 1 次

C. 调用 O2002 程序 5 次　　　　　　　　D. 调用 P2002 程序 5 次

7. 子程序调用格式"M98 PXXXX LXXXX",其中的 L 若不指定则默认为调用子程序(　　　)次。

A. 0　　　　　　　　　B. 1　　　　　　　　　C. 2　　　　　　　　　D. 3

8. 当刀具的旋转方向与刀具的进给方向一致时的铣削方式称为(　　　)。

A. 顺铣　　　　　　　B. 逆铣　　　　　　　C. 周铣　　　　　　　D. A、B 均可

9. 假设主轴正转,为实现内轮廓的顺铣加工,则刀具应该沿(　　　)走刀。

A. 顺时针　　　　　　B. 逆时针　　　　　　C. 无法实现　　　　　D. A、B 均可

10. 当铣削(　　　)零件时,采用子程序可以简化程序编制。

A. 结构复杂工序多的

B. 轮廓较多且工序较多的

C. 相同轮廓较多且分布均匀或同一零件轮廓多工序加工的

D. 轮廓少且工序少的

二、编程题

1. 如图 3-2-25 所示的零件,毛坯为 80mm×80mm×20mm 的 45 钢,四个侧面及底面已精加工,试采用刀具半径补偿指令、子程序编制该零件内外轮廓加工程序。

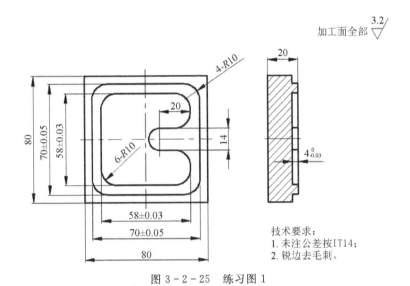

图 3-2-25　练习图 1

2. 如图 3-2-26 所示的零件,毛坯为 80mm×80mm×20mm 的 45 钢,四个侧面及底面已精加工,试编制该零件内外轮廓的粗、精加工程序。

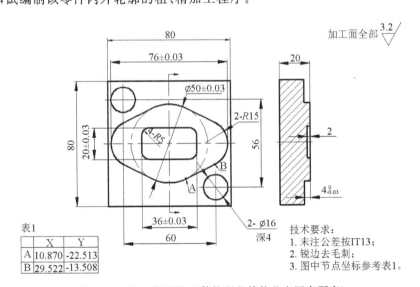

表1

	X	Y
A	10.870	-22.513
B	29.522	-13.508

图 3-2-26　练习图 2(数控职业技能鉴定国家题库)

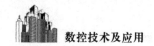
3. 如图 3－2－27 所示的零件,毛坯为 80mm×80mm×20mm 的 45 钢,四个侧面及底面已精加工,试编制该零件内外轮廓的粗、精加工程序。

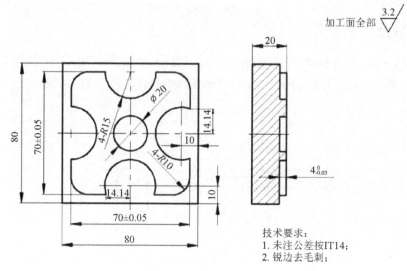

图 3－2－27　练习图 3

知识拓展

一、SINUMERIK 802D 系统的子程序编程指令

(一)子程序结构

子程序的结构与主程序结构一样,子程序的结束可以用 M02 或 RET 指令结束子程序。子程序的结构为

LX2. SPF　　　　　　子程序名

N10　┐
N20　├重复的刀具运动轨迹或相同的轮廓形状描述
……　┘

M17(RET)　　　　　　子程序结束

SIEMENS 802D 系统子程序命名有两种:

(1) 与主程序程序名命名相同,只是后缀改为 .SPF,子程序名必须满足以下四点。

① 名字最多 8 位字符。

② 开始的前两个字符必是字母。

③ 其他位可为字母、数字、下划线。

④ 不能使用分隔符。

例如,LX2. SPF

(2) 使用地址字 L,其后跟 7 位数字(只能是整数)。

以 L 开头命名的子程序可以不加后缀 SPF,系统默认 L 开头的程序名为子程序。

注意：地址字 L 之后的每个零均有意义，不可省略。

例如，L128 与 L0128 或 L00128 表示三个不同的子程序。

（二）子程序调用

主程序调用子程序时可以直接用程序名调用子程序，子程序调用要求占用一个独立的程序段。

例如　LX1. MPF（主程序）　　　　　　　LX2. SPF（子程序）

　　　……　　　　　　　　　　　　　　　　……

　　　LX2　　　　　　　　　　　　　　　M02

　　　M30

如果要求多次连续地执行某一子程序，则在设置时必须在所调用子程序的程序名地址 P 下写入调用次数（最多次数可以为 9999）。

例如，LX2 P3；调用 LX2，运行 3 次。

（三）子程序嵌套

不仅主程序可以调用子程序，子程序还可以从其他子程序中被调用，这个过程即为子程序的嵌套。子程序的嵌套可以为 8 层，即包括主程序界面在内的四级程序界面。子程序嵌套如图 3 - 2 - 28 所示。

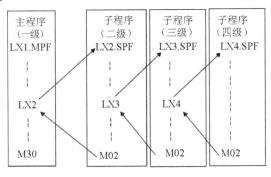

图 3 - 2 - 28　子程序嵌套

二、应用

用 SINUMERIK 802D 系统对图 3 - 2 - 15 所示的型芯零件的方槽应用子程序进行编程，其数控加工程序如表 3 - 2 - 17、表 3 - 2 - 18 所示。

表 3 - 2 - 17　型芯零件方槽数控铣削加工程序

零件图号	3 - 2 - 15	零件名称	型芯	编制日期	
程序名	FANGCAO. MPF	数控系统	SINUMERIK 802D	编制	
程序段号	程序内容		注释		
	FANGCAO. MPF		程序名（φ10 键槽铣刀进行方槽铣削）		
N10	M03 S800；		主轴正转，转速 800r/min		
N20	G54 G90 G00 X - 9 Y - 5；		设置编程原点，刀具 X、Y 向定位		

续　表

零件图号	3-2-15	零件名称	型芯	编制日期	
程序名	FANGCAO.MPF	数控系统	SINUMERIK 802D	编制	
程序段号	程序内容		注释		
N30	G00 Z5；		刀具快速定位到安全平面		
N40	G01 Z-3.5 F50；		刀具进刀至 Z-3.5mm 处,深度第一层加工		
N50	FCAO1；		调用子程序进行粗加工(余量去除)		
N60	G01 Z-4 F50；		刀具进刀至 Z-4mm 处,深度第二层加工		
N70	FCAO1；		调用子程序进行粗加工(余量去除)		
N80	G01 G41 X6 D02 S1000；		建立刀补,转速 1000r/min,设置 D02＝5.0 进行轮廓精加工		
N90	G01 Y4；		直线插补		
N100	G03 X0 Y10 CR＝6；		圆弧插补		
N110	G01 X-18；		直线插补		
N120	G03 X-24 Y4 CR＝6；		圆弧插补		
N130	G01 Y-14；		直线插补		
N140	G03 X-18 Y-20 CR＝6；		圆弧插补		
N150	G01 X0 Y-20；		直线插补		
N160	G03 X6 Y-14 CR＝6；		圆弧插补		
N170	G01 Y-5；		直线插补		
N180	G01 G40 X-9；		取消刀补至方槽中心		
N190	G00 Z50；		抬刀至初始平面		
N200	M05；		主轴停止		
N210	M30；		程序结束		
编制		审核		日期	共1页　　第1页

表 3-2-18　型芯零件方槽子程序

零件图号	3-2-15	零件名称	型芯	编制日期	
程序名	FCAO1.SPF	数控系统	SINUMERIK 802D	编制	
程序段号	程序内容		注释		
	FCAO1.SPF		子程序名(ϕ10 键槽铣刀进行方槽铣削)		
N10	G01 X-6.5 Y-5 F100；				
N20	G01 Y-2.5；				

续 表

零件图号	3－2－15	零件名称	型芯	编制日期	
程序名	FCAO1. SPF	数控系统	SINUMERIK 802D	编制	
程序段号	程序内容		注释		
N30	G01 X－11.5；				
N40	G01 Y－7.5；				
N50	G01 X－6.5；				
N60	G01 Y－5；				
N70	G01 X0.5；				
N80	G01 Y4.5；				
N90	G01 X－18.5；				
N100	G01 Y－14.5；				
N110	G01 X0.5；				
N120	G01 Y－5；				
N130	G01 X－9；				
N140	M02；		子程序结束		
编制		审核		日期	共1页 第1页

项目三　孔系零件数控加工工艺编程

任务一　垫板零件加工工艺编程

任务内容

如图 3-3-1 所示的垫板零件，毛坯为 100mm×100mm×20mm 的 45 钢，试编制垫板零件的数控加工程序。

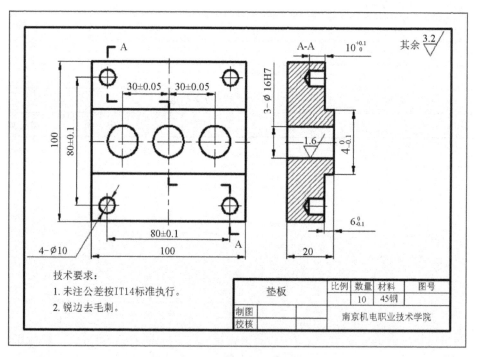

图 3-3-1　垫板零件图

任务目标

（1）理解并掌握孔的加工方法，钻孔、扩孔、铰孔的特点；

（2）能选择孔加工刀具，了解孔加工走刀路线设计；

（3）掌握孔加工固定循环指令（G81、G82、G83、G73）的用法；

（4）掌握控制孔加工循环指令（G98、G99）用法；

（5）具备根据孔精度选择孔加工方案的能力。

相关知识

一、孔加工

（一）孔的加工方法

孔的加工方法有钻削、扩削、铰削、镗削、铣孔等，孔加工刀具如图 3-3-2 所示。

1. 钻孔

铅孔所使用的刀具为钻头，如图 3-3-2(a)所示。由于钻头定心差、刚性差、排屑难等原因，加工出来的孔精度一般为 IT13—IT11，粗糙度为 $50\sim12.5\mu\mathrm{m}$，且孔的轴线很容易歪斜，是孔的一种粗加工方法。

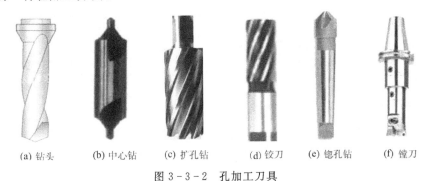

(a) 钻头　(b) 中心钻　(c) 扩孔钻　(d) 铰刀　(e) 锪孔钻　(f) 镗刀

图 3-3-2　孔加工刀具

2. 扩孔

扩孔是用扩孔钻[如图 3-3-2(c)所示]对已有孔的直径进行扩大的一种孔加工方法。扩孔由于刀具导向作用好、刚性好、切削比较稳定，可校正原有孔的轴线歪斜及圆度误差，是孔的一种半精加工方法。一般尺寸精度可达 IT10—IT9，粗糙度可达 $6.3\sim3.2\mu\mathrm{m}$。

3. 铰孔

铰孔是用铰刀[如图 3-3-2(d)所示]对工件孔进行挤削加工的一种孔加工方法，铰刀顺着已有底孔铰削加工，虽然不能纠正原孔轴线歪斜，但是铰孔精度可达 IT8—IT7，粗糙度可达 $1.6\sim0.8\mu\mathrm{m}$，精度高，表面质量好，是一种适用于细长孔的精加工方法。

4. 镗孔

镗孔是用镗刀[如图 3-3-2(f)所示]对已有孔的直径进行扩大并达到精度、表面粗糙度要求的加工方法。精度一般可达 IT9—IT7，粗糙度可达 $1.6\sim0.8\mu\mathrm{m}$，能纠正原孔轴线歪斜，适合孔径较大(直径大于 80mm)的孔的精加工。

孔的加工示意图如图 3-3-3 所示。

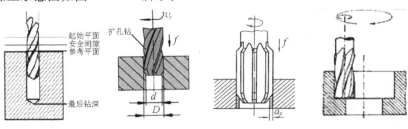

图 3-3-3　孔加工示意图

（二）不同精度孔加工方案

选择孔加工方法，应以满足加工部位要求的精度为限，且应根据孔的尺寸大小、批量大小、是否有预钻孔等选择合适的加工方法。

1. 加工精度为 IT9 级及以上，粗糙度要求为 $3.2\mu m$ 的孔

孔径小于 30mm 的孔，采用钻孔—扩孔；孔径大于 30mm 的孔，采用钻孔—镗孔。

2. 加工精度为 IT8 级的孔

孔径小于 20mm 时，采用打中心孔—钻孔—扩孔—铰孔；孔径在 20～80mm 时，采用钻孔—扩孔—镗孔或钻孔—粗铣—精铣。

3. 加工精度为 IT7 级的孔

孔径小于 20mm 时，采用打中心孔—钻孔—扩孔—粗铰孔—精铰孔；孔径在 20～80mm 时，采用钻孔—粗镗孔—半精镗孔—精镗孔；有预钻孔的，采用粗镗孔—半精镗孔—精镗孔。

4. 加工对位置精度要求较高的孔

对位置精度要求较高的孔，采用钻孔—扩孔—镗孔或钻孔—铣孔—镗孔加工方法。

（三）孔加工进给路线

孔加工时，一般是刀具首先在 XY 平面内快速定位运动到孔中心线的位置上，然后再沿 Z 向运动进行加工。关于孔加工的动作路线如图 3-3-4 所示，包含 6 个动作。

动作（1）：刀具在 X 轴和 Y 轴定位。

动作（2）：刀具快速移动到 R 参考平面。

动作（3）：刀具工进进行孔加工。

动作（4）：刀具在孔底的动作（如暂停）。

动作（5）：刀具返回到 R 平面。

动作（6）：刀具快速移动到初始平面。

所以，孔加工进给路线包括 XY 平面和 Z 向的进给路线。

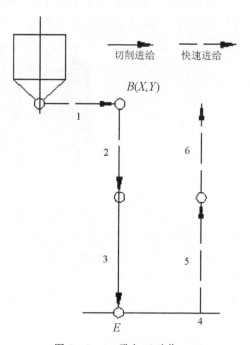

图 3-3-4　孔加工动作

1. 确定 XY 平面进给路线

孔加工时，XY 平面进给路线的确定，主要考虑在定位过程中，不与工件、夹具和机床碰撞的前提下，进给路线最短和定位准确。

如图 3-3-5 所示，加工四个孔，如按 1-2-3-4 进给路线加工孔时，4 孔由于反向间隙的引入会使孔的定位误差增大，影响与其他孔的位置精度。如单从定位准确的角度考虑，则应安排 1-2-3-A-4 的进给路线，以避免反向误差，提高定位精度，但与进给路线最短原则相违背。所以在实际生产中当进给路线最短和定位准确难以同时满足时，往往要根据具体情况，

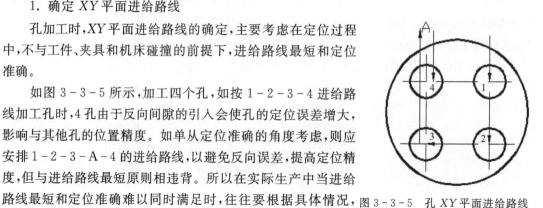

图 3-3-5　孔 XY 平面进给路线

满足主要要求。如要求位置精度高时,应以定位准确为主,反之,则应取最短进给路线。

2. 确定 Z 向(轴向)进给路线

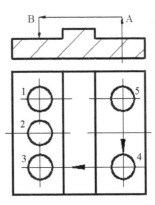

Z 向进给路线,包括从初始平面到参考平面的快进路线(图3-3-4中的动作2)和刀具切削加工的工作进给路线(图3-3-4中的动作3)。加工孔时刀具是退回R平面还是退回初始平面的选择决定了 Z 向空行程路线长短。选择时要根据零件上孔系的位置,在保证加工安全的前提下尽量使空行程最短。如3-3-6所示,5个孔在同一平面上,3孔与4孔间有凸起的障碍,所以加工5孔时刀具不必退回初始平面,只需退回 R 平面,以缩短空行程,而加工4孔后为了刀具顺利到达3孔而不至于发生刀具与工件碰撞,必须退回初始平面,越过障碍后到达3孔,即图中的 A-B 路线。R 平面选择的经验数据通常是加工面上方2~5mm,初始平面的经验数据一般是距离零件最高平面3~5mm。

图 3-3-6 Z 向进给路线

二、孔加工循环指令

孔加工循环指令为模态指令,一旦某个孔加工循环指令有效,其后的所有(X,Y)位置均采用该孔加工循环指令进行加工,直到被 G80(取消孔加工循环指令)取消为止。

采用绝对坐标(G90)和相对坐标(G91)编程时,孔加工循环指令中的值有所不同,编程时尽量采用绝对坐标编程。

(一) G98、G99 指令

孔加工循环动作中,当刀具在孔底动作完毕后,是返回 R 平面还是返回到初始平面由 G98 和 G99 两个模态指令控制。

G98:返回初始平面。

G99:返回 R 参考平面。

其中,G98 是默认方式。

(二) 钻孔循环指令 G81

(1) 循环动作:钻孔循环动作如图3-3-7所示,主轴正转,刀具以快速速度从初始平面定

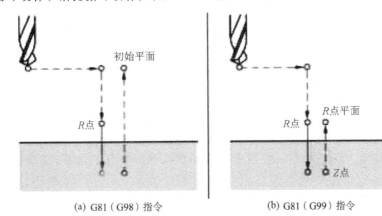

(a) G81(G98)指令   (b) G81(G99)指令

图 3-3-7 G81 钻孔加工循环

位到 R 平面,接着以进给速度向下进行钻孔,到达孔底位置后,无孔底动作,快速退回至 R 平面(G99 指令)或初始平面(G98 指令)。

（2）指令格式：G81 X__Y__Z__F__R__K__；

说明：

① X、Y：孔中心位置坐标；

② Z：孔底位置；

③ F：进给速度(mm/min)；

④ R：参考平面位置

⑤ K：重复次数(根据需要使用)

（3）举例

例 3 - 3 - 1 如图 3 - 3 - 8 所示零件,用 G81 指令编程加工所有的孔,刀具为 ϕ10 钻头,数控加工程序见表 3 - 3 - 1。

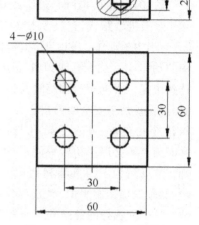

图 3 - 3 - 8 钻孔加工零件

表 3 - 3 - 1 图 3 - 3 - 8 程序

程序段号	程序内容	注释
	O2008；	程序号
N10	M03 S600；	主轴正转,转速为 150r/min
N20	G54 G90 G17 G00 X0 Y0；	调用工件零点(编程原点)
N30	G00 Z50；	设置初始平面为工件上方 50mm 处
N40	G81 G99 X15 Y15 Z - 15 R5 F20；	钻孔加工循环采用返回 R 平面方式
N50	X - 15；	在(-15,15)位置钻孔,深度为 15mm,R＝5mm
N60	Y - 15；	在(-15,-15)位置钻孔
N70	X15；	在(15,-15)位置钻孔
N80	G80；	取消钻孔循环
N90	G00 Z50；	返回初始平面
N100	M05；	主轴停转
N110	M30；	程序结束

（三）钻孔循环指令 G82

（1）循环动作：与 G81 指令动作相似,唯一与 G81 指令不同的是 G82 指令在孔底有进给暂停动作,即钻头工进到孔底位置时,刀具不做进给运动,保持旋转状态,以使孔的表面更光滑,提高孔深精度。G82 指令一般用于扩孔和沉头孔等盲孔的加工,其动作示意图如图 3 - 3 - 9所示。

（2）指令格式：G82 X__Y__Z__F__R__K__P__；

说明：P 为刀具在孔底位置的暂停时间,单位为 ms(毫秒)。

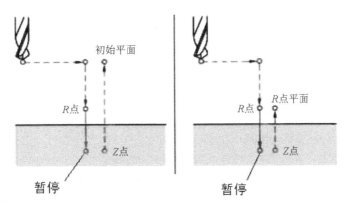

图 3 - 3 - 9　G82 钻孔加工循环

（四）深孔钻循环指令 G83

（1）循环动作：该指令采用 Z 向多次进给（间歇运动），其动作过程是刀具快速 XY 定位和 Z 向定位后，以设定的进给速度钻加工深度 Q 值后，沿 Z 向快速退回到参考平面，再以快速速度沿 Z 向快进定位到距已加工孔深的 d 值处，以进给速度再次钻加工 Q 值深度（两次总深度达到 2Q - K），重复上述动作直至孔底，深孔钻动作示意图如图 3 - 3 - 10 所示。该指令在钻孔过程中多次退刀，有利于排屑，适用于深孔的加工。退刀距离 d 的值由系统内部参数设置。

（2）指令格式：G83　X＿Y＿Z＿R＿Q＿F＿K＿；

说明：Q 为每次进给的深度，必须采用增量值设置。

（五）高速深孔钻循环指令 G73

（1）循环动作：该指令动作与 G83 指令动作相似，与 G83 指令的区别在于高速深孔钻每次的退刀距离短，所以钻孔速度快。高速深孔钻动作示意图如图 3 - 3 - 11 所示。

（2）指令格式：G73　X＿Y＿Z＿R＿Q＿F＿K＿；

说明：Q 为每次进给的深度。

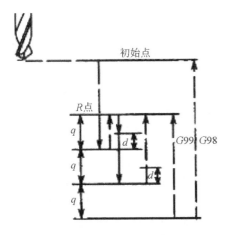

图 3 - 3 - 10　G83 深孔钻加工循环

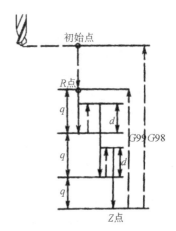

图 3 - 3 - 11　G73 高速深孔钻加工循环

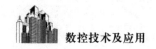
任务实施

一、零件图分析

（一）零件结构分析

如图 3-3-1 所示，该零件属于板类零件，加工内容为平面、由直线组成的凸台轮廓、4 个 ϕ10 mm 的孔及 3 个 ϕ16 mm 的孔。

（二）尺寸分析

该零件图尺寸完整，各尺寸分析如下。

凸台轮廓：$4_{-0.1}^{0}$ 与深度 $6_{-0.1}^{0}$，经查表，加工精度等级均为 IT12。

4-ϕ10 孔：位置度要求为 80±0.1，经查表，精度等级为 IT9。

3-ϕ16H7 孔：尺寸精度等级为 IT7；位置度要求为 30±0.05，经查表，精度等级为 IT10。

其他尺寸精度等级按 IT14 执行。

（三）表面粗糙度分析

凸台轮廓加工面的表面粗糙度要求为 3.2um；4-ϕ10 孔表面粗糙度要求为 3.2μm；3-ϕ16H7孔加工面尺寸精度为 IT7，表面粗糙度要求为 1.6μm，孔质量要求较高。

二、拟订工艺路线

（一）工件定位基准确定

以工件底面和两侧面为定位基准。

（二）加工方法选择

垫板零件的加工面为凸台轮廓面和孔，分析凸台轮廓加工表面的精度和表面粗糙度，其加工方法为粗铣—精铣；4-ϕ10H7 孔的加工方案为钻—扩；3-ϕ16H7 孔尺寸精度、表面质量要求都较高，采取钻孔—铰孔的加工方法。

（三）工艺路线拟订

（1）按 105mm×105mm×25mm 下料。

（2）在普通铣床上铣削 6 个面，铣床 100mm×100mm×20mm。

（3）去毛刺。

（4）在数控铣削机床上铣削外轮廓、加工孔。

（5）去毛刺。

（6）检验。

三、设计数控铣削加工工序

（一）加工装备选择

选择 VMC-800 立式数控铣床，系统为 FNAUC 0i Mate-MD。

（二）工艺装备选择

1. 刀具选择

根据零件图分析,刀具选择如下。

(1) φ16 立铣刀完成凸台轮廓粗、精加工。

(2) φ3 中心钻钻中心孔。

(3) φ9.5 钻头钻孔。

(4) φ10 扩孔钻扩孔。

(5) φ15.5 钻头钻孔。

(6) φ16 铰刀铰孔。

2. 量具选择

(1) 凸台轮廓、孔位置度及 4-φ10 孔选用 0～150mm、精度 0.01mm 的游标卡尺。

(2) φ16 塞规可测量 3-φ16H7 孔。

3. 夹具选择

该零件可采用平口钳定位夹紧,选择合适的垫铁将工件垫高,使工件高出钳口上表面 10mm 以上,底部的垫铁要错开孔的位置。

（三）确定工步、走刀路线

该零件的加工方案为:

粗铣—精铣凸台轮廓。

钻 3 个 φ3 中心孔—钻 4 个 φ9.5 底孔—扩 4 个 φ10 孔—钻 3 个 φ15.5 底孔—铰 3 个 φ16H7 孔。

四、编制技术文件

（一）机械加工工艺过程卡编制

零件机械加工工艺过程卡见表 3-3-2。

表 3-3-2　垫板零件机械加工工艺过程卡

机械加工工艺过程卡		产品名称	零件名称	零件图号	材料	毛坯规格
			垫板	3-3-1	45 钢	105×105×25
工序号	工序名称	工序内容	设备	工艺装备		工时
5	下料	105×105×25	锯床			
10	铣面	铣削 6 个面,保证 100×100×20	普铣	平口钳、面铣刀、游标卡尺		
15	钳	去毛刺		钳工台		
20	数控铣	铣凸台外轮廓、孔加工	VMC-800	平口钳、φ16 立铣刀、φ3 中心钻、φ9.5 钻头、φ10 钻头、φ15.5 钻头、φ16 铰刀、游标卡尺、φ16 塞规		
25	钳	去毛刺		钳工台		
30	检验					
编制		审核		批准		共 1 页	第 1 页

（二）数控加工工序卡编制

零件数控加工工序卡,见表3-3-3。

表3-3-3　垫板零件数控加工工序卡

数控加工工序卡				产品名称	零件名称	零件图号
					垫板	3-3-1
工序号	程序号	材料	数量	夹具名称	使用设备	车间
20	O2200 O2201 O2202 O2203	45钢	10	平口钳	VMC-800	数控加工车间
工步号	工步内容	切削三要素			刀具		量具
		n(r/min)	F(mm/r)	a_p	编号	名称	名称
1	粗铣外轮廓	600	150	5.5	T1	$\phi16$立铣刀	游标卡尺
2	精铣外轮廓	1000	100	0.5	T1	$\phi16$立铣刀	游标卡尺
3	钻中心孔3处,深3mm	1500	50	3	T2	$\phi3$中心钻	
4	钻4个$\phi9.5$孔	600	50		T3	$\phi9.5$钻头	游标卡尺
5	扩4个$\phi10$孔	600	50		T4	$\phi10$钻头	游标卡尺
6	钻3个$\phi15.5$孔	500	50		T5	$\phi15.5$钻头	游标卡尺
7	铰3个$\phi16$孔	400	60		T6	$\phi16$铰刀	$\phi16$塞规
编制		审核		批准		共1页	第1页

（三）刀具调整卡

零件刀具调整卡,见表3-3-4。

表3-3-4　垫板零件数控铣削刀具调整卡

产品名称			零件名称	垫板	零件图号	3-3-1
序号	刀具号	刀具规格	刀具参数		刀补编号	
			刀具半径	刀杆规格	直径	长度
1	T1	立铣刀	$\phi16$	100	D01＝8.0	
2	T2	中心钻	$\phi3$	100		
3	T3	钻头	$\phi9.5$	100		
4	T4	钻头	$\phi10$	100		
5	T5	钻头	$\phi15.5$	100		
6	T6	铰刀	$\phi16$	100		
编制		审核		批准		共1页	第1页

（四）数控加工程序编制

零件的编程原点选在工件上表面中心处,钻孔、扩孔及铰孔加工所用的程序基本相同,在数控铣床上钻、扩、铰孔加工程序可以通过修改程序中刀具及转速及进给速度实现,在此仅给出扩 ϕ10 孔的加工程序及铰削 ϕ16 孔的加工程序。垫板零件的数控加工程序见表 3-3-5、表 3-3-6 及表 3-3-7。

表 3-3-5　垫板零件凸台轮廓数控铣削加工程序

零件图号	3-3-1	零件名称	垫板	编制日期	
程序号	O2200、O2201	数控系统	FANUC 0iMate	编制	
程序段号	程序内容		注释		
	O2200;		程序号（ϕ16 立铣刀进行凸台轮廓铣削）		
N10	M03 S600;		主轴正转,转速 600r/min		
N20	G54 G90 G00 X-60 Y50.5;		设置编程原点,刀具 X、Y 向定位		
N30	G00 Z5;		刀具快速定位到安全平面		
N40	G01 Z-5.5 F50;		刀具进刀至 Z-5.5mm 处		
N50	M98 P2201;		调用子程序进行余量去除,粗加工		
N60	G01 Z-6;		刀具进刀至 Z-6mm 处		
N70	M98 P2201;		调用子程序进行底面精加工		
N80	G01 G41 Y20 D01 S1000;		建立刀补,转速 1000r/min,设置 D01＝8.0 进行轮廓精加工		
N90	G01 X50;		直线插补		
N100	G01 Y-20;		直线插补		
N110	G01 X-50;		直线插补		
N120	G01 Y20;		直线插补		
N130	G01 G40 X-60;		取消刀补,刀具 XY 向退离工件		
N140	G00 Z50;		Z 向抬刀至初始平面		
N150	M05;		主轴停止		
N160	M30;		程序结束		
	O2201;		子程序		
N10	G01 X60 F100;				
N20	G01 Y39.5;				
N30	G01 X-60;				
N40	G01 Y28.5;				

续　表

零件图号	3-3-1	零件名称	垫板	编制日期	
程序号	O2200、O2201	数控系统	FANUC 0iMate	编制	
程序段号	程序内容			注释	
N50	G01 X60;				
N60	G01 Y-50.5;				
N70	G01 X-60;				
N80	G01 Y-39.5;				
N90	G01 X60;				
N100	G01 Y-28.5;				
N110	G01 X-60;				
N120	G01 Y50.5;				
N130	M99;			子程序结束	
编制		审核		日期	共1页　　第1页

表 3-3-6　垫板零件钻孔数控加工程序

零件图号	3-3-1	零件名称	垫板	编制日期	
程序号	02202	数控系统	FANUC 0iMate	编制	
程序段号	程序内容			注释	
	O2202;			程序号(φ10钻头)	
N10	M03 S600;			主轴正转,转速600r/min	
N20	G54 G90 G00 X0 Y0;			设置编程原点,刀具XY向定位	
N30	G00 Z10;			刀具快速定位到安全平面	
N40	G82 G98 X-40 Y40 Z-13 F50 R5 P100;			调用钻孔循环指令G81,参考平面在工件上方5mm处	
N50	X40;			在(40,40)位置钻孔,深度为13mm,返回安全平面	
N60	Y-40;			在(40,-40)位置钻孔	
N70	X-40;			在(-40,-40)位置钻孔	
N80	G80;			取消钻孔循环	
N90	G00 Z50;			返回初始平面	
N100	M05;			主轴停转	
N110	M30;			程序结束	
编制		审核		日期	共1页　　第1页

表 3 - 3 - 7 垫板零件铰孔数控加工程序

零件图号	3 - 3 - 1	零件名称	垫板	编制日期	
程序号	O2203	数控系统	FANUC 0i Mate	编制	
程序段号	程序内容		注释		
	O2203;		程序号(φ10 钻头)		
N10	M03 S400;		主轴正转,转速 600r/min		
N20	G54 G90 G00 X0 Y0;		设置编程原点,刀具 XY 向定位		
N30	G00 Z5;		刀具快速定位到安全平面		
N40	G81 G99 X - 30 Y0 Z - 22 F60 R2;		调用钻孔循环指令 G81,参考平面在工件上方 2mm 处		
N50	X0;		在(0,0)位置铰孔,深度为 22mm		
N60	X30;		在(30,0)位置铰孔,深度为 22mm		
N70	G80;		取消钻孔循环		
N80	G00 Z50;		返回初始平面		
N90	M05;		主轴停转		
N100	M30;		程序结束		
编制		审核		日期	共 1 页 第 1 页

小 结

本任务介绍了孔的加工方法,包括钻孔、扩孔、铰孔、镗孔的特点及其所用的刀具;介绍了不同精度孔的加工方案选择;孔加工的动作步骤及加工孔进给路线的安排;钻孔、扩孔、铰孔用到的循环指令 G81、G82、G83、G73 指令的动作、格式及其应用。要求熟悉孔加工走刀路线设计,掌握孔加工固定循环指令的编程方法。

>>> 自测题 <<<

一、选择题

1. 深孔加工应选用( )指令。

A. G81　　　　　　B. G82　　　　　　C. G83　　　　　　D. G84

2. 铰刀直径大小取决于( )。

A. 钻头的尺寸　　B. 孔直径尺寸　　C. 底孔尺寸　　D. 以上都是

3. 下列刀具中,刀位点位于刀尖的是( )

A. 中心钻　　　　B. 麻花钻　　　　C. 立铣刀　　　　D. 镗刀

4. 加工盲孔,最好采用(　　)指令。

A. G81　　　　　　　B. G82　　　　　　　C. G83　　　　　　　D. G73

5. 高效率加工深孔,采用的指令是(　　)。

A. G81　　　　　　　B. G82　　　　　　　C. G83　　　　　　　D. G73

6. 执行程序段"G00 Z10"、"G81 G99 X0 Y0 R5 F50"后,刀具返回到距离工件上表面(　　)处。

A. 5　　　　　　　　B. 3　　　　　　　　C. 10　　　　　　　　D. 15

7. 孔径小于 20mm 时,加工精度为 IT8 级、位置度要求较高的孔,可选择(　　)加工方案。

A. 钻孔—扩孔　　　　　　　　　　　　B. 钻孔—铰孔

C. 打中心孔—钻孔—扩孔—铰孔　　　　D. 钻孔—镗孔

8. 钻小孔或比较大的孔时,应取(　　)的转速。

A. 较高　　　　　　　B. 较低　　　　　　　C. 中等　　　　　　　D. 不一定

9. 钻深孔加工中,间歇进给后,刀具返回 R 平面的指令是(　　)。

A. G81　　　　　　　B. G82　　　　　　　C. G83　　　　　　　D. G73

10. 取消孔加工固定循环指令是(　　)。

A. G80　　　　　　　B. G00　　　　　　　C. G01　　　　　　　D. A、B 均可

二、编程题

1. 如图 3-3-12 所示的零件,毛坯为 80mm×80mm×20mm 的 45 钢,四个侧面及上下底面已精加工,试编制该零件数控加工程序。

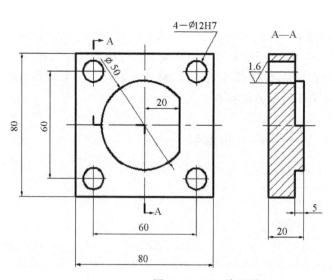

图 3-3-12　练习图 1

2. 如图 3-3-13 所示的零件,毛坯为 100mm×100mm×20mm 的 45 钢,四个侧面及上下底面已精加工,试编制该零件数控加工程序。

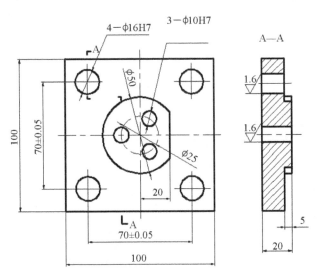

图 3-3-13　练习图 2

🔆 知识拓展

一、SINUMERIK 802D 系统孔加工循环指令及应用

（一）孔加工循环指令

SINUMERIK 802D 系统孔加工循环指令见表 3-3-8 所示。

表 3-3-8　SINUMERIK 802D 系统孔加工循环指令

孔加工方式	编程指令	功能
钻孔循环	CYCLE81	钻孔、钻中心孔
	CYCLE82	钻中心孔
	CYCLE83	钻深孔
	CYCLE84	刚性攻丝
	CYCLE840	带补偿卡盘攻丝
	CYCLE85	铰孔
	CYCLE86	镗孔
	CYCLE88	镗孔时可以停止
钻孔样式循环	HOLES1	加工一排孔
	HOLES2	加工一圈孔

续 表

孔加工方式	编程指令	功能
铣削循环	SLOT1	圆上切槽
	SLOT2	圆周切槽
	POCKET3	矩形凹槽
	POCKET4	圆形凹槽
	CYCLE71	端面铣削
	CYCLE72	轮廓铣削

固定循环中使用的基本参数的含义如表 3-3-9 所示,参数示意如图 3-3-14 所示。

表 3-3-9 固定循环基本参数

参数	含义
RTP	起始平面(绝对)
RFP	参考平面(绝对)
SDIS	安全间隙(无符号输入)
DP	最后钻深(绝对)
DPR	相当于参考平面的最后钻孔深度(无符号输入)

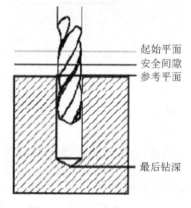

图 3-3-14 参数示意图

1. 钻孔、钻中心孔 CYCLE81

功能:刀具按照编程的主轴速度和进给速度钻孔直至达到输入的最后钻孔深度。循环动作示意图如图 3-3-15 所示。

格式:CYCLE81(RTP,RFP,SDIS,DP,DPR) 各参数的含义见表 3-3-9 所示。

2. 钻中心孔 CYCLE82

功能:如图 3-3-16 所示,刀具按照编程主轴速度和进给速度钻孔直至达到输入的最后钻孔深度,到达深度时停顿一定时间。

格式:CYCLE82(RTP,RFP,SDIS,DP,DPR,DTB)

式中,DTB 表示最后钻孔深度时的停顿时间(断屑),单位为 s。

3. 钻深孔 CYCLE83

功能:如图 3-3-17 所示,刀具以编程主轴速度和进给速度钻孔直至定义的钻孔深度。深孔钻削是通过多次执行最大可定义的深度并逐步增加直至达到最后钻孔深度来实现的。钻头可以在每次进给速度完成以后退回到参考平面加安全间隙,用于排屑,或者每次退回 1mm 用于断屑。

格式:CYCLE83(RTP,RFP,SDIS,DP,DPR,FDEP,FDPR,DAM,DTB,DTS,FRF,VARI)

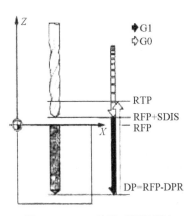

图 3-3-15　钻孔 CYCLE81

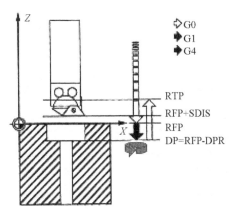

图 3-3-16　钻中心孔 CYCLE82

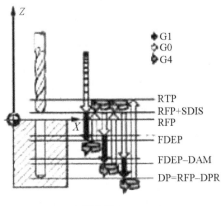

(a) 深孔钻（VARI=1）

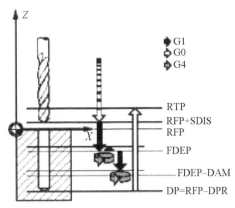

(b) 深孔钻（VARI=0）

图 3-3-17　钻深孔 CYCLE83

式中,参数 RTP,RFP,SDIS,DP,DPR,DTB 定义同前,其余参数如表 3-3-10 所示。

表 3-3-10　CYCLE83 参数

参数	类型	说明
FDEP	Real	起始钻孔深度（绝对值）
FDPR	Real	相对于参考平面的起始钻孔深度（无符号输入）
DAM	Real	递减量（无符号输入）
DTS	Real	起始点处和用于排屑的停顿时间
FRF	Real	起始钻孔深度的进给速度系数（无符号输入）数值范围：0.001～1
VARI	Int	加工类型：断屑＝0,钻头在每次到达钻深后退回 1mm 用于断屑 排屑＝1,钻头每次移动到参考平面加安全间隙处

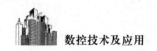

（二）模态调用孔加工循环编程指令

用 MCALL 指令模态调用孔加工循环编程指令以及模态调用结束指令均需要一个独立的程序段。

例如：

N10 MCALL CYCLE81……；钻削循环

……

N100 MCALL；结束 CYCLE81……的模态调用

（三）编程注意事项

（1）循环调用之前，若要刀具长度补偿有效，刀具必须到达钻孔位置。

（2）执行钻孔循环时，必须定义进给速度、主轴速度和主轴旋转方向的值。

二、应用

用 SINUMERIK 802D 系统对图 3-3-1 所示的垫板零件进行编程，零件的编程原点选在工件上表面中心处，钻孔、扩孔及铰孔加工所用的程序基本相同，在数控铣床上钻、扩、铰孔加工程序可以通过修改程序中刀具及转速及进给速度实现，在此仅给出扩 φ10 孔的加工程序及铰削 φ16 孔的加工程序。垫板零件的数控加工程序见表 3-3-11、表 3-3-12 及表 3-3-13。

表 3-3-11　垫板零件凸台轮廓数控铣削加工程序

零件图号	3-3-1	零件名称	垫板	编制日期	
程序名	DIANBAN1. MPF	数控系统	SINUMERIK 802D	编制	
程序段号	程序内容		注释		
	DIANBAN1. MPF；		程序名（φ16 立铣刀进行凸台轮廓铣削）		
N10	M03 S600；		主轴正转，转速 600r/min		
N20	G54 G90 G00 X-60 Y50.5；		设置编程原点，刀具 X、Y 向定位		
N30	G00 Z5；		刀具快速定位到安全平面		
N40	G01 Z-5.5 F50；		刀具进刀至 Z-5.5mm 处		
N50	DIANBAN2；		调用子程序进行余量去除，粗加工		
N60	G01 Z-6；		刀具进刀至 Z-6mm 处		
N70	DIANBAN2；		调用子程序进行底面精加工		
N80	G01 G41 Y20 D01 S1000；		建立刀补，转速 1000r/min，设置 D01＝8.0 进行轮廓精加工		
N90	G01 X50；		直线插补		
N100	G01 Y-20；		直线插补		
N110	G01 X-50；		直线插补		
N120	G01 Y20；		直线插补		

零件图号	3-3-1	零件名称	垫板	编制日期	
程序名	DIANBAN1.MPF	数控系统	SINUMERIK 802D	编制	
程序段号	程序内容		注释		
N130	G01 G40 X-60;		取消刀补,刀具 XY 向退离工件		
N140	G00 Z50;		Z 向抬刀至初始平面		
N150	M05;		主轴停止		
N160	M30;		程序结束		
	DIANBAN2.SPF;		子程序		
N10	G01 X60 F100;				
N20	G01 Y39.5;				
N30	G01 X-60;				
N40	G01 Y28.5;				
N50	G01 X60;				
N60	G01 Y-50.5;				
N70	G01 X-60;				
N80	G01 Y-39.5;				
N90	G01 X60;				
N100	G01 Y-28.5;				
N110	G01 X-60;				
N120	G01 Y50.5;				
N130	M17		子程序结束		
编制		审核		日期		共1页		第1页

表 3-3-12 垫板零件钻孔数控加工程序

零件图号	3-3-1	零件名称	垫板	编制日期	
程序名	DIANBAN3.MPF	数控系统	SINUMERIK 802D	编制	
程序段号	程序内容		注释		
	DIANBAN3.MPF;		程序名(ϕ10 钻头)		
N10	M03 S600;		主轴正转,转速 600r/min		
N20	G54 G90 G00 X-40 Y40;		设置编程原点,刀具 XY 向定位		
N30	G00 Z10;		刀具快速定位到安全平面		

续　表

零件图号	3-3-1	零件名称	垫板	编制日期	
程序名	DIANBAN3.MPF	数控系统	SINUMERIK 802D	编制	
程序段号	程序内容		注释		
N40	MCALL CYCLE81(10,2,2,-13,15);		调用钻孔循环指令 G81,参考平面在工件上方 2mm 处		
N50	X40;		在(40,40)位置钻孔,深度为13mm,返回安全平面		
N60	Y-40;		在(40,-40)位置钻孔		
N70	X-40;		在(-40,-40)位置钻孔		
N80	MCALL;		取消钻孔循环		
N90	G00 Z50;		返回初始平面		
N100	M05;		主轴停转		
N110	M30;		程序结束		
编制		审核		日期	共1页　　　第1页

表 3-3-13　垫板零件铰孔数控加工程序

零件图号	3-3-1	零件名称	垫板	编制日期	
程序名	DIANBAN4.MPF	数控系统	SINUMERIK 802D	编制	
程序段号	程序内容		注释		
	DIANBAN4.MPF		程序名(φ10 钻头)		
N10	M03 S400;		主轴正转,转速 600r/min		
N20	G54 G90 G00 X-30 Y0;		设置编程原点,刀具 XY 向定位		
N30	G00 Z10;		刀具快速定位到安全平面		
N40	MCALL CYCLE81(10,2,2,-22,24);		调用钻孔循环指令 G81,参考平面在工件上方 2mm 处		
N50	X0;		在(0,0)位置铰孔,深度为 22mm		
N60	X30;		在(30,0)位置铰孔,深度为 22mm		
N70	MCALL;		取消钻孔循环		
N80	G00 Z50;		返回初始平面		
N90	M05;		主轴停转		
N100	M30;		程序结束		
编制		审核		日期	共1页　　　第1页

任务二 调整板零件加工工艺编程

任务内容

如图 3-3-18 所示的调整板零件,毛坯为 100mm×100mm×20mm 的 45 钢,试编制调整板零件的数控加工程序。

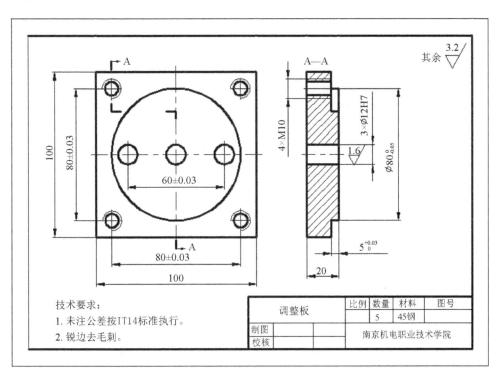

图 3-3-18 调整板零件图

任务目标

(1) 理解并掌握攻螺纹工艺,了解攻螺纹加工动作特点;

(2) 了解螺纹铣削加工方法及编程;

(3) 掌握攻螺纹加工固定循环指令(G84、G74)及其用法;

(4) 具备正确编写攻螺纹加工程序的能力。

相关知识

一、攻螺纹加工

(一) 攻螺纹底孔直径与深度确定

攻螺纹是用丝锥(也称"丝攻")在工件孔中切削内螺纹的一种加工方法。

1. 攻螺纹底孔孔径 D_1 的确定

为减小切削抗力和防止丝锥折断,攻螺纹之前的底孔直径必须比螺纹小径稍大些,孔径大小可根据经验公式计算。

钢件和塑性较大的材料:$D_1 \approx D - P$

铸件和塑性较小的材料:$D_1 \approx D - 1.05P$

其中,D 为螺纹大径;

D_1 为螺纹底孔直径;

P 为螺距。

2. 盲孔螺纹底孔深度确定

由于丝锥前端的切削刃不能攻出完整的牙型,在攻盲孔螺纹前,钻出的底孔深度要大于规定的孔深。通常将螺纹的有效长度加上螺纹公称直径的 0.7 倍作为盲孔螺纹底孔的深度。

3. 攻螺纹时的切削速度确定

(1) 进给速度。攻螺纹过程要求主轴转速与进给速度之间成严格的比例关系,要求主轴转一转,刀具前进一个螺距,所以,攻螺纹编程时的进给速度 F 按如下公式计算。

$$F = S \times P$$

式中,F 为攻螺纹进给速度,单位为 mm/min;

S 为主轴转速,单位为 r/min;

P 为螺纹的螺距。

(2) 切削速度。攻螺纹时的切削速度,钢件和塑性较大的材料一般取 $2 \sim 4\text{m/min}$;铸件和塑性较小的材料一般取 $4 \sim 6\text{m/min}$。

(二) 攻螺纹循环指令

1. 攻右螺纹固定循环指令 G84

(1) G84 攻螺纹动作。G84 攻螺纹时,动作示意图如图 3-3-19 所示,动作过程如下。

① 主轴正转,丝锥快速定位到螺纹加工循环起始点;

② 丝锥沿 Z 向快速定位到 R 参考点位置;

③ 以给定的进给速度工进攻螺纹;

④ 到达孔底后主轴停止、刀具暂停;

⑤ 主轴反转,丝锥以进给速度返回到参考点;

⑥ 设定为 G98,则丝锥返回到初始点位置。

(2) 指令格式:G84 X_Y_Z_R_P_F_K_;

(3) 说明:

① 在 G84 攻螺纹循环中,进给倍率无效,即使使用进给暂停,在返回动作结束之前不会停止。

② 该指令执行前,用辅助功能令主轴旋转。

例 3-3-2 试编制图 3-3-20 的 4 个螺纹加工程序,螺纹深度为 10mm。其加工程序

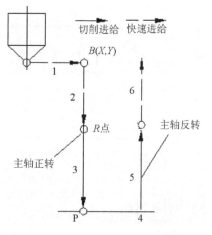

图 3-3-19 G84 循环动作示意图

如下表 3 - 3 - 14 所示。

表 3 - 3 - 14　图 3 - 20 加工程序

程序段号	程序内容	注释
	O2208;	程序号
N10	M03 S150;	主轴正转,转速为 150r/min
N20	G54 G90 G17 G00 X0 Y0;	调用工件零点(编程原点)
N30	G00 Z30;	设置初始平面为工件上方 30mm 处
N40	G84 G99 X15 Y15 Z－15 R5 F150;	F＝150×1(螺距)＝150
N50	X－15;	在(－15,15)位置攻螺纹,深度为 15mm,R＝5mm
N60	Y－15;	在(－15,－15)位置攻螺纹
N70	X15;	在(15,－15)位置攻螺纹
N80	G80;	取消攻螺纹循环
N90	G00 Z50;	
N100	M05;	主轴停转
N110	M30;	程序结束

2. 攻左螺纹固定循环指令 G74

执行 G74 循环指令时,进给时是主轴反转攻丝,到达孔底后主轴正转退出。同样地,攻丝期间,进给倍率无效,进给暂停不停止机床,直到退出动作完成。G74 指令动作示意图如图 3 - 3 - 21 所示。

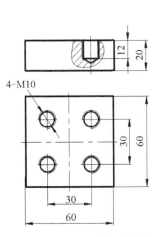

图 3 - 3 - 20　G84 循环例图

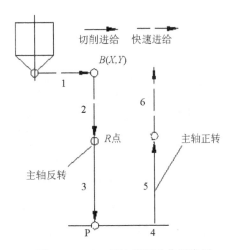

图 3 - 3 - 21　G74 循环动作示意图

攻左螺纹固定循环指令 G74 指令格式为:

G74　X_Y_Z_R_P_F_K_;

注意:指定 G74 指令前,使用辅助功能 M 代码使主轴反转。

二、螺纹镗铣削加工

攻螺纹主要适用于小直径（M6 以上 M20 以下）的螺纹加工，对于 M20 以上的螺纹孔，则一般采用螺纹铣刀或螺纹镗刀进行加工。

（一）螺纹铣削刀具

螺纹铣削的关键是螺纹铣刀，螺纹铣刀有圆柱螺纹铣刀和机夹螺纹铣刀，圆柱螺纹铣刀形状如图 3-3-22 所示。由于圆柱表面上的切削刃无螺旋升程，所以该刀具既可加工右旋螺纹，也可加工左旋螺纹。

机夹螺纹铣刀可分为单刃单齿、单刃多齿（齿为梳状）及双刃（圆周对称装 2 片刀片）多齿铣刀。图 3-3-23 所示为单刃单齿机夹螺纹铣刀，类似于车削螺纹时的螺纹镗刀，该刀具不像整体式螺纹铣刀受到螺距的限制，可以用于铣削一定范围内的任意螺距的螺纹。

图 3-3-22　圆柱螺纹铣刀　　　　　图 3-3-23　螺纹镗刀

（二）螺纹铣削走刀路线

圆柱螺纹铣刀铣削内螺纹的走刀轨迹如图 3-3-24 所示，加工中的螺旋升程依靠机床的 X、Y、Z 三轴的联动来实现，螺纹螺距靠圆柱螺纹铣刀上相邻两齿齿尖间的距离保证。铣刀只需旋转 360° 即可完成螺纹加工。

单刃单齿螺纹铣刀铣削螺纹的轨迹示意图如图 3-3-25 所示，上下箭头代表铣削进给方向。

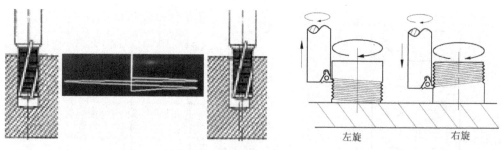

左旋　　　　　右旋

图 3-3-24　圆柱螺纹铣刀铣削内螺纹走刀轨迹　图 3-3-25　单刃单齿螺纹铣刀螺纹铣削走刀轨迹

（三）螺纹铣削编程实例

用螺纹镗刀加工螺纹孔，指令就是螺旋线插补指令。

1. 内螺纹铣削编程

在数控铣床上采用单刃螺纹镗刀铣削加工图 3-3-26 所示的螺纹。螺纹铣削前底孔直径为 ϕ28.5mm，编程原点选在工件上表面正中间处，螺纹铣削加工程序如下：

O2209；

N10 M03 S2500；

N20 G54 G90 G17 G40 G80；

N30 G0 X0 Y0；孔中心定位

N40 Z5；

N50 G01 Z－21 F500；

N60 G01 G41 X15 Y0 D1 F150；

N70 M98 P142345；

N80 G90 G01 G40 X0 Y0；

N90 G0 Z100；

N100 M30；

O2345；

G03 I-15 J0 G91 Z1.5；刀具每走一圈，上升一个螺距1.5mm

M99；

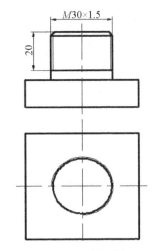

图 3 - 3 - 26　内螺纹图

2. 外螺纹铣削编程

在数控铣床上采用圆柱螺纹铣刀加工图 3 - 3 - 27 所示螺纹。

编程原点选在工件上表面正中间处，螺纹铣削加工程序如下：

O2210；（铣螺纹__圆柱铣刀 直径为 10mm）

N10 T1 D1；

N20 M3 S2000；

N30 G54 G90 G40 G17；

N40 G49 G80 G69 G15；

N50 G0 X30.0 Y0；

N60 Z5.0；

N70 G1 Z－21.0 F150；

N80 G41 G1 X23.0 Y8.0 Z－20.375 D1；

N90 G3 X15.0 Y0 Z－20.0 R8.0；

N100 G2 I-15.0 J0 Z－18.5；

N110 G3 X23.0 Y－8.0 Z－18.125 R8.0；

N120 G40 G1 X30.0 Y0；

N130 G0 Z100；

N140 G28 Y0；

N150 M30；

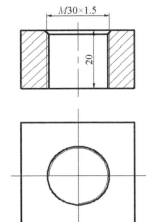

图 3 - 3 - 27　外螺纹图

任务实施

一、零件图分析

（一）零件结构分析

如图 3 - 3 - 18 所示调整板零件，加工内容为圆凸台轮廓、3 个 φ12H7 通孔及 4 个 M10

的螺纹孔。

（二）尺寸分析

该零件图尺寸完整,各尺寸分析如下:

凸台轮廓:外径$\phi 80_{-0.05}^{0}$,经查表,加工精度等级均为 IT8。

高度$5_{0}^{+0.03}$,经查表,加工精度等级均为 IT10。

$3\times\phi 12$H7 孔:位置要求为 60 ± 0.03,经查表,精度等级为 IT8。

$4\times$M10 螺纹孔:位置度要求为 80 ± 0.03,经查表,精度等级为 IT8。

其他尺寸精度等级按 IT14 执行。

（三）表面粗糙度分析

凸台轮廓加工面的表面粗糙度要求为 $3.2\mu m$;$3\times\phi 12$H7 孔表面粗糙度要求为 $1.6\mu m$,孔质量要求较高;$4\times$M10 螺纹孔表面粗糙度要求为 $3.2\mu m$。

二、拟订工艺路线

（一）工件定位基准确定

以工件底面和两侧面为定位基准。

（二）加工方法选择

调整板零件的凸台轮廓,分析其精度和表面粗糙度,选择加工方法为粗铣—精铣;$3\times\phi 12$H7 通孔的加工方案选择为打中心孔—钻—扩—铰;$4\times$M10 螺纹孔采取打中心孔—钻孔—攻螺纹的加工方法。

（三）工艺路线拟订

（1）按 105mm×105mm×25mm 下料。

（2）在普通铣床上铣削 6 个面,铣床 100mm×100mm×20mm。

（3）去毛刺。

（4）在数控铣削机床上铣削外轮廓、加工通孔及螺纹。

（5）去毛刺。

（6）检验。

三、设计数控铣削加工工序

（一）加工装备选择

选择 VMC - 800 立式数控铣床,系统为 FNAUC 0i Mate - MD。

（二）工艺装备选择

1. 刀具选择

根据零件图分析,刀具选择如下。

（1）$\phi 16$ 立铣刀完成凸台轮廓粗、精加工。

（2）$\phi 3$ 中心钻钻中心孔。

（3）$\phi 10$ 钻头钻孔。

（4）$\phi 11.5$ 扩孔钻扩孔。

（5）$\phi 12$ 铰刀铰孔。

（6）ϕ8.5 钻头钻孔。

（7）M10 丝锥攻螺纹。

2. 量具选择

（1）凸台轮廓直径及高度、孔位置度可选用 0～150mm、精度 0.01mm 的游标卡尺。

（2）ϕ12 塞规可测量 3×ϕ12H7 孔。

（3）M10×1.5 螺纹塞规测量 4×M10 螺纹孔。

3. 夹具选择

该零件可采用平口钳定位夹紧，选择合适的垫铁将工件垫高，使工件高出钳口上表面 8mm 以上，底部的垫铁要错开孔的位置。

（三）确定工步、走刀路线

该零件的加工方案为：粗铣—精铣凸台轮廓—钻 7 个ϕ3 中心孔—钻 3 个ϕ10 底孔—扩 3 个ϕ11.5 孔—铰 3 个ϕ12H7 孔—钻 4 个ϕ8.5 底孔—攻 4 个 M10 螺纹孔。

四、编制技术文件

（一）机械加工工艺过程卡编制

零件机械加工工艺过程卡见表 3-3-15。

表 3-3-15　调整板零件机械加工工艺过程卡

机械加工工艺过程卡		产品名称	零件名称	零件图号	材料	毛坯规格
			调整板	3-3-18	45 钢	105mm×105mm×25mm
5	下料	105mm×105mm×25mm	锯床			
10	铣面	铣削 6 个面，保证 100mm×100mm×20mm	普铣	平口钳、面铣刀、游标卡尺		
15	钳	去毛刺	钳工台			
20	数控铣	铣凸台外轮廓、孔加工	VMC-800	平口钳、ϕ16 立铣刀、ϕ3 中心钻、ϕ10 钻头、ϕ11.5 钻头、ϕ8.5 钻头、ϕ12 铰刀、M10 丝锥、游标卡尺、ϕ12 塞规、M10×1.5 螺纹塞规		
25	钳	去毛刺	钳工台			
30	检验					
编制		审核		批准		共 1 页　第 1 页

（二）数控加工工序卡编制

零件数控加工工序卡，见表 3-3-16 所示。

表 3-3-16　调整板零件数控加工工序卡

数控加工工序卡				产品名称	零件名称	零件图号
					调整板	3-3-18
工序号	程序号	材料	数量	夹具名称	使用设备	车间
20	O2211 O2212 O2213 O2214	45 钢	5	平口钳	VMC-800	数控加工车间
工步号	工步内容	切削三要素			刀具		量具
		n(r/min)	F(mm/r)	a_p	编号	名称	名称
1	粗铣外轮廓	600	150	4.5	T1	$\phi16$ 立铣刀	游标卡尺
2	精铣外轮廓	1000	100	0.5	T1	$\phi16$ 立铣刀	游标卡尺
3	钻中心孔 7 处，深 3mm	1500	50	3	T2	$\phi3$ 中心钻	
4	钻 3 个 $\phi10$ 孔	600	50		T3	$\phi10$ 钻头	游标卡尺
5	扩 3 个 $\phi11.5$ 孔	600	50		T4	$\phi11.5$ 钻头	游标卡尺
6	铰 3 个 $\phi12$ 孔	400	30		T5	$\phi12$ 铰刀	$\phi12$ 塞规
7	钻 4 个 $\phi8.5$ 孔	500	50		T6	$\phi8.5$ 钻头	游标卡尺
8	攻 4 个 M10 螺纹孔	100	150		T7	M10 丝锥	M10×1.5 螺纹塞规
编制		审核		批准		共 1 页	第 1 页

（三）刀具调整卡

零件刀具调整卡，见表 3-3-17 所示。

表 3-3-17　垫板零件数控铣削刀具调整卡

产品名称				零件名称	调整板	零件图号	3-3-18
序号	刀具号	刀具规格		刀具参数		刀补编号	
				刀具半径	刀杆规格	直径	长度
1	T1	立铣刀		$\phi16$	100	D01=8.0	
2	T2	中心钻		$\phi3$	100		
3	T3	钻头		$\phi10$	100		
4	T4	钻头		$\phi11.5$	100		

产品名称				零件名称	调整板	零件图号	3－3－18
序号	刀具号	刀具规格		刀具参数		刀补编号	
			刀具半径	刀杆规格	直径	长度	
5	T5	铰刀	ϕ12	100			
6	T6	钻头	ϕ8.5	100			
7	T7	丝锥	M10	80			
编制		审核		批准		共1页	第1页

（四）数控加工程序编制

零件的编程原点选在工件上表面中心处,调整板零件的数控加工程序见表 3－3－18、表 3－3－19 及表 3－3－20。

表 3－3－18　调整板零件凸台轮廓数控铣削加工程序

零件图号	3－3－18	零件名称	调整板	编制日期	
程序号	O2211、O2212	数控系统	FANUC 0i Mate	编制	
程序段号	程序内容		注释		
	O2211；		程序号(ϕ16 立铣刀进行凸台轮廓铣削)		
N10	M03 S600；		主轴正转,转速 600r/min		
N20	G54 G90 G00 X－60 Y48.5；		设置编程原点,刀具 X、Y 向定位		
N30	G00 Z5；		刀具快速定位到安全平面		
N40	G01 Z－4.5 F50；		刀具进刀至 Z－4.5mm 处		
N50	M98 P2212；		调用子程序进行余量去除,粗加工		
N60	G00 Z5；				
N70	G00 X－60 Y48.5；		定位刀具到初始点		
N80	G01 Z－5；		刀具进刀至 Z－5mm 处		
N90	M98 P2212；		调用子程序进行底面精加工		
N100	G01 G41 X40 D01 S1000；		建立刀补,转速 1000r/min,设置 D01＝8.0 进行轮廓精加工,切向切入		
N110	G01 Y0；		直线插补		
N120	G02 I－40 J0；		整圆插补		
N130	G01 Y－10；		切向切出		
N140	G01 G40 X60；		取消刀补,刀具 XY 向退离工件		
N150	G00 Z50；		Z 向抬刀至初始平面		

续　表

零件图号	3 - 3 - 18	零件名称	调整板	编制日期	
程序号	O2211、O2212	数控系统	FANUC 0i Mate	编制	
程序段号	程序内容		注释		
N160	M05;		主轴停止		
N170	M30;		程序结束		
	O2212;		子程序		
N10	G01 X48.5 F100;				
N20	G01 Y - 48.5;				
N30	G01 X - 48.5;				
N40	G01 Y48.5;				
N50	G01 X0;				
N60	G02 I0 J - 48.5;				
N70	G01 X50;				
N80	M99;		子程序结束		
编制		审核		日期	共 1 页　　第 1 页

表 3 - 3 - 19　调整板零件钻铰孔数控加工程序

零件图号	3 - 3 - 18	零件名称	调整板	编制日期	
程序号	O2213	数控系统	FANUC 0i Mate	编制	
程序段号	程序内容		注释		
	O2213;		程序号(ϕ10 钻头钻孔、ϕ11.5 钻头扩孔)		
N10	M03 S400;		主轴正转,转速 400r/min		
N20	G54 G90 G00 X0 Y0;		设置编程原点,刀具 X、Y 向定位		
N30	G00 Z10;		刀具快速定位到安全平面		
N40	G81 G99 X - 30 Y0 Z - 24 F50 R5;		调用钻孔循环指令 G81,参考平面在工件上方 5mm 处		
N50	X0;		在(0,0)位置钻孔,深度为 24mm,返回 R 平面		
N60	X30;		在(30,0)位置钻孔		
N70	G80;		取消循环		

零件图号	3-3-18	零件名称	调整板	编制日期	
程序号	O2213	数控系统	FANUC 0i Mate	编制	
程序段号		程序内容		注释	
N80	G00 Z50；			返回初始平面	
N90	M05；			主轴停转	
N100	M30；			程序结束	
编制		审核		日期	共1页　　第1页

表 3-3-20　调整板零件攻螺纹孔数控加工程序

零件图号	3-3-18	零件名称	调整板	编制日期	
程序号	O2214	数控系统	FANUC 0i Mate	编制	
程序段号		程序内容		注释	
	O2214；			程序号（M10丝锥）	
N10	M03 S100；			主轴正转，转速100r/min	
N20	G54 G90 G00 X0 Y0；			设置编程原点，刀具XY向定位	
N30	G00 Z5；			刀具快速定位到安全平面	
N40	G84 G98 X-30 Y0 Z-22 F150 R2；			调用攻丝循环指令G84，参考平面在工件上方2mm处	
N50	X0；			在(0,0)位置攻丝，深度为22mm	
N60	X30；			在(30,0)位置攻丝，深度为22mm	
N70	G80；			取消固定循环	
N80	G00 Z50；			返回初始平面	
N90	M05；			主轴停转	
N100	M30；			程序结束	
编制		审核		日期	共1页　　第1页

小　结

本任务介绍了攻螺纹加工工艺，铣削内螺纹的刀具特点、应用圆柱螺纹铣刀及单刃镗刀加工内螺纹的方法及程序编制；介绍攻螺纹固定循环指令 G84、G74 指令的动作、格式及其应用。要求熟悉螺纹孔的加工方法，并掌握攻螺纹固定循环指令的编程应用。

>>> **自测题** <<<

一、选择题

1. 一般情况下,(　　)范围内的螺纹孔可在加工中心上直接完成。

A. M1—M5　　　　　B. M6—M10　　　　　C. M6—M20　　　　　D. M10—M30

2. 标准麻花钻的夹角为(　　)。

A. 118°　　　　　　B. 112°　　　　　　C. 50~55°　　　　　D. 60°

3. 执行程序"G98 G81 R3 Z−15 F50"后,孔深为(　　)。

A. 15mm　　　　　　B. 3mm　　　　　　C. 18mm　　　　　　D. 50mm

4. 攻螺纹时,主轴转速为 100r/min,螺纹的螺距为 1.5mm,则攻螺纹的进给速度为(　　)mm/min。

A. 150　　　　　　　B. 100　　　　　　　C. 1.5　　　　　　　D. 101.5

5. 攻右旋螺纹固定循环指令为(　　)。

A. G81　　　　　　　B. G84　　　　　　　C. G74　　　　　　　D. G73

6. 执行程序段"G00 Z10"、"G84 G99 X0 Y0 R5 F50"后,刀具返回到距离工件上表面(　　)处。

A. 5　　　　　　　　B. 3　　　　　　　　C. 10　　　　　　　　D. 15

7. 关于 G84 攻右旋螺纹循环指令和 G74 攻左旋螺纹循环指令,说法正确的是(　　)。

A. G84 主轴正转攻螺纹,主轴反转退回

B. G74 主轴正转攻螺纹,主轴反转退回

C. G74 主轴反转攻螺纹,主轴正转退回

D. A、C 均正确

8. 螺纹铣刀、螺纹镗刀铣削内螺纹应用到的指令是(　　)。

A. G03、G02　　　　B. G84　　　　　　　C. G74　　　　　　　D. G83

9. 在(30,30)坐标点处,攻 1 个深 15mm 右旋螺纹孔,编程原点位于零件上表面中心,则指令为(　　)。

A. G81 X30 Y30 Z−15 R3 F50;

B. G84 X30 Y30 Z−15 R3 F50;

C. G74 X30 Y30 Z−15 R3 F50;

D. G73 X30 Y30 Z−15 R3 F50;

10. 取消攻螺纹固定循环指令是(　　)。

A. G80　　　　　　　B. G00　　　　　　　C. G01　　　　　　　D. A、B 均可

二、编程题

1. 如图 3-3-28 所示的零件,毛坯为 80mm×80mm×20mm 的 45 钢,四个侧面及上下底面已精加工,试编制该零件数控加工程序。

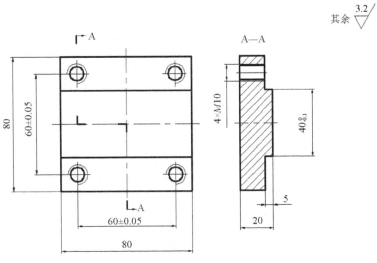

图 3 - 3 - 28　练习图 1

2. 如图 3 - 3 - 29 所示的零件,毛坯为 80mm×80mm×20mm 的 45 钢,四个侧面及上下底面已精加工,试编制该零件数控加工程序。

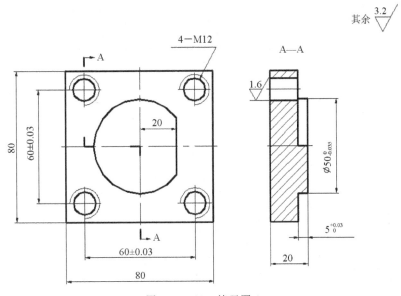

图 3 - 3 - 29　练习图 2

🌀 知识拓展

一、SINUMERIK 802D 系统孔加工循环指令

(一) 孔加工循环指令

1. 刚性攻丝 CYCLE84

(1) 功能:如图 3 - 3 - 30 所示,刀具以编程主轴速度和进给速度进行攻丝,直至定义的

最终螺纹深度。CYCLE84 可以用于刚性攻丝。对于带补偿夹具的攻丝，可以使用另外的循环 CYCLE840。

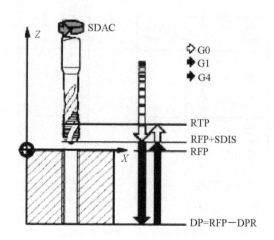

图 3 - 3 - 30　CYCLE84 指令

（2）格式：

CYCLE84(RTP,RFP,SDIS,DP,DPR, DTB,SDAC,MPIT,PIT,POSS,SST,SSTI)

其中，参数 RTP,RFP,SDIS,DP,DPR,DTB 定义同前，其余参数如表 3 - 3 - 21 所示。

表 3 - 3 - 21　CYCLE84 参数

参数	类型	说明
SDAC	Int	循环结束后的旋转方向 数值：3、4、5(用于 M3、M4、M5)
MPIT	Real	螺距由螺纹尺寸决定(有符号) 数值范围：3(用于 M3)～48(用于 M48)；符号决定了螺纹的旋转方向，正值—RH(用于 M3)，负值—LH(用于 M4)
PIT	Real	螺距由数值决定(有符号) 数值范围：0.001～2000.000mm；符号决定了在螺纹中旋转方向
POSS	Real	循环中定位主轴的位置(以"度"为单位)
SST	Real	攻丝速度
SSTI	Real	退回速度

2. 带补偿夹具攻丝 CYCLE840

（1）功能：如图 3 - 3 - 31 所示，刀具以编程主轴速度和进给速度进行攻丝，直至定义的最终螺纹深度。CYCLE840 可以进行带补偿夹具的攻丝，分为无编码器和编码器攻丝。

（2）格式：CYCLE840(RTP,RFP,SDIS,DP,DPR, DTB,SDR,SDAC,ENC,MPIT, PIT)

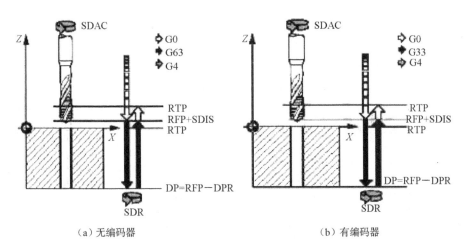

图 3 - 3 - 31　CYCLE840 指令

其中,参数 RTP,RFP,SDIS,DP,DPR,DTB 定义同前,其余参数如表 3 - 3 - 22 所示。

表 3 - 3 - 22　CYCLE840 参数

参数	类型	说明
SDR	Int	退回时的旋转方向 值:0(旋转方向自动颠倒)、3 或 4(用于 M3 或 M4)
SDAC	Int	循:3、4、5(用于 M3、M4、M5)
ENC	Int	带/不带编码器攻丝 值:0=编码器　　1=不带编码器
MPIT	Real	螺距由螺纹尺寸定义(有符号) 数字范围 3(用于 M3)~48(用于 M48)
PIT	Real	螺距由数值定义(有符号) 数值范围:0.001~2000mm

二、应用

用 SINUMERIK 802D 系统对图 3 - 3 - 18 所示的调整板零件进行编程,其数控加工程序如表 3 - 3 - 23、表 3 - 3 - 24、表 3 - 3 - 25 所示。

表 3 - 3 - 23　调整板零件凸台轮廓数控铣削加工程序

零件图号	3 - 3 - 18	零件名称	调整板	编制日期	
程序名	TIAOZ1. MPF TIAOZ2. SPF	数控系统	SINUMERIK 802D	编制	
程序段号	程序内容		注释		
	TIAOZ1. MPF;		程序名(φ16 立铣刀进行凸台轮廓铣削)		
N10	M03 S600;		主轴正转,转速 600r/min		
N20	G54 G90 G00 X - 60 Y48.5;		设置编程原点,刀具 X、Y 向定位		

续　表

零件图号	3-3-18	零件名称	调整板	编制日期	
程序名	TIAOZ1. MPF TIAOZ2. SPF	数控系统	SINUMERIK 802D	编制	
程序段号	程序内容		注释		
N30	G00 Z5；		刀具快速定位到安全平面		
N40	G01 Z-4.5 F50；		刀具进刀至 Z-4.5mm 处		
N50	TIAOZ2；		调用子程序进行余量去除,粗加工		
N60	G00 Z5；				
N70	G00 X-60 Y48.5；		定位刀具到初始点		
N80	G01 Z-5；		刀具进刀至 Z-5mm 处		
N90	TIAOZ2；		调用子程序进行底面精加工		
N100	G01 G41 X40 D01 S1000；		建立刀补,转速 1000r/min,设置 D01=8.0 进行轮廓精加工,切向切入		
N110	G01 Y0；		直线插补		
N120	G02 I-40 J0；		整圆插补		
N130	G01 Y-10；		切向切出		
N140	G01 G40 X60；		取消刀补,刀具 XY 向退离工件		
N150	G00 Z50；		Z 向抬刀至初始平面		
N160	M05；		主轴停止		
N170	M30；		程序结束		
	TIAOZ2. SPF；		子程序		
N10	G01 X48.5 F100；				
N20	G01 Y-48.5；				
N30	G01 X-48.5；				
N40	G01 Y48.5；				
N50	G01 X0；				
N60	G02 I0 J-48.5；				
N70	G01 X50；				
N80	M17；		子程序结束		
编制		审核		日期	共 1 页　　　第 1 页

表 3-3-24　调整板零件钻铰孔数控加工程序

零件图号	3-3-18	零件名称	调整板	编制日期	
程序名	TIAOZ3. MPF	数控系统	SINUMERIK 802D	编制	
程序段号	程序内容		注释		
	TAIOZ3. MPF；		程序名(φ10 钻头钻孔、φ11.5 钻头扩孔)		
N10	M03 S600；		主轴正转,转速 400r/min		
N20	G54 G90 G00 X-30 Y0；		设置编程原点,刀具 XY 向定位		
N30	G00 Z10；		刀具快速定位到安全平面		
N40	MCALL CYCLE81(10,2,2,-24,26)；		调用钻孔循环指令 G81,参考平面在工件上方 2mm 处		
N50	X0；		在(0,0)位置钻孔,深度为 24mm,返回 R 平面		
N60	X30；		在(30,0)位置钻孔		
N70	MCALL；		取消循环		
N80	G00 Z50；		返回初始平面		
N90	M05；		主轴停转		
N100	M30；		程序结束		
编制		审核		日期		共 1 页	第 1 页

表 3-3-25　调整板零件攻螺纹孔数控加工程序

零件图号	3-3-18	零件名称	调整板	编制日期	
程序名	TAIOZ4. MPF	数控系统	SINUMERIK 802D	编制	
程序段号	程序内容		注释		
	TIAOZ4. MPF；		程序名(M10 丝锥)		
N10	M03 S100；		主轴正转,转速 100r/min		
N20	G54 G90 G00 X-30 Y0；		设置编程原点,刀具 XY 向定位		
N30	G00 Z10；		刀具快速定位到安全平面		
N40	CYCLE84(10,2,2,-22,24,3,5,3,,90,150,500)；		调用攻丝循环指令 G84,参考平面在工件上方 2mm 处		
N50	X0；		在(0,0)位置攻丝,深度为 22mm		
N60	X30；		在(30,0)位置攻丝,深度为 22mm		
N70	MCALL；		取消固定循环		
N80	G00 Z50；		返回初始平面		
N90	M05；		主轴停转		
N100	M30；		程序结束		
编制		审核		日期		共 1 页	第 1 页

任务三　凸模板零件加工工艺编程

任务内容

如图 3 - 3 - 32 所示的凸模板零件,毛坯为 100mm×100mm×20mm 的 45 钢,试编制凸模板零件的数控加工程序。

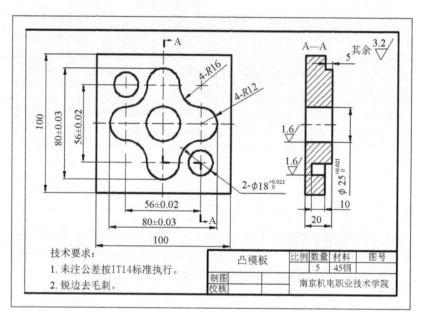

图 3 - 3 - 32　凸模板零件图

任务目标

(1) 理解并掌握数控铣孔的加工工艺;

(2) 学会正确选用铣孔刀具,合理选择切削用量;

(3) 掌握铣孔编程技巧;

(4) 掌握镗孔加工方法,学会合理选用镗削加工刀具及切削用量

(5) 掌握镗孔加工固定循环指令(G85、G86、G87、G89、G76)及其用法;

(6) 正确选择各类镗孔加工的固定循环指令。

相关知识

一、镗孔加工

(一) 镗孔加工工艺

镗孔加工时,一般是先钻底孔,再进行镗孔。钻底孔时留给镗削加工的余量视孔的加工精度和位置度要求而定。一般情况下,孔径愈大,孔的精度和位置度愈高,则加工余量愈大。

为提高孔的加工精度,有时在钻出底孔后还要扩孔,然后再镗孔,镗削进给安排的次数与孔的加工精度成正比。孔径与加工余量的关系见表 3 - 3 - 26 所示。

表 3 - 3 - 26　孔径与加工余量的关系

孔径/mm	$\phi 8 \sim \phi 16$	$\phi 16 \sim \phi 24$	$\phi 24 \sim \phi 40$
加工余量/mm	0.5～0.8	0.8～1.2	1.5～3

（二）镗孔刀具

数控铣床或加工中心上用的镗刀,就其切削部分而言,与外圆车刀相似,但在数控铣削机床上进行镗孔加工通常采用悬臂式加工,因此要求镗刀有足够的刚性和较好的精度。

按镗刀的切削刃数量可分为单刃镗刀和双刃镗刀。图 3 - 3 - 33 为常见的镗刀。

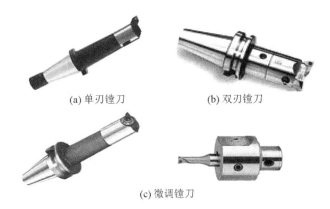

(a) 单刃镗刀　　　　(b) 双刃镗刀

(c) 微调镗刀

图 3 - 3 - 33　镗刀种类

（三）镗孔循环指令

1. G85 镗孔循环指令

G85 镗孔动作示意图如图 3 - 3 - 34 所示,执行该指令,刀具以切削进给方式加工到孔底,然后仍以切削进给方式返回到 R 平面或初始平面,无孔底动作。

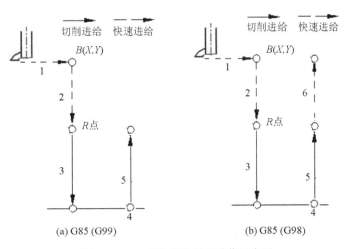

(a) G85 (G99)　　　　　　(b) G85 (G98)

图 3 - 3 - 34　G85 镗孔循环动作示意图

G85 指令格式：G85　X＿Y＿Z＿R＿F＿；

2. G89 镗孔循环指令

G89 镗孔循环指令几乎与 G85 相同，不同的是该循环在孔底执行暂停。G89 镗孔动作示意图见图 3－3－35 所示。该指令常用于阶梯孔的加工。

G89 指令格式为：G89　X＿Y＿Z＿R＿P＿F＿；

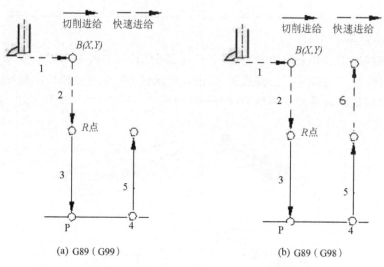

(a) G89（G99）　　　　　　　(b) G89（G98）

图 3－3－35　G89 镗孔循环动作示意图

3. G86 镗孔循环指令

G86 镗孔循环指令动作与 G85 指令动作基本相同，只是 G86 指令在到达孔底位置后，主轴停止，并快速退出。G86 镗孔动作示意图如图 3－3－36 所示。

G86 指令格式为：G86　X＿Y＿Z＿R＿F＿；

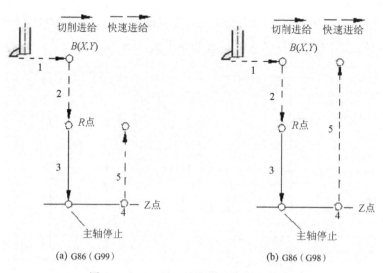

(a) G86（G99）　　　　　　　(b) G86（G98）

图 3－3－36　G86 镗孔循环动作示意图

4. G87 背镗孔循环指令

如图 3-3-37 所示，刀具沿 X、Y 轴定位后，主轴准停，刀具沿刀尖的反方向偏移 Q 值，接着快速运动到孔底位置（R 点），沿刀尖方向偏移回 Q 值，主轴正转，刀具向上（沿 Z 正向）进给运动镗削加工，到达 Z 点，在 Z 点主轴再次准停，刀具沿刀尖的反方向偏移 Q 值，快退返回到初始平面，接着刀具沿刀尖方向偏移 Q 值，主轴正转，循环过程结束。

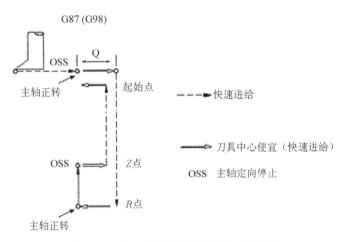

图 3-3-37　G87 背镗孔循环动作示意图

G87 指令格式为：G87　X__Y__Z__R__F__Q__P__；式中，Q 为偏移值。该指令只使用 G98，G99 不用。

5. G76 精镗循环指令

如图 3-3-38 所示，刀具运动到起始点（X，Y）位置，快速定位到 R 点位置，接着刀具以进给速度向下运动镗孔到达孔底位置后，在孔底有 3 个动作：进给暂停、主轴准停（定向停止）和刀具沿刀尖的反方向偏移 Q 值，使刀具脱离工件表面，然后快速退出。这样可保证刀具在快速退出时不划伤孔壁表面。

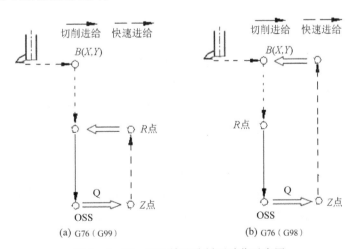

图 3-3-38　G76 精镗孔循环动作示意图

G76 指令格式为：G76　X＿Y＿Z＿R＿F＿Q＿P＿；式中，Q 为刀尖偏移值，移动方向由机床参数设定。镗刀偏移示意如图 3-3-39 所示。

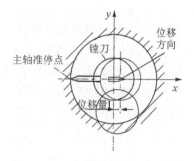

图 3-3-39　镗刀偏移示意图

6. G88 镗孔循环指令

G88 镗孔示意图如图 3-3-40 所示，刀具沿 X、Y 轴定位后，快速移动到 R 点，从 R 点开始进给镗孔刀 Z 点，完成镗孔后，执行暂停，主轴停止，刀具从孔底（Z 点）手动返回到 R 点。在 R 点，主轴正转，执行快速移动到初始位置。

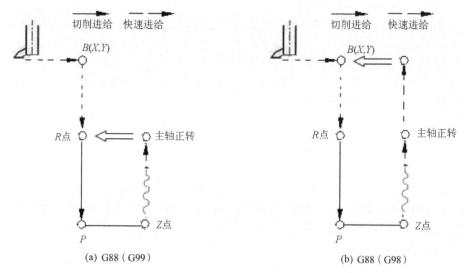

(a) G88（G99）　　　　　　　(b) G88（G98）

图 3-3-40　G88 手动镗孔循环动作示意图

G88 指令格式为：G88　X＿Y＿Z＿R＿F＿P＿；

G88 手动镗孔方式虽能相应提高孔的加工精度，但加工效率较低。

二、铣孔加工

（一）圆周铣削

圆周铣削是通过铣刀的圆周进给运动制造圆柱形表面的一种铣削工艺，目前，利用这种圆周铣削原理，已广泛用于铣孔、铣内（外）槽、铣螺纹、倒角、铣沉孔等。

在 CNC 机床上，圆周铣削既可通过 X、Y 轴的圆弧插补来实现铣刀的圆周进给运动，也可以通过 X、Y、Z 轴的螺旋插补来实现铣刀的螺旋进给运动，并通过 CNC 程序来实现各种不同的圆周铣削加工。

应用圆周铣削工艺进行铣孔，是采用多刃铣刀实现的，与通常采用单刃镗刀镗孔相比，铣孔可采用较大的背吃刀量，铣孔效率较高。采用立铣刀铣孔时，旋转的立铣刀绕 Z 轴作螺旋进给运动，在一次工作行程中铣出所需大小的孔，比传统的镗孔工艺节省多道工序，从而大大简化加工工艺流程，节省加工时间。

采用圆周铣削工艺，不仅可铣出通孔，对于不通孔还可以铣出平底孔、阶梯孔及锥孔，如图 3-3-41 所示。

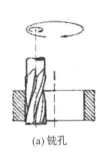 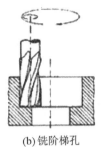 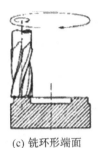 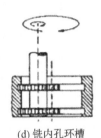

| (a) 铣孔 | (b) 铣阶梯孔 | (c) 铣环形端面 | (d) 铣内孔环槽 |

图 3-3-41　圆周铣削

（二）立铣刀螺旋铣孔

采用立铣刀的螺旋轨迹铣削加工孔，铣刀的刀位点以螺旋线轨迹进给，同时铣刀的自身旋转为加工提供了切削动力。

铣孔动作可分解为：

（1）刀具快速定位到孔中心位置；

（2）Z 向快速定位到 R 参考平面；

（3）以图 3-3-42 所示的螺旋下刀并切削至孔底；

（4）刀具退离孔壁，并快速退刀至 R 平面。

为保证孔壁加工质量，可采取圆弧切入和圆弧切出进给路线，并可通过设置刀补来控制孔精度。

图 3-3-42　螺旋下刀方式

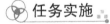 **任务实施**

一、零件图分析

（一）零件结构分析

如图 3-3-32 所示凸模板零件，加工内容为花型凸台轮廓、2 个 $\phi18$ 平底孔及 1 个 $\phi25$ 的通孔。

（二）尺寸分析

该零件图尺寸完整，各尺寸分析如下。

凸台轮廓：外径 $\phi80\pm0.03$，经查表，加工精度等级均为 IT8。

2 个平底孔：孔直径 $\phi18^{+0.022}_{0}$，经查表，精度等级为 IT7。

位置度要求 56 ± 0.02，精度等级为 IT8。

$\phi25$ 通孔：孔直径 $\phi25^{+0.021}_{0}$，经查表，精度等级为 IT7。

其他尺寸精度等级按 IT14 执行。

（三）表面粗糙度分析

凸台轮廓加工面的表面粗糙度要求为 $3.2\mu m$；2 个 $\phi18^{+0.022}_{0}$ 平底孔及 $\phi25^{+0.021}_{0}$ 通孔，表面粗糙度要求均为 $1.6\mu m$，孔质量要求较高。

二、拟订工艺路线

(一) 工件定位基准确定

以工件底面和两侧面为定位基准。

(二) 加工方法选择

凸模板零件的凸台轮廓,其精度为 IT8、表面粗糙度为 $3.2\mu m$,选择加工方法为粗铣—精铣。

2 个 $\phi 18^{+0.022}_{0}$ 平底孔的加工方案选择为粗铣—半精铣—精铣;$\phi 25^{+0.021}_{0}$ 通孔采取粗镗—半精镗—精镗的加工方法。

(三) 工艺路线拟订

(1) 按 105mm×105mm×25mm 下料。

(2) 在普通铣床上铣削 6 个面,铣床 100mm×100mm×20mm。

(3) 去毛刺。

(4) 在数控铣削机床上铣削外轮廓、铣孔。

(5) 去毛刺。

(6) 检验。

三、设计数控铣削加工工序

(一) 加工装备选择

选择 VMC-800 立式数控铣床,系统为 FNAUC 0i Mate-MD。

(二) 工艺装备选择

1. 刀具选择

根据零件图分析,选择 $\phi 16$ 立铣刀完成凸台轮廓粗、精加工及平底孔铣削加工;选择镗刀进行通孔的镗削加工。

2. 量具选择

(1) 凸台轮廓直径及高度、孔位置度可选用 0~150mm、精度 0.01mm 的游标卡尺。

(2) $\phi 18$ 塞规可测量 2—$\phi 18^{+0.022}_{0}$ 孔。

(3) 内径千分尺测量 $\phi 25^{+0.021}_{0}$ 通孔。

3. 夹具选择

该零件可采用平口钳定位夹紧,选择合适的垫铁将工件垫高,使工件高出钳口上表面 8mm 以上,底部的垫铁要错开孔的位置。

(三) 确定工步、走刀路线

该零件的加工方案为:

粗铣—精铣凸台轮廓;粗铣—半精铣—精铣平底孔;粗镗—半精镗—精镗通孔。

四、编制技术文件

1. 机械加工工艺过程卡编制

零件机械加工工艺过程卡见表 3-3-27 所示。

表 3 - 3 - 27　凸模板零件机械加工工艺过程卡

机械加工工艺过程卡		产品名称	零件名称	零件图号	材料	毛坯规格
			凸模板	3 - 3 - 32	45 钢	105mm ×105mm×25mm
工序号	工序名称	工序内容	设备	工艺装备		工时
5	下料	105mm ×105mm×25mm	锯床			
10	铣面	铣削 6 个面，保证 100mm ×100mm×20mm	普铣	平口钳、面铣刀、游标卡尺		
15	钳	去毛刺		钳工台		
20	数控铣	铣凸台外轮廓、孔加工	VMC - 800	平口钳、φ16 立铣刀、游标卡尺、φ18 塞规、内径千分尺		
25	钳	去毛刺		钳工台		
30	检验					
编制		审核		批准	共 1 页	第 1 页

（二）数控加工工序卡编制

零件数控加工工序卡，见表 3 - 3 - 28 所示。

表 3 - 3 - 28　凸模板零件数控加工工序卡

数控加工工序卡				产品名称		零件名称	零件图号
						凸模板	3 - 3 - 32
工序号	程序号	材料	数量	夹具名称		使用设备	车间
20	O2220 O2221 O2222	45 钢	10	平口钳		VMC - 800	数控加工车间
工步号	工步内容	切削三要素			刀具		量具
		n(r/min)	F(mm/r)	a_p	编号	名称	名称
1	粗铣外轮廓	600	150	5	T1	φ16 立铣刀	游标卡尺
2	精铣外轮廓	1000	100	5	T1	φ16 立铣刀	游标卡尺
3	粗铣—半精铣 φ18 平底孔	800	150	10	T1	φ16 立铣刀	游标卡尺
4	精铣 2—φ18$^{+0.022}_{0}$ 平底孔	1200	100	10	T1	φ16 立铣刀	游标卡尺
5	粗镗—半精镗 φ25 通孔	800	150	10	T1	镗刀	游标卡尺

续　表

数控加工工序卡				产品名称	零件名称	零件图号
					凸模板	3-3-32
工序号	程序号	材料	数量	夹具名称	使用设备	车间
20	O2220 O2221 O2222	45钢	10	平口钳	VMC-800	数控加工车间
工步号	工步内容	切削三要素			刀具		量具
		n(r/min)	F(mm/r)	a_p	编号	名称	名称
6	精镗$\phi25^{+0.021}_{0}$通孔	1200	100	10	T1	镗刀	游标卡尺
编制		审核		批准		共1页	第1页

(三) 刀具调整卡

零件刀具调整卡,见表3-3-29所示。

表3-3-29　凸模零件数控铣削刀具调整卡

产品名称				零件名称	凸模板	零件图号	3-3-32
序号	刀具号	刀具规格	刀具参数		刀补编号	
			刀具半径	刀杆规格	直径	长度
1	T1	立铣刀	$\phi16$	100	D01=8.0	
2	T2	镗刀				
编制		审核		批准		共1页	第1页

(四) 数控加工程序编制

零件的编程原点选在工件上表面中心处,调整板零件的数控加工程序见表3-3-30、表3-3-31及表3-3-32。

表3-3-30　凸模板零件凸台轮廓数控铣削加工程序

零件图号	3-3-32	零件名称	凸模板	编制日期	
程序号	O2220	数控系统	FANUC 0i Mate	编制	
程序段号	程序内容		注释		
	O2220;		程序名($\phi16$立铣刀进行凸台轮廓铣削)		
N10	M03 S600;		主轴正转,转速600r/min		
N20	G54 G90 G00 X-60 Y49;		设置编程原点,刀具X、Y向定位		
N30	G00 Z5;		刀具快速定位到安全平面		

零件图号	3-3-32	零件名称	凸模板	编制日期	
程序号	O2220	数控系统	FANUC 0i Mate	编制	
程序段号	程序内容		注释		
N40	G01 Z-5 F50;		刀具进刀至 Z-4.5mm 处		
N50	G01 X-28 F150;		调用子程序进行余量去除,粗加工		
N60	Y28;				
N70	X-38;		定位刀具到初始点		
N80	Y49;		刀具进刀至 Z-5mm 处		
N90	X-49;		调用子程序进行底面精加工		
N100	Y-49;				
N110	X-28;				
N120	Y-28;				
N130	X-38;				
N140	Y-49;				
N150	X28;				
N160	Y-28;				
N170	X38;				
N180	Y-49;				
N190	X49;				
N200	Y49;				
N210	X28;				
N220	Y28;				
N230	X38;				
N240	Y49;				
N250	X48.5;				
N260	Y0;				
N270	G02 X28 Y-20.5 R20.5;				
N280	G03 X20.5 Y-28 R7.5;				
N290	G02 X-20.5 Y-28 R20.5;				
N300	G03 X-28 Y-20.5 R7.5;				

续　表

零件图号	3-3-32	零件名称	凸模板	编制日期	
程序号	O2220	数控系统	FANUC 0i Mate	编制	
程序段号	程序内容		注释		
N320	G02 X-28 Y20.5 R20.5;				
N330	G03 X-20.5 Y28 R7.5;				
N340	G02 X20.5 Y28 R20.5;				
N350	G03 X28 Y20.5 R7.5;				
N360	G02 X48.5 Y0 R20.5;				
N370	G01 X50 Y10;				
N380	G01 G41 X40 D01 S1000;		建立刀补,转速 1000r/min,设置 D01=8.0 进行轮廓精加工,切向切入		
N390	G01 Y0;		直线插补		
N400	G02 X28 Y-12 R12;		整圆插补		
N410	G03 X12 Y-28 R16;				
N420	G02 X-12 Y-28 R12;				
N430	G03 X-28 Y-12 R16;				
N440	G02 X-28 Y12 R12;				
N450	G03 X-12 Y28 R16;				
N460	G02 X12 Y28 R12;				
N470	G03 X28 Y12 R16;				
N480	G02 X40 Y0 R12;				
N490	G01 Y-10;		切向切出		
500	G01 G40 X60;		取消刀补,刀具 XY 向退离工件		
N510	G00 Z50;		Z 向抬刀至初始平面		
N520	M05;		主轴停止		
N530	M30;		程序结束		

编制		审核		日期		共1页		第1页

表 3-3-31 凸模板零件平底孔数控加工程序

零件图号	3-3-32	零件名称	凸模板	编制日期	
程序号	O2221	数控系统	FANUC 0i Mate	编制	
	O2221；		程序名（φ16铣刀）		
N10	M03 S600；	主轴正转，转速 600r/min			
N20	G54 G90 G00 X28 Y-28；	设置编程原点，刀具 XY 向定位			
N30	G00 Z3；	刀具快速定位到安全平面			
N40	G01 Z-14.5 F50；	粗加工			
N50	G00 Z3；				
N60	G00 X-28 Y28；				
N70	G01 Z-14.5 F50；				
N80	G00 Z3；				
N90	G00 X28 Y-28；				
N100	G01 Z-15 F50；				
N110	G01 G41 X37 D01 S1200 F100；	建立刀补			
N120	G03 I-9 J0；	圆弧插补			
N130	G01 G40 X28；	取消刀补			
N140	G00 Z5；	返回初始平面			
N150	G00 X-28 Y28；				
N160	G01 Z-15 F50；				
N170	G01 G41 X-19 D01 S1200 F100；				
N180	G03 I-9 J0；				
N190	G01 G40 X-28；				
N200	G00 Z50；				
N210	M05；	主轴停转			
N220	M30；	程序结束			
编制		审核		日期		共1页	第1页

表 3 - 3 - 32　凸模板零件镗孔(精加工)数控加工程序

零件图号	3 - 3 - 32	零件名称	凸模板	编制日期	
程序号	O2222	数控系统	FANUC 0i Mate	编制	
	O2222；		程序名(M10 丝锥)		
N10	M03 S600；		主轴正转,转速 600r/min		
N20	G54 G90 G00 X0 Y0；		设置编程原点,刀具 XY 向定位		
N30	G00 Z5；		刀具快速定位到安全平面		
N40	G85 G98 X0 Y0 Z - 22 F100 R2；		调用镗孔循环指令 G85,参考平面在工件上方 2mm 处		
N50	G80；		取消固定循环		
N60	G00 Z50；		返回初始平面		
N70	M05；		主轴停转		
N80	M30；		程序结束		
编制		审核		日期		共 1 页	第 1 页

小　结

本任务介绍了数控镗铣削加工工艺,镗削、铣刀刀具特点,应用立铣刀进行圆周铣削孔的加工方法及程序编制;介绍镗孔固定循环指令 G85、G86、G87、G88、G89、G76 指令的动作、格式及其应用。要求熟悉镗铣孔的加工方法,并掌握镗孔固定循环指令的编程应用。

▶▶▶ 自测题 ◀◀◀

一、选择题

1. 通常情况下,在加工中心上切削直径(　　　)mm 的孔应预制出毛坯孔。

A. 大于 50　　　　　　　　　　　B. 大于或等于 50

C. 小于 30　　　　　　　　　　　D. 大于或等于 30

2. 在数控机床上镗削内孔时,床身导轨与主轴若不平行,则会使加工的孔出现(　　　)误差。

A. 圆柱度　　　　　B. 直线度　　　　　C. 圆度　　　　　D. 锥度

3. 镗削加工高精度的孔时,在粗镗后,应等工件上的切削热达到(　　　)后再进行精镗。

A. 热变形　　　　　B. 热平衡　　　　　C. 热膨胀　　　　　D. 热伸长

4. 采用固定循环编程,可以(　　　)。

A. 加快切削速度,提高加工质量

B. 缩短程序的长度,减少程序所占内存

C. 减少换刀次数,提高切削速度

D. 减少吃刀深度,保证加工质量

5. 下列哪种孔加工方法精度最高(　　)。

　　A. 钻孔　　　　　　　B. 扩孔　　　　　　　C. 拉孔　　　　　　　D. 研磨孔

6. 镗床上镗孔时主轴有角度摆动,镗出的孔将呈现(　　)。

　　A. 圆孔　　　　　　　B. 椭圆孔　　　　　　C. 圆锥孔　　　　　　D. 双面孔

7. 某工件内孔在粗镗后有圆柱度误差,则在半精镗后会产生(　　)。

　　A. 圆度误差　　　　　　　　　　　B. 尺寸误差

　　C. 圆柱度误差　　　　　　　　　　D. 位置误差

8. 周铣时用(　　)方式进行铣削,铣刀的耐用度较高,获得加工面的表面粗糙度值也较小。

　　A. 对称铣　　　　　　B. 逆铣　　　　　　　C. 顺铣　　　　　　　D. 立铣

9. 对于既要铣面又要镗孔的零件应(　　)。

　　A. 先镗孔后铣面　　　　　　　　　B. 先铣面后镗孔

　　C. 同时进行　　　　　　　　　　　D. 无所谓

10. 在铣床上镗孔,若孔壁出现振纹,主要原因是(　　)。

　　A. 工作台移距不准确　　　　　　　B. 镗刀刀尖圆弧半径较小

　　C. 镗刀杆刚性差或工作台进给时爬行　　　D. 工件装夹不当

二、编程题

1. 如图 3 - 3 - 43 所示的零件,毛坯为 80mm×80mm×20mm 的 45 钢,四个侧面及上下底面已精加工,试编制该零件数控加工程序。

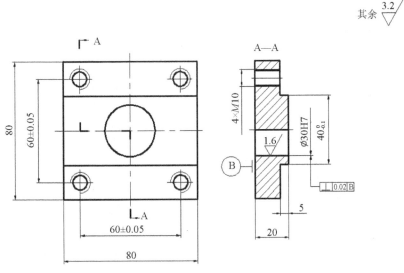

图 3 - 3 - 43　练习图 1

2. 如图 3-3-44 所示的零件，毛坯为 $80mm \times 80mm \times 20mm$ 的 45 钢，四个侧面及上下底面已精加工，试编制该零件数控加工程序。

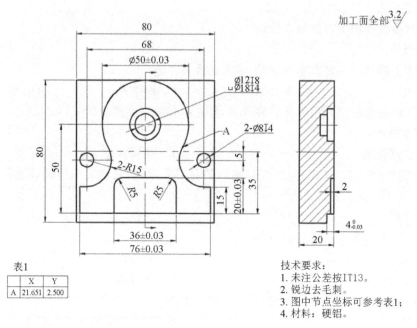

表1		
	X	Y
A	21.651	2.500

技术要求：
1. 未注公差按IT13。
2. 锐边去毛刺。
3. 图中节点坐标可参考表1；
4. 材料：硬铝。

图 3-3-44　练习图 2（数控职业技能鉴定国家题库）

3. 如图 3-3-45 所示的零件，毛坯为 $80mm \times 80mm \times 20mm$ 的 45 钢，四个侧面及上下底面已精加工，试编制该零件数控加工程序。

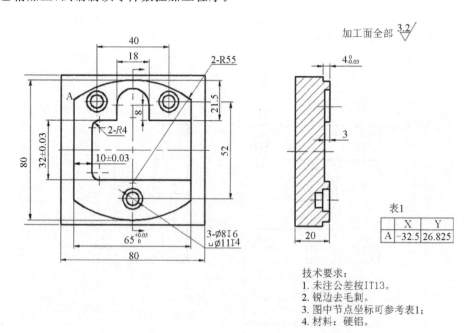

表1		
	X	Y
A	-32.5	26.825

技术要求：
1. 未注公差按IT13。
2. 锐边去毛刺。
3. 图中节点坐标可参考表1；
4. 材料：硬铝。

图 3-3-45　练习图 3（数控职业技能鉴定国家题库）

知识拓展

一、SINUMERIK 802D 系统孔加工循环指令

(一) 孔加工循环指令

1. 铰孔(镗孔 1)循环指令 CYCLE85

(1) 功能：刀具按照编程主轴速度和进给速度进行铰孔(镗孔)，直至定义的最终深度。刀具向下进给率和回退进给率由参数 FFR 和 RFF 决定。

(2) 循环动作：如图 3-3-46 所示。

① 使用 G00 回到安全间隙之前的参考平面。

② 使用 G01 并按参数 FFR 所编程的进给率钻削至最终钻孔深度。

③ 最后钻孔深度的停顿时间用于断屑。

④ 使用 G01 返回到安全间隙前的参考平面，进给率由参数 RFF 决定。

⑤ 使用 G00 返回到退回平面。

(3) 格式：

CYCLE85 (RTP, RFP, SDIS, DP, DPR, DTB, FFR, RFF)

其中,参数 RTP,RFP,SDIS,DP,DPR,DTB 定义同前,FFR 为进给率,RFF 为退回进给率。

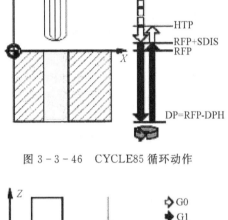

图 3-3-46　CYCLE85 循环动作

2. 镗孔循环指令 CYCLE86

(1) 功能：刀具按照编程主轴速度和进给速度镗孔直至到达定义的最终深度。镗孔一旦到达最后孔深,便激活了主轴准停功能,然后主轴快速回到退回平面。

(2) 镗孔循环动作如图 3-3-47 所示。

2. 格式：

CYCLE86(RTP,RFP,SDIS,DP,DPR,DTB, SDIR,RPA,RPO,RPAP,POSS)

其中,参数 RTP,RFP,SDIS,DP,DPR,DTB 定义同前,其余参数见表 3-3-33 所示。

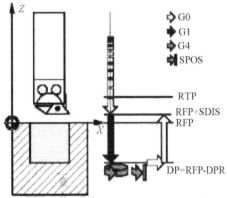

图 3-3-47　CYCLE86 循环动作

表 3-3-33　CYCLE86 循环指令参数

参数	类型	说明
SDIR	Int	旋转方向值：3(用于 M3);4(用于 M4)
RPA	Real	平面中第一轴上的返回路径(增量,带符号输入)

续 表

参数	类型	说明
RPO	Real	平面中第二轴上的返回路径(增量,带符号输入)
RPAP	Real	镗孔轴上的返回路径(增量,带符号输入)
POSS	Real	循环中定位主轴停止的位置(以度为单位)

3. 镗孔循环指令 CYCLE87

(1)功能:刀具按照编程主轴速度和进给速度镗孔直至孔底,到达孔底,进给停止、主轴停转。按 NC START 键,快速抬刀至返回平面。

(2)格式:CYCLE87(RTP,RFP,SDIS,DP,DPR,DTB,SDIR)

其中,参数 RTP,RFP,SDIS,DP,DPR,DTB 定义同前,SDIR(旋转方向):值 3(即 M3);4(即 M4)。

4. 镗孔循环指令 CYCLE88

(1)功能:该指令编程参数及加工过程与 CYCLE87 相同。

(2)格式:CYCLE88(RTP,RFP,SDIS,DP,DPR,DTB,SDIR)

5. 镗孔循环指令 CYCLE89

(1)功能:该指令编程参数及加工过程与 CYCLE87 相同,不同的是 CYCLE87 用 G00 快速从孔底抬到返回平面,而 CYCLE89 是用 G01 从孔底退到返回平面。

(2)格式:CYCLE89(RTP,RFP,SDIS,DP,DTB)

二、应用

用 SINUMERIK 802D 系统对图 3-3-32 所示的凸模板零件进行编程,其数控加工程序如表 3-3-34、表 3-3-35、表 3-3-36 所示。

表 3-3-34 凸模板零件凸台轮廓数控铣削加工程序

零件图号	3-3-32	零件名称	凸模板	编制日期	
程序名	TUMO1. MPF	数控系统	SINUMERIK 802D	编制	
程序段号	程序内容		注释		
	TUMO1. MPF		程序名(ϕ16 立铣刀进行凸台轮廓铣削)		
N10	M03 S600;		主轴正转,转速 600r/min		
N20	G54 G90 G00 X-60 Y49;		设置编程原点,刀具 X、Y 向定位		
N30	G00 Z5;		刀具快速定位到安全平面		
N40	G01 Z-5 F50;		刀具进刀至 Z-4.5mm 处		
N50	G01 X-28 F150;		调用子程序进行余量去除,粗加工		
N60	Y28;				

零件图号	3-3-32	零件名称	凸模板	编制日期	
程序名	TUMO1. MPF	数控系统	SINUMERIK 802D	编制	
程序段号	程序内容		注释		
N70	X-38；		定位刀具到初始点		
N80	Y49；		刀具进刀至Z-5mm处		
N90	X-49；		调用子程序进行底面精加工		
N100	Y-49；				
N110	X-28；				
N120	Y-28；				
N130	X-38；				
N140	Y-49；				
N150	X28；				
N160	Y-28；				
N170	X38；				
N180	Y-49；				
N190	X49；				
N200	Y49；				
N210	X28；				
N220	Y28；				
N230	X38；				
N240	Y49；				
N250	X48.5；				
N260	Y0；				
N270	G02 X28 Y-20.5 CR=20.5；				
N280	G03 X20.5 Y-28 CR=7.5；				
N290	G02 X-20.5 Y-28 CR=20.5；				
N300	G03 X-28 Y-20.5 CR=7.5；				
N320	G02 X-28 Y20.5 CR=20.5；				
N330	G03 X-20.5 Y28 CR=7.5；				
N340	G02 X20.5 Y28 CR=20.5；				

续 表

零件图号	3-3-32	零件名称	凸模板	编制日期	
程序名	TUMO1.MPF	数控系统	SINUMERIK 802D	编制	
程序段号	程序内容		注释		
N350	G03 X28 Y20.5 CR=7.5;				
N360	G02 X48.5 Y0 CR=20.5;				
N370	G01 X50 Y10;				
N380	G01 G41 X40 D01 S1000;		建立刀补,转速 1000r/min,设置 D01=8.0 进行轮廓精加工,切向切入		
N390	G01 Y0;		直线插补		
N400	G02 X28 Y-12 CR=12;		整圆插补		
N410	G03 X12 Y-28 CR=16;				
N420	G02 X-12 Y-28 CR=12;				
N430	G03 X-28 Y-12 CR=16;				
N440	G02 X-28 Y12 CR=12;				
N450	G03 X-12 Y28 CR=16;				
N460	G02 X12 Y28 CR=12;				
N470	G03 X28 Y12 CR=16;				
N480	G02 X40 Y0 CR=12;				
N490	G01 Y-10;		切向切出		
500	G01 G40 X60;		取消刀补,刀具 XY 向退离工件		
N510	G00 Z50;		Z 向抬刀至初始平面		
N520	M05;		主轴停止		
N530	M30;		程序结束		
编制		审核		日期	共1页	第1页

表 3-3-35 凸模板零件平底孔数控加工程序

零件图号	3-3-32	零件名称	凸模板	编制日期	
程序名	TUMO2.MPF	数控系统	SINUMERIK 802D	编制	
	TUMO2.MPF		程序名(φ16 铣刀)		
N10	M03 S600;		主轴正转,转速 600r/min		
N20	G54 G90 G00 X28 Y-28;		设置编程原点,刀具 XY 向定位		

零件图号	3-3-32	零件名称	凸模板	编制日期	
程序名	TUMO2.MPF	数控系统	SINUMERIK 802D	编制	
	TUMO2.MPF		程序名(φ16铣刀)		
N30	G00 Z3；		刀具快速定位到安全平面		
N40	G01 Z-14.5 F50；		粗加工		
N50	G00 Z3；				
N60	G00 X-28 Y28；				
N70	G01 Z-14.5 F50；				
N80	G00 Z3；				
N90	G00 X28 Y-28；				
N100	G01 Z-15 F50；				
N110	G01 G41 X37 D01 S1200 F100；		建立刀补		
N120	G03 I-9 J0；		圆弧插补		
N130	G01 G40 X28；		取消刀补		
N140	G00 Z5；		返回初始平面		
N150	G00 X-28 Y28；				
N160	G01 Z-15 F50；				
N170	G01 G41 X-19 D01 S1200 F100；				
N180	G03 I-9 J0；				
N190	G01 G40 X-28；				
N200	G00 Z50；				
N210	M05；		主轴停转		
N220	M30；		程序结束		
编制		审核		日期		共1页	第1页

表3-3-36　凸模板零件镗孔(精加工)数控加工程序

零件图号	3-3-32	零件名称	凸模板	编制日期	
程序名	TUMO3.MPF	数控系统	SINUMERIK 802D	编制	
	TUMO3.MPF		程序名(M10丝锥)		
N10	M03 S600；		主轴正转,转速600r/min		
N20	G54 G90 G00 X0 Y0；		设置编程原点,刀具XY向定位		
N30	G00 Z10；		刀具快速定位到安全平面		

续 表

零件图号	3-3-32	零件名称	凸模板	编制日期	
程序名	TUMO3.MPF	数控系统	SINUMERIK 802D	编制	
	TUMO3.MPF；		程序名(M10丝锥)		
N40	CYCLE86(10,0,2,−22,,2,3,2,,1,90)；		调用镗孔循环指令 G86,参考平面在工件上方 2mm 处		
N50	G00 Z50；		返回初始平面		
N60	M05；		主轴停转		
N70	M30；		程序结束		
编制		审核		日期	共1页 第1页